"十三五"职业教育规划教材

工程 AutoCAD 基础教程

(第 2 版)

主编 / 焦仲秋　刘畅畅　房艳波
副主编 / 王德志　孙志远　崔跃飞
主审 / 赵金平

人民交通出版社股份有限公司
China Communications Press Co.,Ltd.

内 容 提 要

全书共分九个单元,包含计算机辅助设计概述、AutoCAD 2010 基础、基本绘图命令、基本编辑命令、高级编辑命令、文字编辑与尺寸标注、轴测投影图的绘制、图纸的打印与输出、三维绘图等内容。

本书按照由浅入深、先基础再提高、用实例来讲解内容的原则编写,书后附单元练习题及强化训练题,专业覆盖面广、题量均衡、练习典型。

本书可作为职业院校土木工程、机械工程等专业及其他相关专业的教材,也可作为工程 CAD 初学者的自学教材。

图书在版编目(CIP)数据

工程 AutoCAD 基础教程 / 焦仲秋, 刘畅畅, 房艳波主编. — 2 版. — 北京 : 人民交通出版社股份有限公司, 2019.2

ISBN 978-7-114-14651-0

Ⅰ. ①工… Ⅱ. ①焦… ②刘… ③房… Ⅲ. ①工程制图—AutoCAD 软件—教材 Ⅳ. ①TB237

中国版本图书馆 CIP 数据核字(2019)第 027217 号

书　　名: 工程 AutoCAD 基础教程(第 2 版)
著 作 者: 焦仲秋　刘畅畅　房艳波
责任编辑: 刘彩云
责任印制: 刘高彤
出版发行: 人民交通出版社股份有限公司
地　　址: (100011)北京市朝阳区安定门外外馆斜街 3 号
网　　址: http://www.ccpress.com.cn
销售电话: (010)59757973
总 经 销: 人民交通出版社股份有限公司发行部
经　　销: 各地新华书店
印　　刷: 中国电影出版社印刷厂
开　　本: 787 × 1092　1/16
印　　张: 15.25
字　　数: 310 千
版　　次: 2011 年 3 月　第 1 版
2019 年 2 月　第 2 版
印　　次: 2022 年 11 月　第 2 版　第 2 次印刷　累计第 8 次印刷
书　　号: ISBN 978-7-114-14651-0
定　　价: 38.00 元

前　　言

AutoCAD 计算机辅助设计绘图软件是美国 Autodesk 公司 20 世纪 80 年代开发研制的。该软件在绘图方面功能齐全,在工程技术领域使用极为广泛。而具备计算机辅助设计的能力,是每一位合格工程技术人员必备的基本技能。

本书依照国家教委颁布的中高职学生计算机绘图教学大纲,结合当前中高职学生自身特点和实际需求而编写,充分体现新、浅、全、实用的编写思路。版本采用 AutoCAD2010,轻理论重实践,便于初学者掌握,结合机械、建筑、铁道工程等专业内容广泛,每章后面都附有大量与本章教学内容相关的习题,以便学生巩固知识。

本书由黑龙江交通职业技术学院焦仲秋、刘畅畅、房艳波担任主编,王德志、孙志远、崔跃飞担任副主编。参与编写工作的还有周靖冉、王魁英、周行建、梁妍、王德志。具体编写分工为:周靖冉编写单元一,王魁英编写单元二第 1 ~6、8 节,刘畅畅编写单元二第 7 节和单元五第 1、2、3、5、6 节,孙志远编写单元三和单元六第 3 节,房艳波编写单元四,崔跃飞编写单元五第 4 节和单元六第 1、2 节,王德志编写单元七和单元八,梁妍编写单元九,周行建编写单元六至单元九的习题,焦仲秋负责编写二 ~ 五单元的习题并全书统稿。

本书由黑龙江交通职业技术学院赵金平担任主审。

由于编者水平有限,书中难免有不足之处,敬请广大读者批评指正,同时也借此机会对在本书编写过程中给予帮助的同志表示感谢。

焦仲秋

2018 年 12 月

目　　录

单元1 计算机辅助设计概述

1.1 计算机辅助设计的概念

计算机辅助设计(Computer Aided Design),是计算机科学技术发展和应用中的一门重要技术。所谓CAD技术,就是利用计算机快速的数值计算和强大的图文处理功能,来辅助工程技术人员进行产品设计、工程绘图和数据管理的一门计算机应用技术,如制作模型、计算、绘图等。

计算机辅助设计对于提高设计质量、加快绘图速度、提高工作效率作用显著,尤其对于职业学校学生,在择业和就业的过程中具有十分重要的意义。现在,它已成为工厂、工程和科研部门提高技术创新能力,加快产品开发速度,促进自身快速发展的一项必不可少的关键技术。

与计算机辅助设计CAD相关的概念有:

1)CAE(计算机辅助工程,Computer Aided Engineering)

就是把CAD设计或组织好的模型,用计算机辅助分析软件对原设计进行仿真设计成品分析,通过反馈的数据,对原CAD设计或模型进行反复修正,以达到最佳效果。

2)CAM(计算机辅助制造,Computer Aided Manufacture)

就是把计算机应用到生产制造过程中,以代替人进行生产设备与操作的控制,如计算机数控机床、加工中心等都是计算机辅助制造的例子。CAM不仅能提高产品加工精度、产品质量,还能逐步实现生产自动化,对降低人力成本、缩短生产周期有很大的作用。

把CAD、CAE、CAM结合起来,应用于产品的概念、设计、生产到成品,可节省大量时间和投资成本,并能保证产品质量,如图1-1所示。

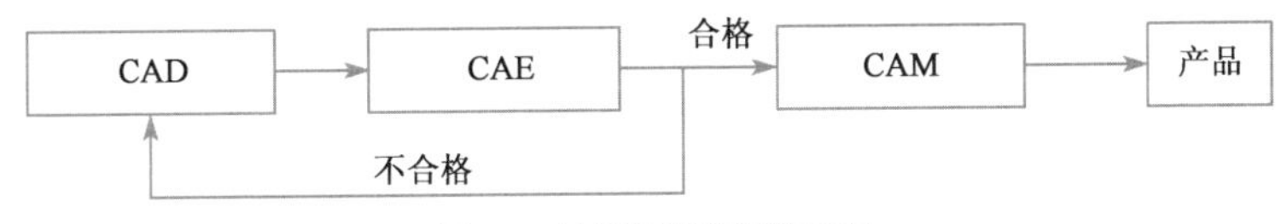

图1-1 计算机辅助设计过程

1.2 计算机辅助设计的范畴

计算机辅助设计(CAD)是一个涵盖范围很广的概念。概括来说,CAD的设计对象最初包括两大类:一类是机械、电子、汽车、航天、轻工和纺织产品等;另一类是工程设计产品等,如工程建筑。如今,CAD 技术的应用范围已经延伸到各行各业,如电影、动画、广告、娱乐和多媒体仿真等,都属于 CAD 范畴。

1.3 计算机辅助设计的现状与发展

计算机辅助设计(CAD)技术产生于 20 世纪 70 年代,到现在只有短短的四十多年,但其发展之快、应用之广、影响之大,令人瞩目,特别是 20 世纪 90 年代以后,计算机软硬件技术突飞猛进的发展,互联网的广泛应用,极大地促进了 CAD 技术的发展。CAD 技术展现出广阔的应用前景。

世界发达国家已把计算机辅助设计技术作为增强企业生产竞争力和促进发展的重要手段。我国在“八五”期间就实施了“国家 CAD 应用工程”计划。近十年来,我国加大了对计算机辅助设计技术的研究、应用和推广,越来越多的设计单位和企业采用这一技术来提高设计效率、产品质量,改善劳动条件。目前,我国从国外引进的 CAD 软件有几十种,国内的一些科研机构、高校和软件公司也都立足于本国,开发出了自己的 CAD 软件,并投放市场,使 CAD 技术应用呈现出一片欣欣向荣的景象。

1.4 计算机辅助设计的常用软件

计算机辅助设计深入到各行各业,所使用的软件很多,在这里着重介绍应用较广泛的几类常用软件。

1)AutoCAD

AutoCAD 是美国 Autodesk 公司开发研究的一种通用计算机辅助设计软件包。Autodesk 公司在 1992 年推出了 AutoCAD 的第一个版本 V1.0,随后相继开发出多个版本,其中典型版本有 R14、AutoCAD 2000、AutoCAD 2002、AutoCAD 2005 等,本书采用的版本是 AutoCAD 2010。AutoCAD 的功能越来越强大和完善,是当今世界上最为流行的计算机辅助设计软件之一。

2)CAXA 电子图板

CAXA 电子图板是由北京海尔软件有限公司于 1996 年研制开发的二维微机系统。CAXA 电子图板以交互方式,对几何模型进行实时的构造、编辑和修改,并能保存各类拓扑信息。目前,CAXA 电子图板在工程和产品设计绘图中得到广泛的应用,也是我国制图员计算机绘图技能考试的指定软件。

3)PICAD

PICAD 系统及其系列软件是中科院凯思软件集团和北京凯思博宏应用工程公司共同开发的一款具有自主版权的 CAD 软件。该软件具有智能化、参数化和较强的开放性,对特征点和特征坐标可自动捕捉及动态导航。PICAD 是国内商品化最早、市场占有率最大的 CAD 支撑平台及交互式工程绘图系统。

4)高华 CAD

高华 CAD 由清华大学和广东科龙(容声)集团联合创建,系列产品包括计算机辅助绘图支撑系统 GHDRAFTING、机械设计及绘图系统 GHMDS、工艺设计系统 GHCAPP、三维几何造型系统 GHGEMS、产品数据管理系统 GHPDMS 及自动数控编程系统 GHCAM。高华 CAD 也是基于参数化设计的 CAD/CAE/CAM 集成系统,是全国 CAD 应用工程的主推产品之一,其中 GHGEMS 5.0 曾获第二届全国自主版权 CAD 支撑软件评测第一名。

5)清华 XTMCAD

清华 XTMCAD 是清华大学机械 CAD 中心和北京清华艾克斯特 CIMS 技术公司共同开发的基于 Windows 95 和 AutoCAD R12 及 R13 二次开发的 CAD 软件。它具有动态导航、参数化设计及图库建立与管理功能,还具有常用零件优化设计、工艺模块及工程图纸管理等模块。作为 Autodesk 注册认可的软件增值开发商,可直接得到 Autodesk 公司的技术支持,其优势体现在对 CIMS 工程支持数据的交换与共享上。

6)开目 CAD

开目 CAD 是华中科技大学机械学院开发的具有自主版权的基于微机平台的 CAD 和图纸管理软件,它面向工程实际,模拟人的设计绘图思路,操作简便,机械绘图效率比 AutoCAD 高得多。开目 CAD 支持多种几何约束种类及多视图同时驱动,具有局部参数化的功能,能够处理设计中的过约束和欠约束的情况。开目 CAD 实现了 CAD、CAPP、CAM 的集成,符合我国设计人员的工作习惯,是"国家 CAD 应用工程"主推产品之一。

单元 2　AutoCAD 2010 基础

2.1 AutoCAD 2010 安装、启动及退出

AutoCAD 2010 系统的正常运行，要求有一个高档次的 CPU，pentium133 以上的处理器，这样才能充分发挥其优越性。

2.1.1　安装

将 AutoCAD 2010 的安装光盘放入计算机的光驱内，双击桌面上“我的电脑”后，依次单击光盘驱动器图标、AutoCAD 安装程序，根据安装向导逐步单击 下一步(N) > 和填入需要的内容后，单击 完成 即可。

注意：安装完成后一定要重新启动计算机才能使配置生效。

2.1.2　启动

启动 AutoCAD 2010 应用软件的方法有两种：

（1）双击桌面上的 AutoCAD 2010 快捷图标。

（2）打开“开始”菜单 开始，鼠标移至程序，在程序的子菜单中找到“Autodesk”，其子菜单显示 AutoCAD 2010 快捷图标，单击即可打开。如图 2-1 所示。

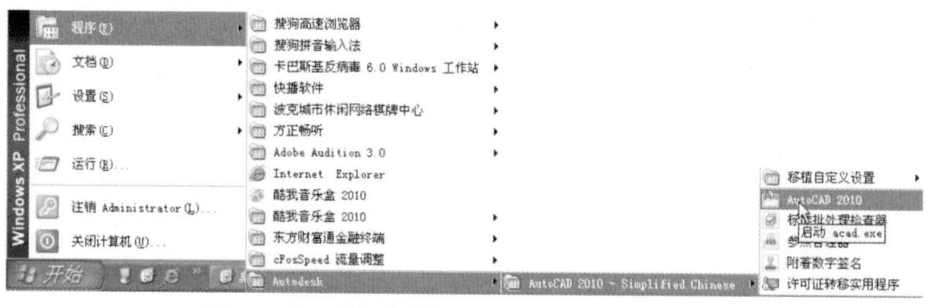

图 2-1　从“开始”菜单打开 AutoCAD 2010 应用程序

2.1.3　退出

退出 AutoCAD 2010 的常用方法有 3 种：

（1）单击 AutoCAD 2010 界面右上角的“关闭”按钮。

（2）单击 AutoCAD 2010 左上方的按钮，在弹出的下拉菜单中点击【退出 AutoCAD】命令。如图 2-2 所示。

(3)鼠标右键单击界面最上方中间位置的标题栏(图 2-2),在弹出的小菜单中点击鼠标右键,选择【关闭】命令退出。

图 2-2　AutoCAD 的退出

在关闭 AutoCAD 之前,应保存用户绘制的图形。如用户未保存图形,则在关闭程序后,屏幕上会出现一个如图 2-3 所示的对话框,用以确定用户是否保存所绘制的图形。如保存图形,单击 是(Y) 按钮,并输入图形的文件名;如不保存,则单击 否(N) 按钮,退出程序。

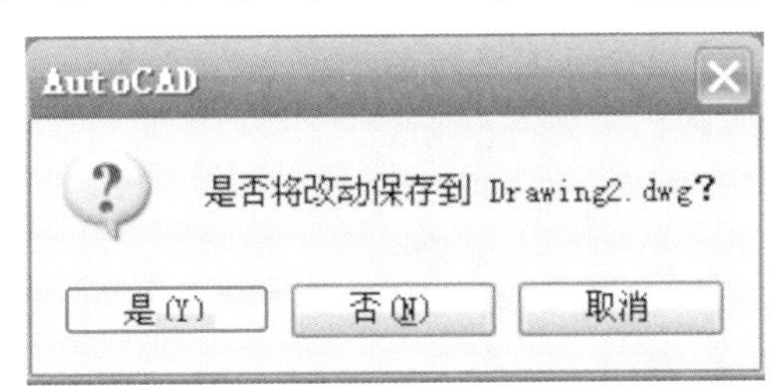

图 2-3　命令行提示保存信息

2.2　工作界面

正确安装 AutoCAD 2010 软件后,双击桌面上 AutoCAD 2010 快捷图标,即可启动系统,进入如图 2-4 所示的工作界面。工作界面主要由菜单浏览器、快速访问工具栏、功能区、绘图窗口、命令提示窗口及状态栏等部分组成。

2.2.1　菜单浏览器按钮

单击程序窗口左上角的按钮,弹出下拉菜单,该菜单包含【新建】、【打开】及【保存】等常用选项。单击按钮,系统显示已打开的所有图形文件;单击按钮,系统显示最近使用的文件。如图 2-5 所示浏览文档。

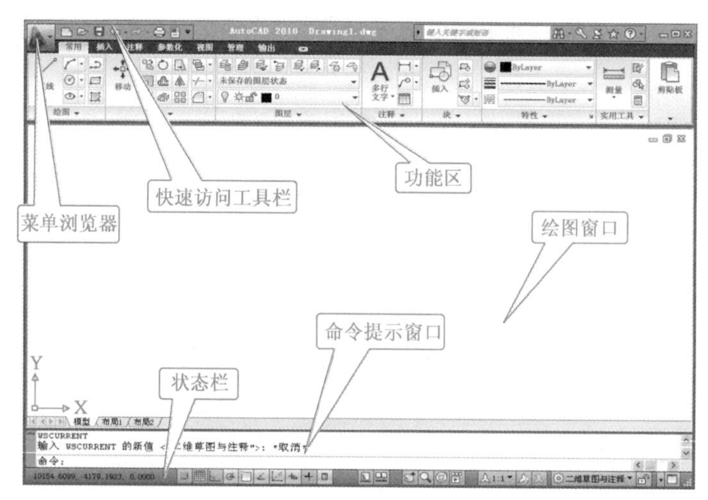

图 2-4　工作界面

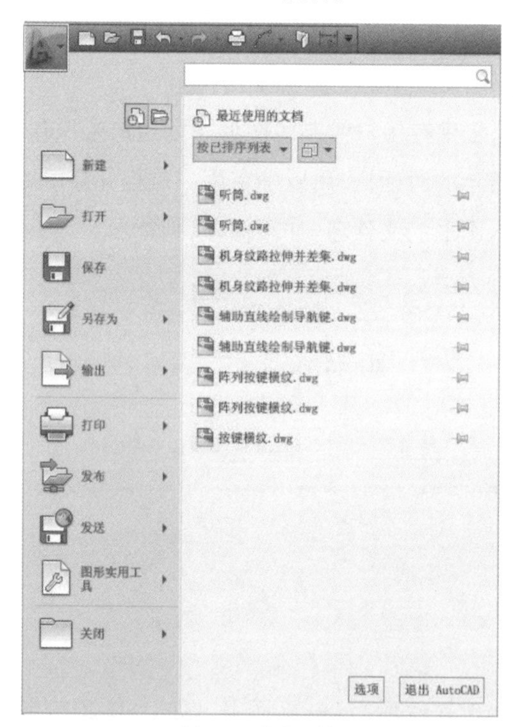

图 2-5　浏览文档

2.2.2　快速访问工具栏

AutoCAD 2010 快速访问工具栏在默认状态下由 6 项按钮组成,如图 2-6 所示。

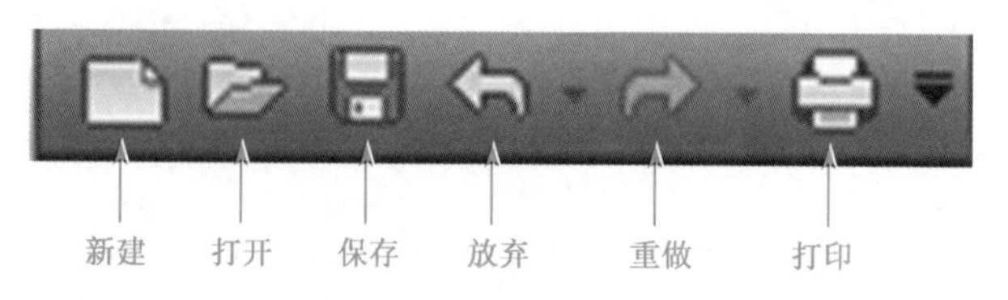

图 2-6　快速访问工具栏

2.2.3　功能区

在默认状态下功能区有 7 个选项卡，如图 2-7 所示。

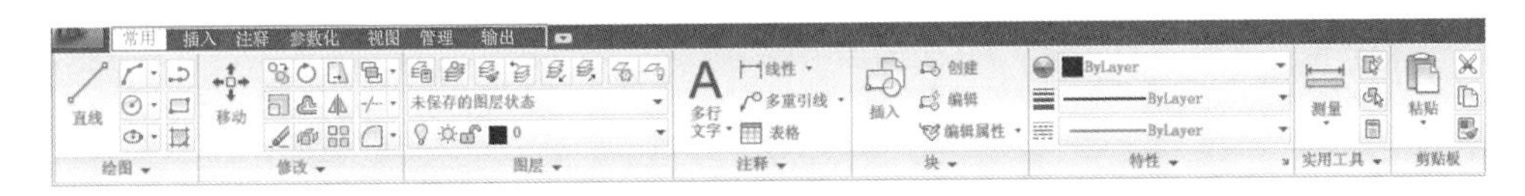

图 2-7　功能区选项卡

功能区选项卡的作用：

(1)【常用】：用于绘制二维图形、修改和标注等。

(2)【插入】：用于数据的插入和编辑。

(3)【注释】：用于文字的标注以及表格和注释的制作。

(4)【参数化】：用于参数化绘图，含有图形的约束和标注的设置及参数化函数的设置。

(5)【视图】：用于三维绘图视角的设置和图样集的管理等。

(6)【管理】：用于动作的录制、CAD 界面的设置和 CAD 二次开发等。

(7)【输出】：用于打印、数据文件的输出等操作。

2.2.4　状态栏

状态栏在界面的底部，由两部分组成，具体内容如图 2-8 所示。

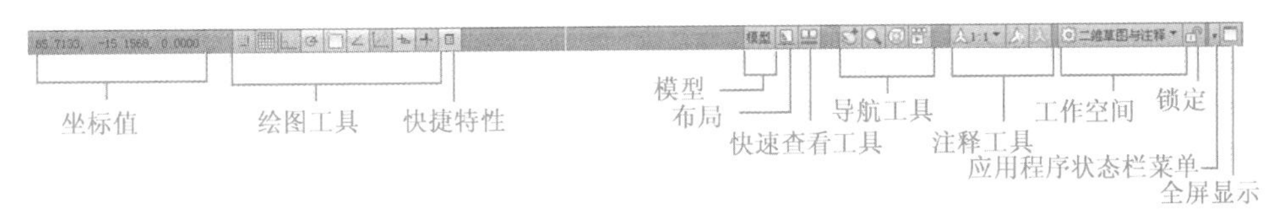

图 2-8　状态栏

2.2.5　命令提示窗口

命令提示窗口位于界面下部状态栏的上边，用于输入绘图命令和显示 CAD 绘图信息。用户输入的命令、系统的提示信息等都反映在此窗口中。按 F2 键将打开命令提示窗口，再次按 F2 键可关闭此窗口。值得注意的是，准确绘图需要用键盘输入数据，命令输入时字母大小写均可。

2.2.6　绘图窗口

AutoCAD 绘图窗口位于界面的中间，包括绘图窗口、UCS 坐标图标、水平与竖直滚动条以及模型空间和布局空间选项卡等。如图 2-9 所示。

绘图区域控制如下：选择菜单【工具】→【工具栏】→【AutoCAD】→【绘图】命令，打开“绘图”工具栏。用户可移动工具栏或改变工具栏的形状。

提示：AutoCAD 提供了模型空间和图纸空间两种绘图环境。单击绘图窗口下部的布局1/布局2,可以切换到图纸空间。单击模型,可以切换到模型空间。默认情况下,AutoCAD的绘图环境是模型空间,用户在这里按实际尺寸绘制二维或三维图形。图纸空间提供了一张虚拟图纸(与手工绘图时的图纸类似),用户可在这张图纸上将模型空间的图样按不同缩放比例布置在图纸上。

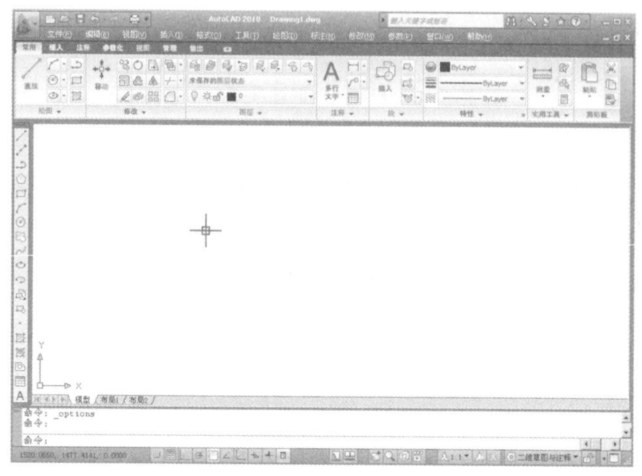

图2-9 绘图窗口

2.3 基本操作

AutoCAD软件的基本操作主要有鼠标操作、菜单操作、对话框操作,下面我们依次进行介绍。

2.3.1 鼠标操作

鼠标是计算机系统与用户信息交流的重要工具。用户在使用AutoCAD绘图和编辑时,鼠标操作可以使得整个绘图过程更加灵活顺畅,提高效率。

鼠标的光标在用户操纵下在界面上移动,光标在界面上不同的位置,其形状也不同,下面用表2-1来表达光标不同形状的含义。

光标形状的含义　　表2-1

光标形状	含义	光标形状	含义
(图)	正常选择	(图)	调整垂直大小
(图)	正常绘图形状	(图)	调整水平大小
(图)	输入状态	(图)	调整左上—右下符号
(图)	选择目标	(图)	调整右上—左下符号
(图)	等待符号	(图)	任意移动符号
(图)	应用程序启动符号	(图)	帮助跳转符号
(图)	视图动态缩放符号	(图)	插入文本符号
(图)	视图窗口缩放	(图)	帮助符号
(图)	调整命令窗口大小	(图)	视图平移符号

鼠标的操作通常有 4 种方式。

1）单击鼠标左键

（1）选择目标：将鼠标移动到需要点击的位置，如菜单，单击左键，可打开其下拉菜单。

（2）指定光标在绘图区的准确位置。

（3）控制绘图状态：将鼠标移动到状态栏要选择的绘图状态，单击左键，将打开或关闭工作状态。

2）双击鼠标左键

执行应用程序或打开新窗口。

3）单击鼠标右键

（1）结束命令。

（2）重复命令：上一个命令完成后，单击右键，会出现一个菜单，提供用户重复选择执行命令或进行编辑状态。

（3）控制工具栏：在任一工具栏上点击右键，将打开工具栏选择菜单，选择相应工具栏。

4）拖动鼠标

在任一对象上按住鼠标左键，拖动鼠标，在需要的位置放开。常用操作有：

（1）移动水平、垂直滚动条，快速移动视图。

（2）动态平移。

（3）拖动工具栏。

2.3.2　菜单操作

1）打开菜单

（1）直接单击菜单项。

（2）在按下 Alt 键的同时，点击主菜单名后带有下划线的字母按键，然后再点击菜单项中带有下划线的字母按键，即可激活菜单项。例如，按下 Alt 键后，点击键盘字母 D 可打开“绘图”菜单。

（3）菜单项的右侧显示了组合键。对于这类菜单项，可以直接按组合键激活相应的菜单项。例如按 Ctrl + C组合键，则执行了编辑菜单中的“复制”操作，如图 2-10所示。

图 2-10　“复制”组合键 Ctrl + C

2）菜单内容

AutoCAD 在默认状态下设有 11 种菜单，分别如下：

（1） 文件（File）：包含文件管理命令，例如打开、保存、另存为、打印、页面设置、退出等。

(2)编辑(Edit):包含文件编辑命令,例如剪切 、复制、粘贴、清除、选择等。

(3)视图(View):包括视图的管理命令,例如缩放、平移、鸟瞰、清除屏幕和打开工具栏等。

(4)插入(Insert):插入文件、图块和链接。

(5)格式(Format):设置绘图参数,例如文字、尺寸标注样式、图层、颜色、线宽、图形区域等。

(6)工具(Tools):主要对 AutoCAD 的绘图辅助工具进行设置,如捕捉、栅格、绘图区的颜色、光标的大小等。

(7)绘图(Draw):涵盖所有的绘图命令,是 AutoCAD 的基本命令。

(8)标注(Dimension):包含尺寸标注的全部命令。

(9)修改(Modify):包含 AutoCAD 修改的全部命令。

(10)窗口(Window):涵盖 AutoCAD 的工作空间、窗口的排列方式和当前打开系统文件名称。

(11) 帮助(Help):提供所有帮助信息。

2.3.3 对话框操作

AutoCAD 2010 的有些命令需要用对话框进行操作。对话框以表格形式出现,用户通过填表的方式和程序进行交流。

1)对话框的组成

对话框一般由标题栏、标签、控制按钮、命令按钮、单选框、复选框、列表框、下拉列表框组成,如图 2-11 所示。

图 2-11　对话框的组成

(1)标题栏：在对话框的顶部，是对话框的题目，其右侧是对话框的控制按钮。

(2)标签：在一个对话框中同时有几个类似对话框时，可用标签同时对几个对话框进行设置，如图 2-11 中“草图设置”的对话框中，既可以对“捕捉和栅格”进行设置，也可以对“极轴追踪”进行设置，还可以对“对象捕捉”等进行设置。

(3)文本框：又叫编辑框，用户可在此输入符合要求的信息。

(4)单选框：该框内的选项只能选择一项，被选中的选项前有一个圆点。

(5)复选框：在该框中的选项可同时选择多个符合要求的选项。

(6)控制按钮：点击可进入其他对话框。

(7)命令按钮：命令按钮通常有[确定]、[取消]和[帮助(H)]。单击[确定]按钮，表示确定对话框中的内容并关闭对话框。单击[取消]按钮，表示取消这一对话框的内容。单击[帮助(H)]按钮，表示启动帮助功能。

2)对话框的操作

操作对话框的方式通常有以下几种：

(1)直接点击鼠标左键选择要选择的选项，如需要输入文本，则先在文本框中用鼠标单击左键，激活选项，输入文本即可。

(2)按 Tab 键，虚线框在各选项之间顺序切换，按回车键表示该选项被启动。

(3)使用 Shift + Tab 组合键，虚线框在各选项之间反向切换。

(4)在同一组选项中，可以用左右键移动虚线框，按回车键表示启动。

2.4 文件管理

文件管理主要包括“新建”文件、“打开”文件、“保存”文件 、文件的“另存为”和“退出”文件几部分。

2.4.1 新建文件

1)创建方法

初次启动 AutoCAD 2010 软件时，系统将自动创建一个默认文件名为 Drawing1. dwg 的文件，并根据具体情况用户可自行创建文件。创建新文件有以下两种方法。

(1)使用“选择样板”对话框创建。

(2)使用“启动”对话框创建。

2)创建步骤

启动 AutoCAD 软件，选择菜单【文件】→【新建】命令或单击标准工具栏中的“新建”按钮，将弹出“选择样板”对话框，选择用户所需绘图区域，如图 2-12 所示。

在 AutoCAD 2010 中，系统变量 STARUP 的默认值为 0。当系统变量 STARUP 设置为 1 时，在启动系统后将弹出“启动”对话框，使用“启动”对话框中的默认设置来创建文件，如

图 2-13所示。

图 2-12 “选择样板”对话框

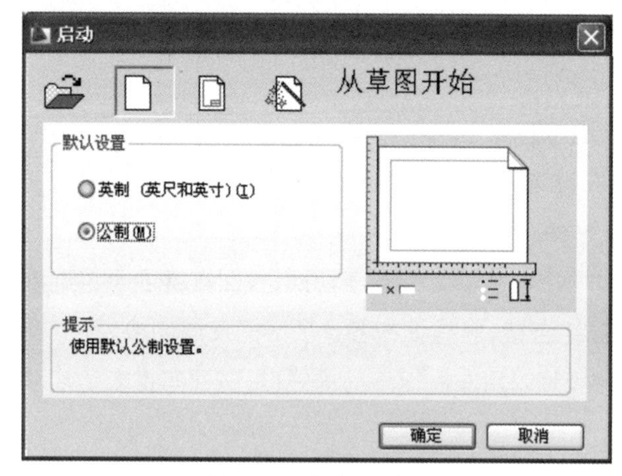

图 2-13 “启动”对话框

单击“启动”对话框中的“使用样板”按钮，在“启动”对话框中的“选择样板”窗口中选择使用的样板文件，如图 2-14 所示。

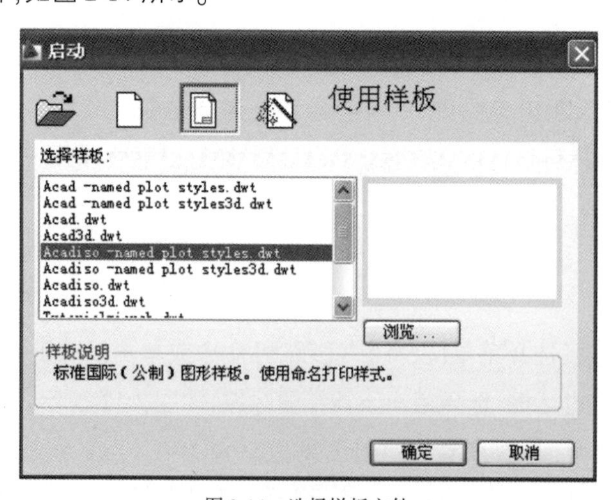

图 2-14 选择样板文件

单击“启动”对话框中的“使用向导”按钮，使用“高级设置”或“快速设置”向导来创建文件，操作如下：

选择“高级设置”向导，单击 确定 按钮，如图 2-15 所示。

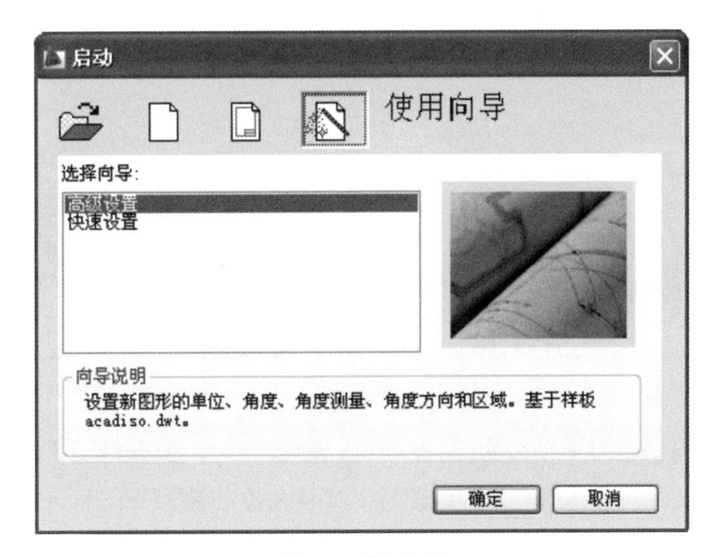

图 2-15　使用向导

弹出“高级设置”对话框，如图 2-16 所示。

“高级设置”对话框提供了 5 种“单位”，分别为小数、工程、建筑、分数和科学，用户可以选择所需的测量单位。“精度”下拉列表提供了精度选择。如图 2-16 所示，以测量单位设置“小数”为例，精度选择“0.0000”。

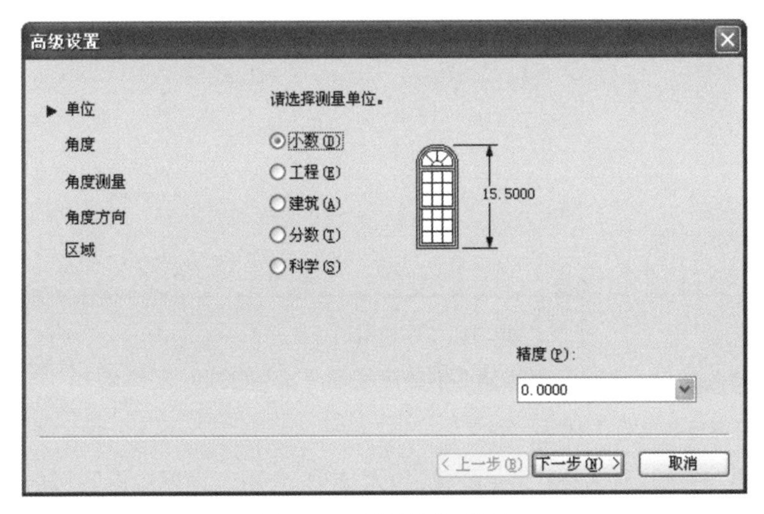

图 2-16　“高级设置”对话框

单击 下一步(N) > 按钮，系统提供 5 种“角度”的测量单位和【精度】设置选项，分别为十进制度数、度/分/秒、百分度、弧度和勘测，如图 2-17 所示。

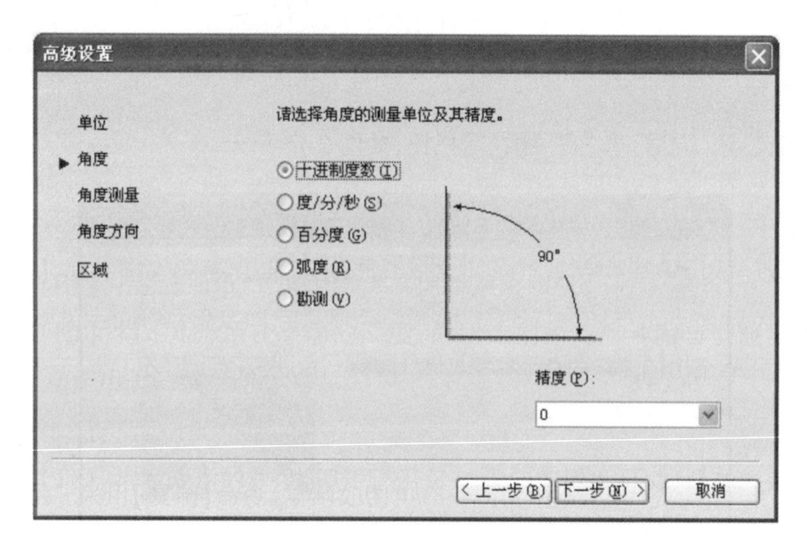

图2-17 【角度】设置选项

单击下一步(N) >按钮,对话框出现【角度测量】设置选项,系统提供了5种角度测量的起始方向,分别为东、南、西、北、其他。为了避免导入文件角度与起始不一致,一般使用默认设置,如图2-18所示。

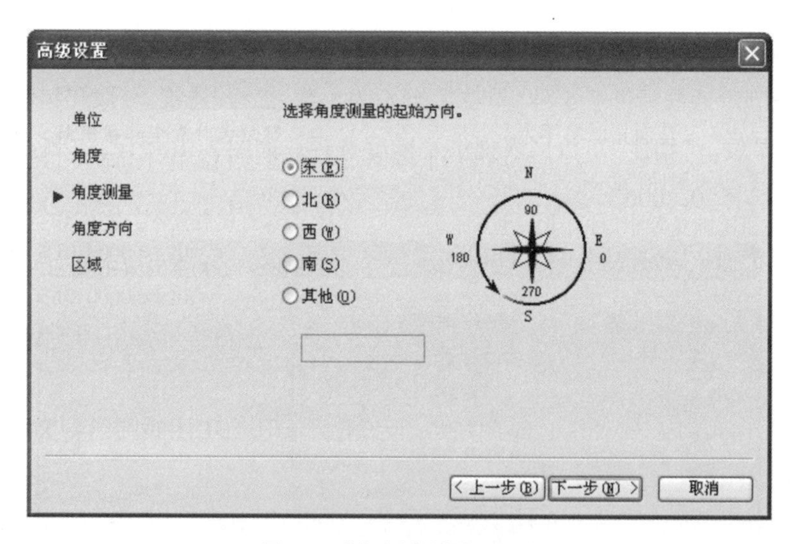

图2-18 【角度测量】设置选项

单击下一步(N) >按钮,对话框中将出现【角度方向】设置选项,系统提供了顺时针和逆时针两种角度测量的方向,如图2-19所示。

单击下一步(N) >按钮,对话框出现【区域】设置选项,它用来设置绘图区域的宽度和高度,如图2-20所示。

3)设置绘图环境

(1)图形单位

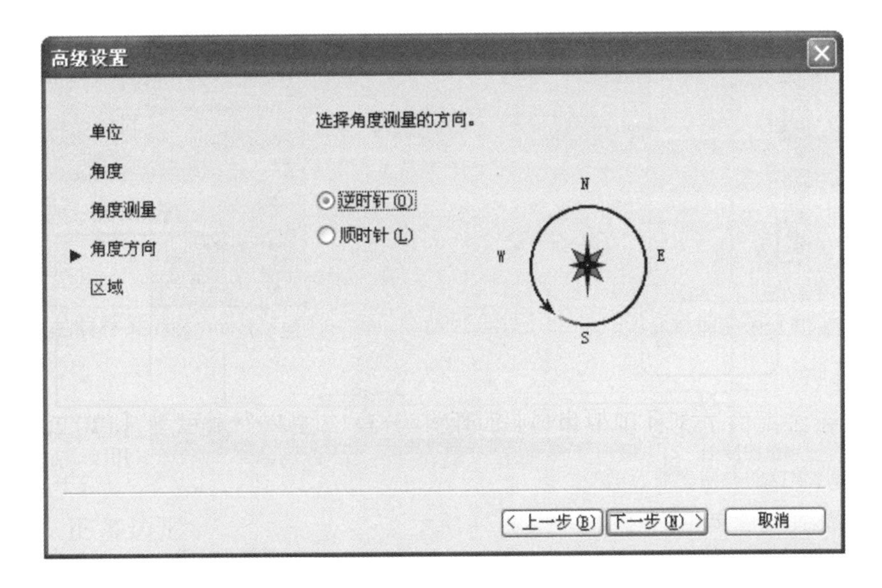

图 2-19 【角度方向】设置选项

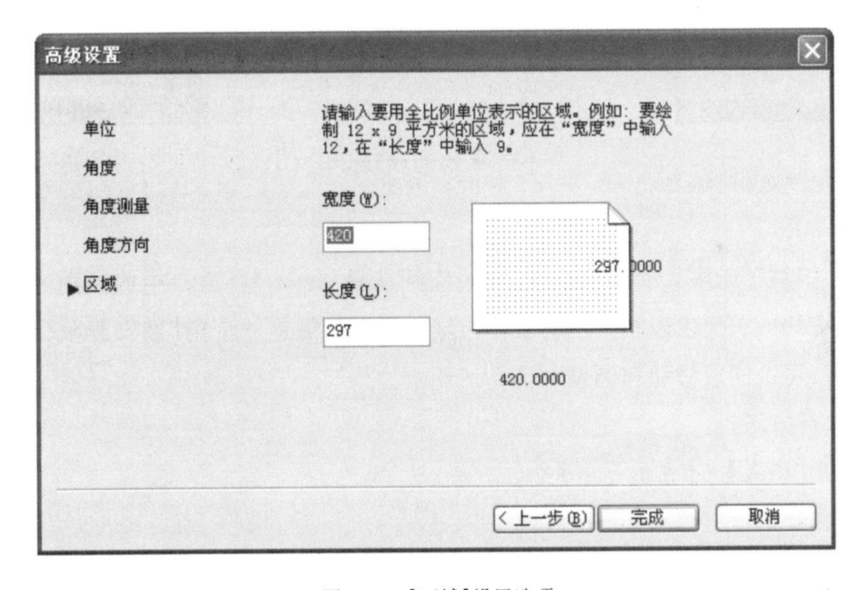

图 2-20 【区域】设置选项

AutoCAD 中的图形都是以真实比例绘制的。因此，无论是在确定图形之间缩放和标注比例，还是在最终出图打印，都需要对图形单位进行设置。AutoCAD 提供了适合各种专业绘图的绘图单位，如图 2-21 所示。

①命令执行方法：

菜单：选择【格式】→【单位】命令，或单击单位(U)按钮。

命令行：在命令行输入 Units 或 Un 后回车。

使用该命令后出现如图 2-22 所示“图形单位”对话框。

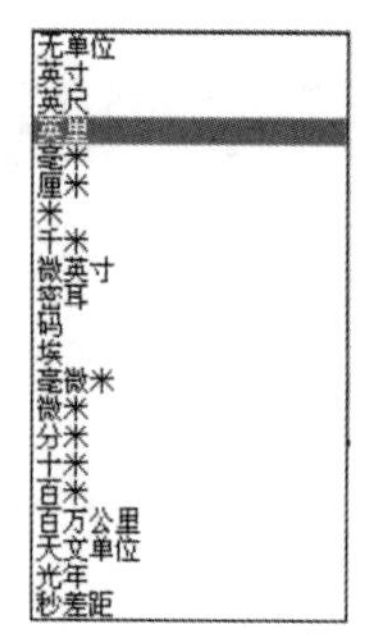

图 2-21　绘图单位

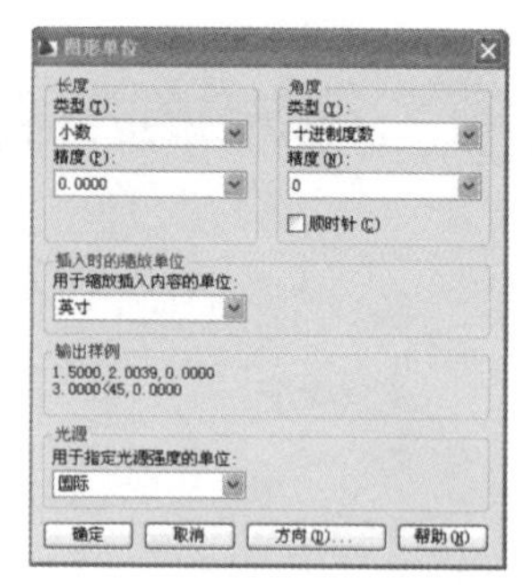

图 2-22　"图形单位"对话框

②选项说明:

【类型】:系统提供了 5 种图形单位,分别是"分数""工程""建筑""科学"和"小数",如图 2-23 所示。

【精度】:选择长度单位的精度,如图 2-24 所示 。

【角度】:设置当前角度,如图 2-25 所示。

图 2-23　【长度】选项中的"类型"

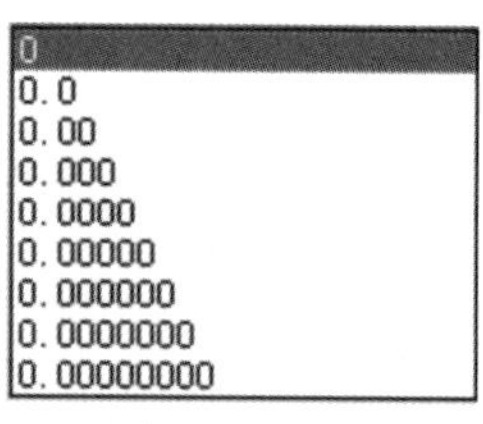

图 2-24　精度

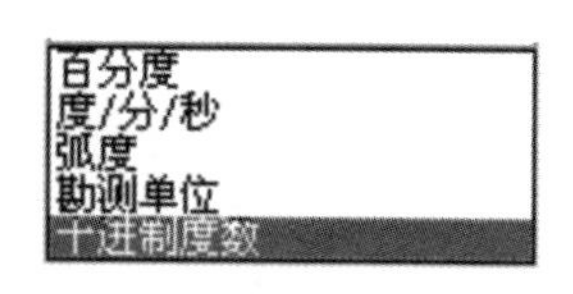

图 2-25　【角度】选项中的"类型"

(2)图形界限

AutoCAD 提供了无限大的绘图空间,这个空间就是 AutoCAD 窗口中的绘图区,图形界限是绘图区的一部分,它用以表明用户的工作区域。图形界限是一个用【图形界限】命令设置的假想矩形区域,可以任意移动和调整大小。

①命令执行方法:

菜单:选择【格式】→【图形界限】命令。

命令行:在命令行中输入 Limits 后回车。

实例演示　设置 A3 图纸界限的过程

选择【格式】→【图形界限】命令。

操作步骤:

命令:Limits	(回车)
重新设置模型空间界限:	
指定左下角点或[开(ON)/关(OFF)] <20,20>:0,0	(回车)
指定右上角点<200,200>:420,297	(回车)

根据命令行的提示,即可完成图形界限的设置,如图 2-26 所示。

②选项说明:

【开(ON)】:不能在图形界限外绘制对象。

【关(OFF)】:可以在绘图区的任何位置绘制对象,包括图形界限外。

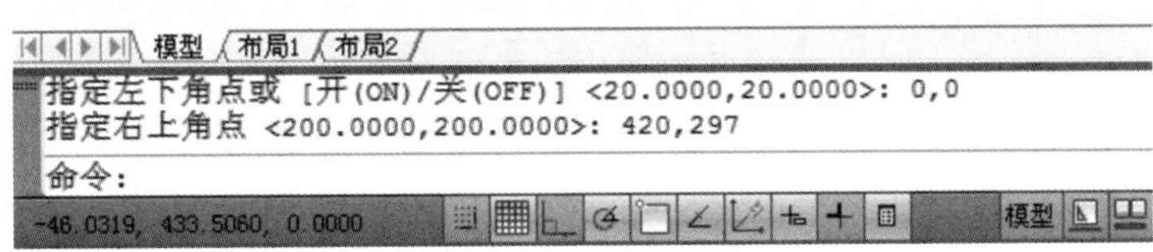

图 2-26　设置“图形界限”

2.4.2　打开文件

1)命令执行方法

工具栏:点击“标准”工具栏→“打开”按钮。

菜单:选择【文件】→【打开】命令。

命令行:在命令行中输入 Open 后回车。

快捷键:Ctrl + O。

2)操作步骤

执行以上任一种【打开】命令的操作,都可以打开“选择文件”对话框,如图 2-27 所示,然后按以下步骤进行操作即可打开已有的文件。

(1)在该对话框的“查找范围”下拉列表中选择要打开文件所在的盘符路径。

(2)在该对话框的文件列表中选择要打开的文件,然后单击打开(O)按钮即可。

(3)单击打开(O)按钮右侧的按钮,将弹出下拉菜单,如图 2-28 所示,AutoCAD 向用户提供了 4 种打开方式。

①打开:打开存在的图形文件,或低版本的图形文件。

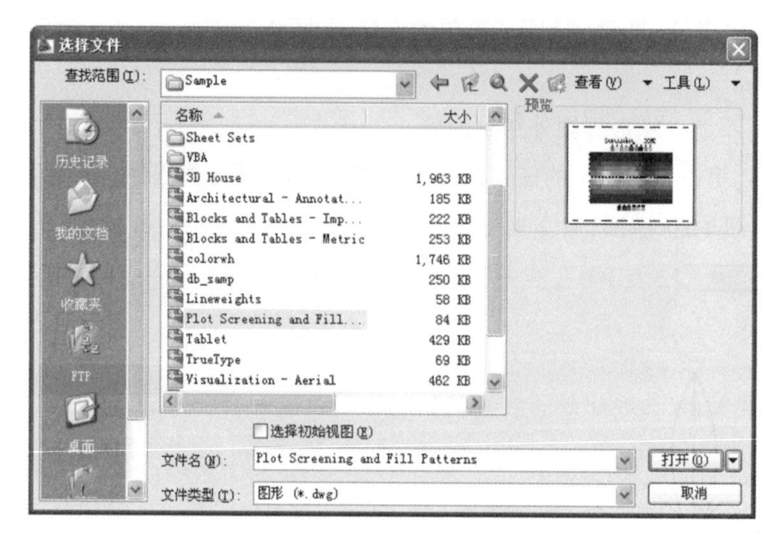

图2-27 “选择文件”对话框

②以只读方式打开:打开方式为只读形式。

③局部打开:用户指定打开已有图形文件的某个区域。

④以只读方式局部打开:以只读的方式指定打开已有图形文件的某个区域。

图2-28 打开(O)右侧下拉菜单选项

2.4.3 保存文件

1)命令执行方法

工具栏:点击“标准”工具栏→“保存”按钮。

菜单:选择【文件】→【保存】命令。

命令行:在命令行输入 Qsave 后回车。

快捷键:Ctrl + S。

2）操作步骤

当初次打开一个新文件编辑后需要进行存盘时，执行上述任一种【保存】命令，都可以打开“图形另存为”对话框，如图 2-29 所示，按以下步骤进行操作保存文件。

（1）在该对话框“保存”下拉列表中指定保存路径。

（2）在“文件名”文本框中输入文件名。

（3）在“文件类型”下拉列表中选择保存文件的类型。

（4）单击 保存(S) 按钮。

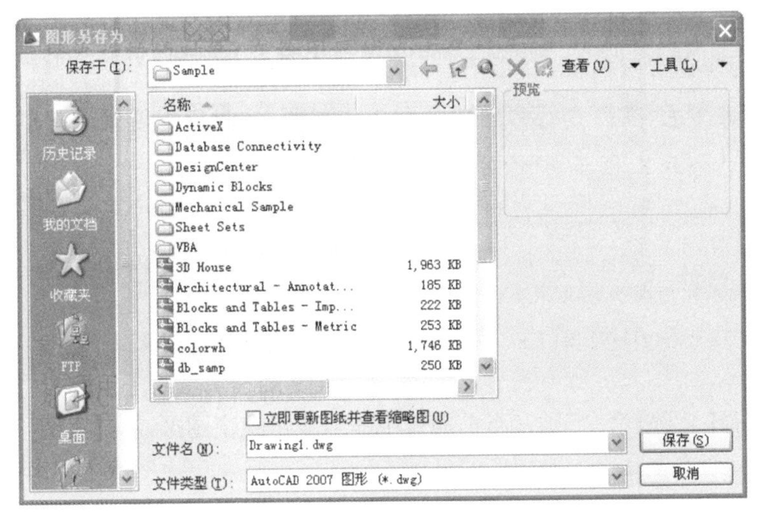

图 2-29 “图形另存为”对话框

2.4.4 另存为文件

用户有时需要备份文件或为图形文件重新命名，这就需要使用【另存为】命令，为图形文件指定要保存的文件名称和文件路径，输入不同的名称存盘，这样可以对新的文件做图形修改工作。

命令执行方法：

菜单：选择【文件】→【另存为】命令。

命令行：在命令行输入 Saveas 后回车。

快捷键：Ctrl + Shift + S。

2.4.5 退出文件

在不需要使用某个文件时，用户可以将其关闭，此时可以使用【关闭】命令。

命令执行方法：

菜单栏：单击菜单栏右侧的“关闭”按钮。

菜单：选择【文件】→【关闭】命令。

命令行：在命令行输入 Close 后回车。

注意:文件关闭与软件关闭不同,前者是关闭当前文件,后者则是在关闭软件的同时关闭软件中的文件。

2.5 命令调用

AutoCAD 2010 提供了5种方式调用命令,包括键盘输入 、工具栏、下拉菜单、快捷菜单、动态输入命令。

2.5.1 键盘调用命令

使用键盘调用命令就是在 AutoCAD 2010 绘图窗口底部的命令提示行中输入命令的全称或缩写,然后按回车键或按 Space 键即可。

在启动某个命令后,在命令行会出现多个命令选项,此时只需要输入选项的代表字母即可。例如在命令行输入 Z,回车,则命令行显示如下:

命令:Z (回车)
指定窗口的角点,输入比例因子 (nX 或 nXP),或者
[全部(A)/中心(C)/动态(D)/范围(E)/上一个(P)/比例(S)/窗口(W)/对象(O)] <实时>:

输入"A"选择【全部】命令,则在当前视口中缩放显示整个图形。

2.5.2 使用工具栏调用命令

单击工具栏中的图标,调用相应的命令,然后再根据命令行中的提示执行该命令。例如:在绘图工具栏中,单击"直线"图标,则命令行显示如下:

命令:Line (回车)
指定第一点:

用户可以根据命令行中的提示画出所需直线。

2.5.3 使用下拉菜单调用命令

在菜单栏中单击菜单名,在弹出的下拉菜单中单击要执行的命令即可。

2.5.4 使用快捷菜单调用命令

在绘图区域点击鼠标右键,系统根据当前操作弹出快捷菜单,用户可选择执行相应的命令。当正在执行某个命令时,右击鼠标,弹出与正在执行的命令相关的快捷菜单。选完对象后,右击鼠标,则会弹出常用的编辑命令选项。

2.5.5 使用动态输入调用命令

可直接在绘图区的动态提示下输入命令,而不必在命令行中输入命令,或者利用光标在动态提示选项中选择命令选项。启用"动态输入"时,工具栏提示将在光标附近显示信息,该信

息会随着光标移动而更新，用户可以在显示信息的方框内通过键盘输入需要的参数值然后按回车键确认。例如绘制直线时，通过动态输入的方式可以随时更改线段的参数，如图 2-30 所示（图中参数为 20）。

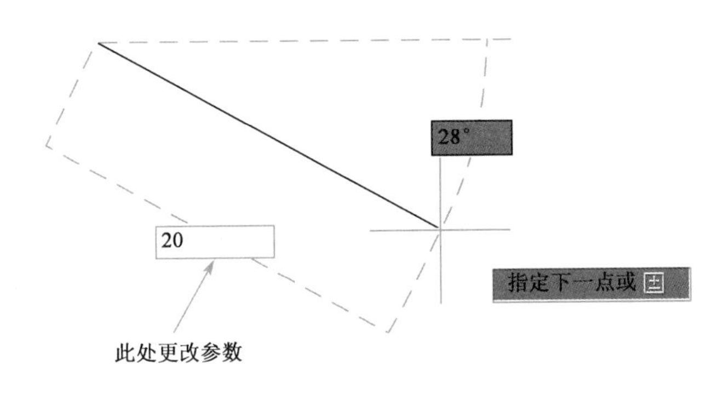

图 2-30　动态输入

注意：可以通过在状态栏上单击按钮或按 F12 键打开或关闭【动态输入】命令。

2.5.6　命令的终止、结束、撤销及恢复

1）【终止】命令

用户在执行命令的过程中，如果发现所执行的命令是错误的，可按 Esc 键，终止正在执行的命令。

2）【结束】命令

用户在命令行输入一个命令后，必须按回车键，才能被计算机接收，当执行完某一个命令，应按回车键，表示命令完成。如果紧接上面再按回车键，表示重复上一个命令。

3）【撤销】（Undo）命令

撤销命令允许用户从最后一个命令开始，逐一向前撤销执行过的命令，可以一直撤销到本次启动时的状态或保存后的第一个命令为止。

执行【撤销】命令的方法有：

（1）单击快捷工具栏上的“撤销”按钮，每单击一次，向前撤销一个命令的执行。

（2）在命令行中输入 Undo 或快捷键 U。

执行 Undo 命令后，命令行提示如下内容：

命令：Undo　（回车）
当前设置：自动 = 开，控制 = 全部，合并 = 是，图层 = 是
输入要放弃的操作数目或［自动（A）/控制（C）/开始（BE）/结束（E）/标记（M）/后退（B）］<1>：

这时可输入要放弃的数目,如"3"表示放弃前3步的操作。

2.5.7 【恢复】(Redo)命令

【恢复】命令与【撤销】命令正好相反,因此也叫【重做】命令,调用【恢复】命令,可恢复前面的撤销命令。

命令执行方法:

工具栏:单击快捷工具栏上的"恢复"按钮,屏幕上前面撤销的命令被恢复。

菜单:选择【编辑】→【重做】命令。

注意:只有执行了【撤销】命令,"恢复"按钮才被激活,才能执行。

2.6 坐标系

AutoCAD提供了两个坐标系:一个称为世界坐标系(WCS)的固定坐标系和一个称为用户坐标系(UCS)的可移动坐标系。

AutoCAD默认的坐标系是世界坐标系,主要在绘制二维图形时使用。在三维图形中,AutoCAD允许建立自己的坐标系(即用户坐标系)。用户坐标系的原点可以放在任意位置上,坐标系也可以倾斜任意角度。由于绝大多数二维绘图命令只在XY或与XY平行的面内有效,在绘制三维图形时,经常要建立和改变用户坐标系来绘制不同基本面上的平面图形。

2.6.1 世界坐标系

1)含义

世界坐标系(Word Coordinate System,WCS),也称绝对坐标系,是AutoCAD的基本坐标系。绘图期间,原点和坐标轴保持不变。

2)坐标输入方法

世界坐标系坐标值的输入通常有4种方法:绝对直角坐标、相对直角坐标、绝对极坐标、相对极坐标。

所谓相对坐标,就是输入相对于前一点的位移或者距离和角度的方法来输入新点,在系统中相对坐标用"@"标记。使用相对坐标时可以使用直角坐标,也可以使用极坐标。

(1)绝对直角坐标(一般称之为"直角坐标")

直角坐标,由一个原点坐标为(0,0)和两个通过原点的、相互垂直的坐标轴构成。其中,水平方向的坐标轴为X轴,以向右为其正方向;垂直方向的坐标轴为Y轴,以向上为其正方向。平面上任何一点P都可以由X轴和Y轴的坐标来定义,即用一对坐标值(X,Y)来定义一个点。例如,某点的直角坐标为(3,4),如图2-31所示。

注意:坐标之间要用逗号隔开。

(2)绝对极坐标(一般称之为"极坐标")

平面上任何一点 P 都可以由该点到极点的连线长度 $L(>0)$ 和连线与极轴的交角 a（极角，逆时针方向为正）所定义，即通过一组坐标值（$L<a$）来定义点的位置。换句话说，用极坐标就是用一个距离值和角度值来定位一个点。也就是使用极坐标系输入的任意一点均是相对于原点（0,0,0）的距离和角度。比如，“30 <45”表示距离原点（0,0）为 30 个图形单位，角度为 45°处的一点，如图 2-32 所示。

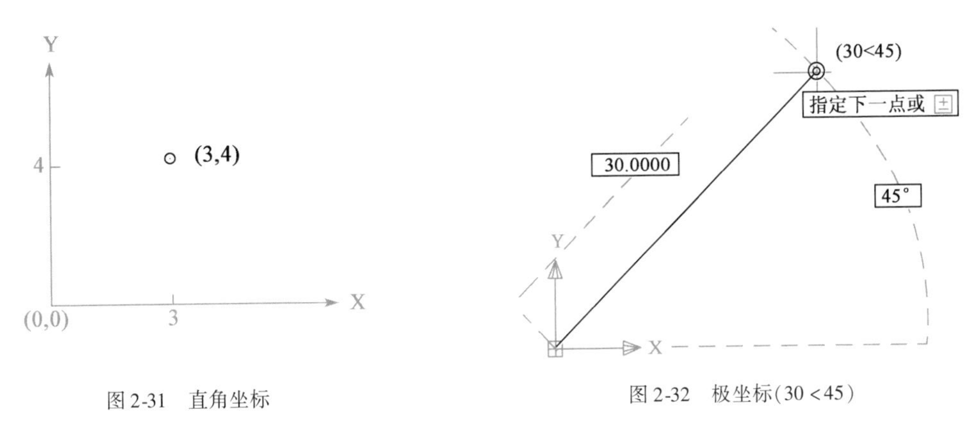

图 2-31　直角坐标　　图 2-32　极坐标（30 <45）

（3）相对直角坐标

这里用一个例子来演示相对直角坐标，某一直线的起点坐标为（3,3）、终点坐标为（3,6），则终点相对于起点的相对直角坐标为（@0,3），如图 2-33 所示。

（4）相对极坐标

下面仍用上例来演示相对极坐标，某一直线的起点坐标为（3,3）、终点坐标为（3,6），用相对极坐标表示即为（@3 <90），如图 2-34 所示。

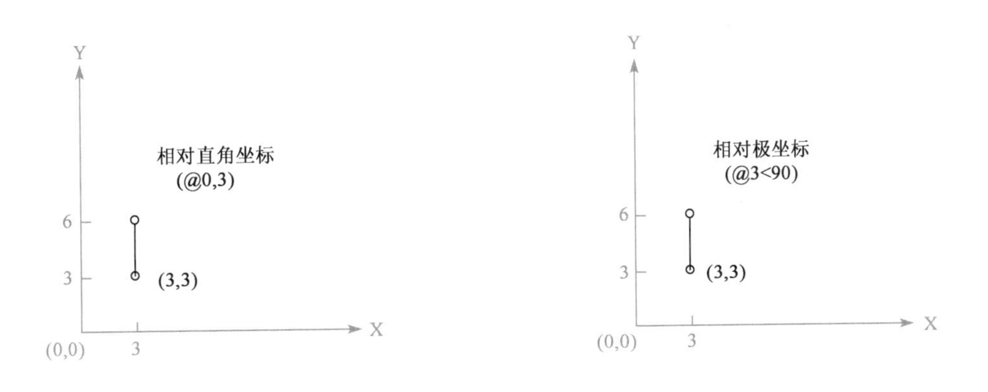

图 2-33　相对直角坐标　　图 2-34　相对极坐标

再例如，（@30,15）表示距前一点沿 X 轴正方向 30 个单位、沿 Y 轴正方向 15 个单位的新点。（@100 <72）表示距当前点的距离为 100 个单位，与 X 轴夹角为 72°的点，如图 2-35 所示。

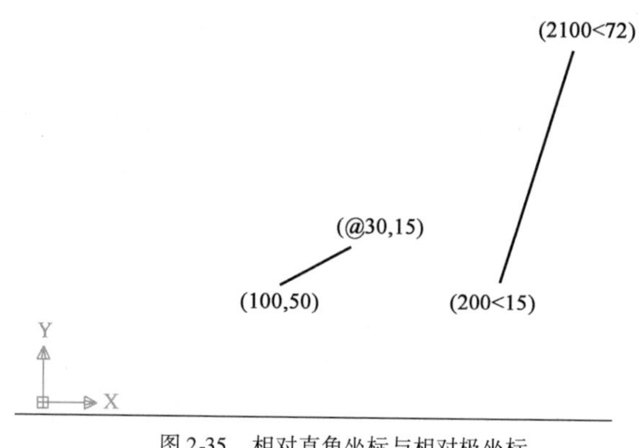

图 2-35　相对直角坐标与相对极坐标

2.6.2　用户坐标系

1)含义

用户坐标系(User Coordinate System,UCS)为 AutoCAD 软件中可移动坐标系。用户可以任意定义用户坐标系的坐标原点,也可以使 UCS 与 WCS(世界坐标系)相重合。

2)创建方法

用户可在命令行输入 UCS 来对其进行定义、保存、恢复和移动等一系列操作。亦可在快速访问工具栏选择【显示菜单栏】命令,在弹出的菜单中选择【工具】→【新建 UCS】命令的子命令,或选择“功能区”选项板的【视图】选项卡,在 UCS 面板中单击相应的按钮,都可以方便地创建 UCS 。如图 2-36 和图 2-37 所示。

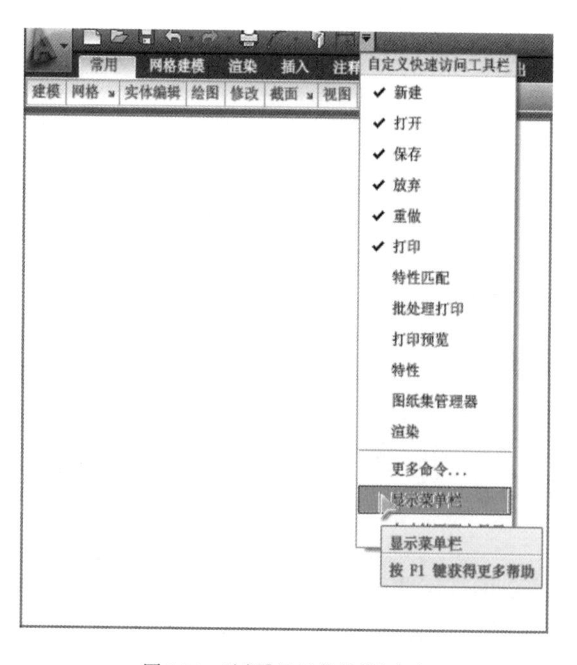

图 2-36　选择【显示菜单栏】命令

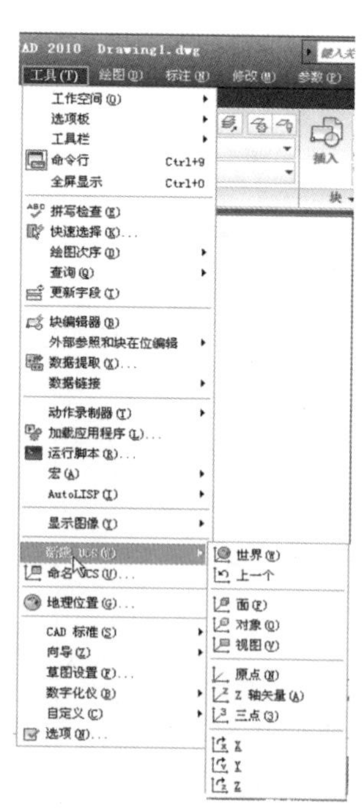

图 2-37　创建坐标系

3）命名方法

在快速访问工具栏选择【显示菜单栏】命令，在弹出的菜单中选择【工具】→【命名 UCS】命令，或选择“功能区”选项板的【视图】选项卡，在 UCS 面板中单击“已命名”按钮，打开 UCS 对话框，选择【命名 UCS】选项卡，如图 2-38 所示。

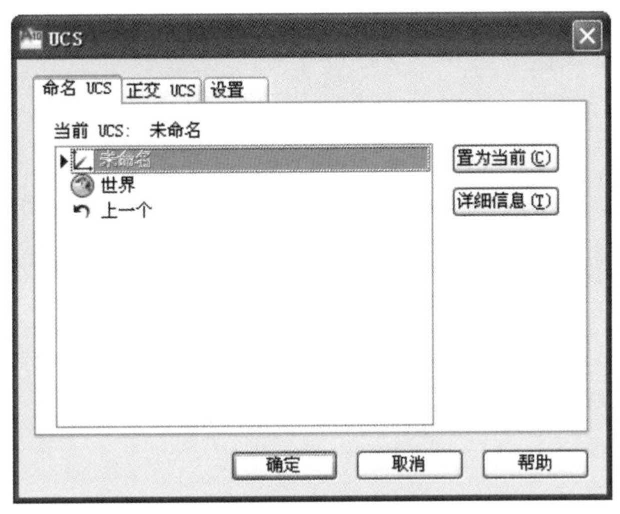

图 2-38　用户坐标系

4）其他选项

在 AutoCAD 2010 中，在快速访问工具栏选择【显示菜单栏】命令，在弹出的菜单中选择【视图】→【显示】→【UCS 图标】子菜单中的命令，控制坐标系图标的可见性及显示方式，如图 2-39 所示。

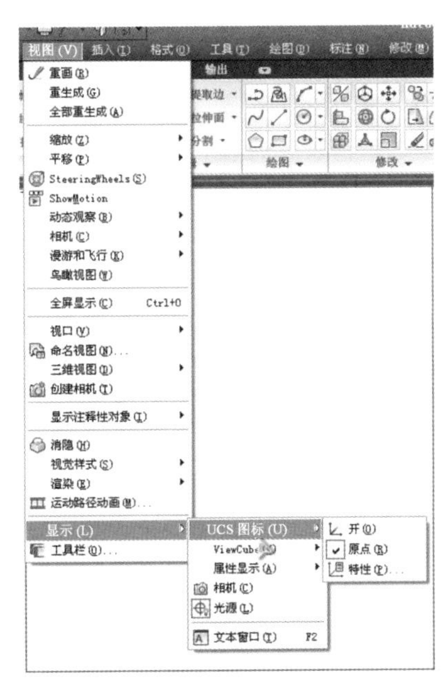

图 2-39　设置 UCS 的其他选项

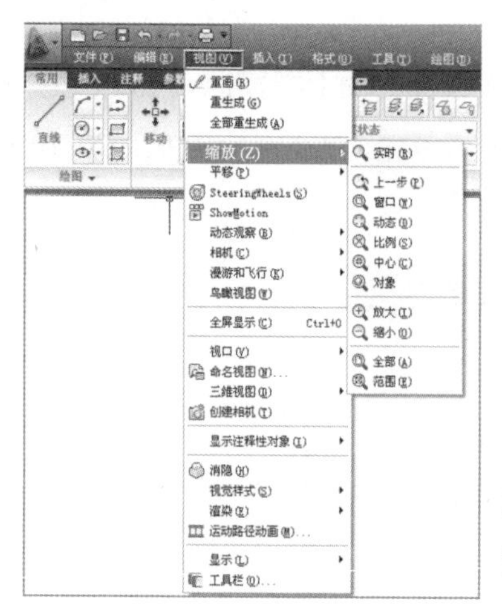

图 2-40 视图缩放

2.7 图形显示

绘制图形时,既要观察图形的整体效果,又要查看图形的局部细节。为此,AutoCAD 2010 提供了图形缩放、平移、鸟瞰视图等命令,具体操作方法如下。

2.7.1 图形显示控制

1)【缩放】命令

绘图时为了方便观看,经常需要改变图形的大小,即放大图形或缩小图形。该操作可以利用鼠标中键(滚动)直接进行缩放,也可以使用视图中的缩放来完成,如图 2-40 所示。

2)实时缩放

实时缩放是指随着鼠标的上下移动,图形动态的改变显示大小。

命令执行方法:

工具栏:单击该工具栏中的“实时缩放”按钮。

菜单:选择【视图】→【缩放】→【实时】命令。

命令行:在命令行输入 Zoom 后回车。

选用此项,鼠标变为含有加号“+”和减号“-”的放大镜。

在绘图窗口中,向上拖动鼠标为放大图形区域,向下拖动鼠标为缩小图形区域。

当图形区域缩放到极限时,再拖动鼠标,图形区域不再发生变化。

如果要结束缩放操作,可按 Esc 键、回车键或单击鼠标右键选择[退出]选项。

3)窗口缩放

窗口缩放是显示由两个角点所定义的矩形窗口内的区域,并对选定区域中的对象进行缩放。

命令执行令方法:

工具栏:单击该工具栏中的“窗口缩放”按钮。

菜单:选择【视图】→【缩放】→【窗口】命令。

命令行:在命令行中输入 W 后回车。

4)上一步缩放

上一步缩放是指返回到前面显示的图形视图。可以通过连续单击该按钮的方式依次往前返回,最多可恢复此前 10 个视图。

命令执行方法:

工具栏:单击该工具栏中的“上一步缩放”按钮。

菜单：选择【视图】→【缩放】→【上一个】命令。

命令行：在命令行中输入 P 后回车。

5）动态缩放

动态缩放是通过视图框来选定显示区域。移动视图框或调整它的大小，将其中的图像平移或缩放。

命令执行方式：

工具栏：单击该工具栏中的"动态缩放"按钮。

菜单：选择【视图】→【缩放】→【动态】命令。

命令行：在命令行中输入 D 后回车。

【动态缩放】命令提供了一个视图转换到另一个视图的方法。

对于显示在视图框中的部分图形（视图框表示视口，可以改变它的大小，或在图形中移动。移动视图框或调整它的大小，将其中的图像平移或缩放，以充满整个视口），可将视图框拖动到所需位置并单击，调整其大小后回车进行缩放。

6）比例缩放

比例缩放是指按指定比例因子进行缩放图形。

命令执行方法：

工具栏：单击该工具栏中的按钮。

菜单：选择【视图】→【缩放】→【比例】命令。

命令行：在命令行中输入 S 后回车。

比例因子有两种形式，分别为 nX 和 nXP。

调用此命令后，命令行出现如下提示：

```
输入比例因子（nX 或 nXP）：
```

例如，输入.5X 后每个对象显示为原大小的 1/2；输入值并后跟 XP，指定相对于图纸空间单位的比例，如输入 .5XP 后以图纸空间单位的 1/2 显示模型空间。

7）中心缩放

中心缩放是由中心和缩放比例或高度值来定义窗口缩放显示图形。

命令执行方法：

工具栏：单击该工具栏中的"中心缩放"按钮。

菜单：选择【视图】→【缩放】→【中心】命令。

命令行：在命令行中输入 C 后按回车键。

调用此命令后，命令行出现如下提示：

```
指定中心点：
输入比例或高度 <0.0262>：
```

提示用户输入新视图的中心和比例因子或新视图的高度。

8)全部缩放

全部缩放是在当前视口中缩放显示整个图形,取决于用户定义的栅格界限或图形界限。

命令执行方法:

工具栏:单击该工具栏中的“全部缩放”按钮。

菜单:选择【视图】→【缩放】→【全部】命令。

命令行:在命令行中输入 A 后回车。

此时如果各图形对象均没有超出由 Limits 命令设置的绘图范围,AutoCAD 在屏幕上显示该范围。如果有图形对象画到所设范围之外,则会扩大显示区域。该命令用于将超出范围的部分也显示在屏幕上。

2.7.2 【平移】命令

【平移】命令的作用是在当前视口中移动视图。【平移】命令有两种模式,分别为定点平移和实时平移。这里主要介绍常用的实时平移。

命令执行方法:

菜单:选择【视图】→【平移】→【实时】命令。

命令行:在命令行输入 Pan 后回车。

快捷键菜单:不选择任何对象时,在绘图窗口中单击鼠标右键选择【平移】命令。

状态栏:单击状态栏右侧图标中的“平移”按钮。

使用此命令后光标变为手形,用户可以按住鼠标左键拖动到合适位置,松开鼠标后完成操作。

也可以按回车键或 Esc 键退出,或单击鼠标右键激活快捷菜单选择【退出】命令,结束操作。

特点:该命令不改变图形中对象的位置或放大比例,只改变视图在绘图区的位置。

2.7.3 【鸟瞰视图】命令

鸟瞰视图是一种浏览工具。它在一个独立的窗口中显示整个图形的视图,便于定位和移动到指定区域。鸟瞰视图窗口打开时,不需要选择菜单选项或输入命令,就可以对图形进行缩放和平移。

1)命令执行方法

菜单:选择【视图】→【鸟瞰视图】命令。

命令行:在命令行输入 Dsviewer 后回车。

2)操作步骤

(1)在鸟瞰视图窗口中单击鼠标左键,在该窗口中显示出一个矩形线框,表明当前是平移模式。拖动该平移框,就可以使图形实时移动。

(2)当窗口中出现平移框后,单击鼠标左键,平移框左边出现一个小箭头,此时为缩放模式。拖动鼠标,就可以实现图形的实时缩放,同时会改变框的大小。

(3)在窗口中再单击鼠标左键,则又切换回平移模式。

2.7.4　【重画】命令和【重生成】命令

1)重画

重画的作用是用来刷新视图。

命令执行方法:

菜单:选择【视图】→【重画】命令,如图 2-41 所示。

命令行:在命令行输入 Redrawall 后回车。

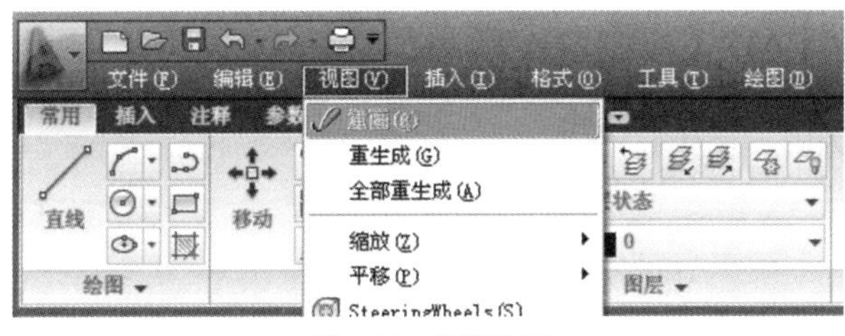

图 2-41　视图重画

2)重生成

重新生成的作用是,如果使用【重画】命令仍不能正确显示或刷新视图,可以使用 AutoCAD 2010 提供的【重生成】命令,该命令会将数据库中的坐标转换为虚拟屏幕坐标,然后再转换成屏幕坐标显示出来。

命令执行方法:

菜单:选择【视图】→【重生成】命令 。

命令行:在命令行输入 Regen 后回车。

3)全部重生成

该命令的作用是重生成整个图形,并重新计算所有视口中所有对象的屏幕坐标,还可以重新创建图形数据库索引,从而优化显示和对象选择的性能。

命令执行方法:

菜单:选择【视图】→【全部重生成】命令。

命令行:在命令行输入 Regenall 后回车。

Regenall 重新计算并生成当前图形的数据库,更新所有视口显示。该命令与 Regen 类似。

2.8　AutoCAD 2010 绘图操作过程

执行 AutoCAD 2010 绘图操作的一般过程分为以下 8 个步骤。

(1)启动 AutoCAD 2010。

(2)单击图标,选择菜单命令【新建】→【图形】,或单击“快速访问”工具栏上的按钮创建新图形,打开“选择样板”对话框,如图 2-42 所示。该对话框中列出了许多用于创建新图形的样板文件,默认的样板文件是 acadiso. dwt。单击打开(O)按钮,开始绘制新图形。

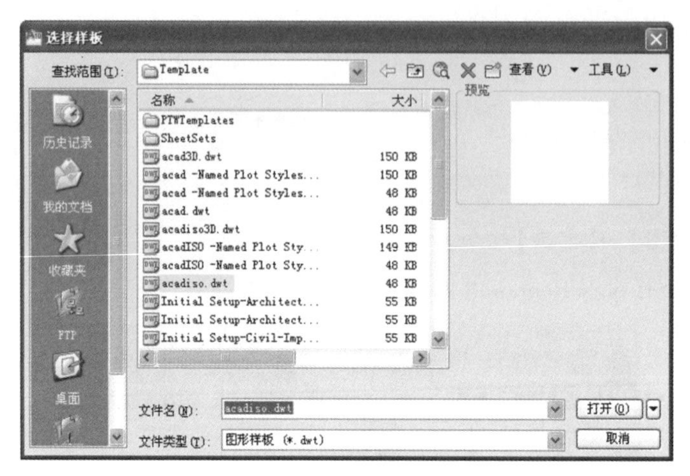

图 2-42 “选择样板”对话框

(3)按状态栏上的、及按钮。注意,不要按下按钮。

(4)单击【常用】选项卡中“绘图”面板上的按钮,命令行提示如下:

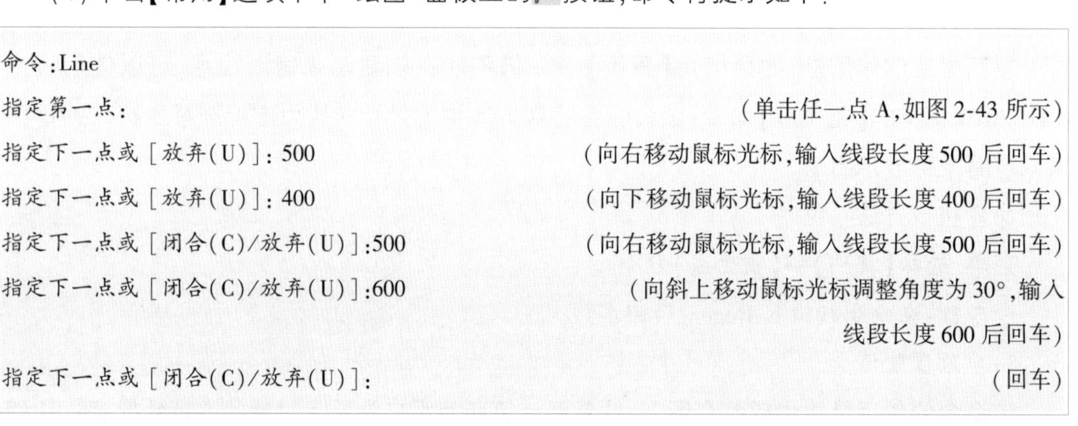

命令:Line

指定第一点: (单击任一点 A,如图 2-43 所示)

指定下一点或[放弃(U)]:500 (向右移动鼠标光标,输入线段长度 500 后回车)

指定下一点或[放弃(U)]:400 (向下移动鼠标光标,输入线段长度 400 后回车)

指定下一点或[闭合(C)/放弃(U)]:500 (向右移动鼠标光标,输入线段长度 500 后回车)

指定下一点或[闭合(C)/放弃(U)]:600 (向斜上移动鼠标光标调整角度为 30°,输入线段长度 600 后回车)

指定下一点或[闭合(C)/放弃(U)]: (回车)

(5)按回车键重复【画线】命令,再在绘图区右边画一条铅垂线 BC,如图 2-44 所示。

(6)单击“快速访问”工具栏上的按钮,线段 BC 消失,再次单击该按钮,斜线也消失。单击按钮,斜线显示出来,继续单击该按钮,线段 BC 也显示出来。

(7)输入画圆命令全称 Circle 或简称 C,命令行提示如下:

命令:Circle (输入命令后回车)

指定圆的圆心或[三点(3P)/两点(2P)/相切、相切、半径(T)]: (单击 D 点,指定圆心,如图 2-45 所示)

指定圆的半径或[直径(D)]:100 (输入圆半径 100 后回车,圆就绘制出来了)

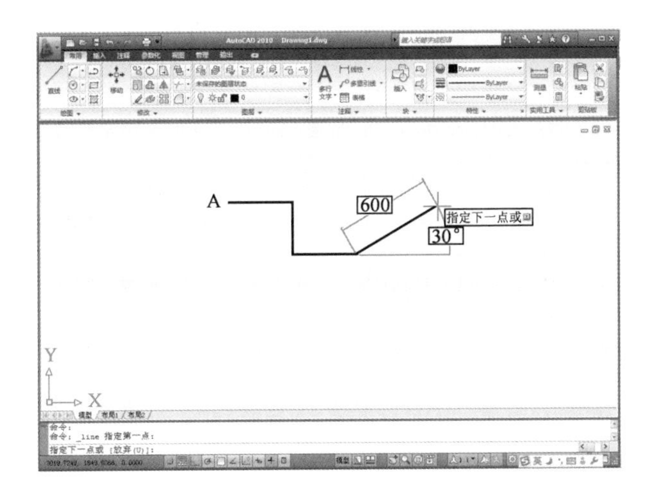

图 2-43　直线的绘制

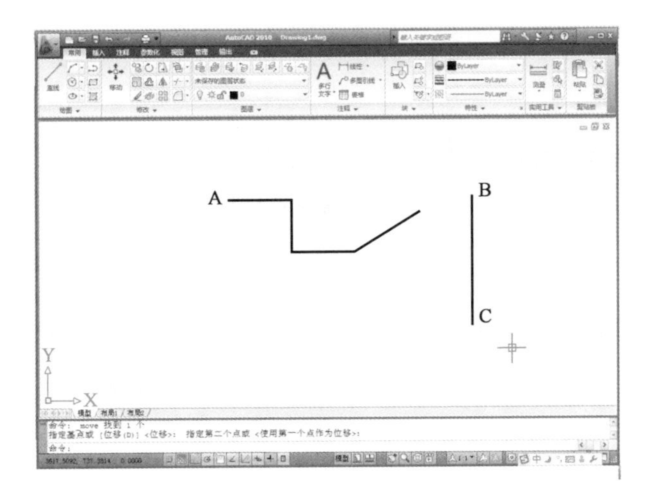

图 2-44　绘制铅垂线 BC

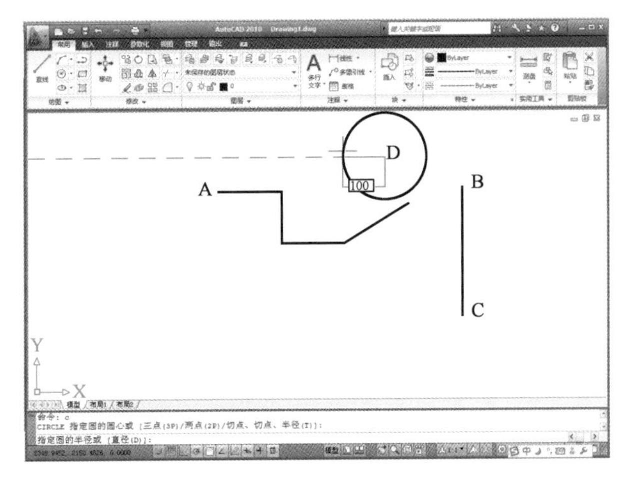

图 2-45　圆的绘制

(8)单击【常用】选项卡中“绘图”面板上的按钮,命令行提示如下:

命令:Circle

指定圆的圆心或[三点(3P)/两点(2P)/相切、相切、半径(T)]:　(将鼠标光标移动到直线交点E处,AutoCAD自动捕捉该点,再单击鼠标左键确认,如图2-46所示)

指定圆的半径或[直径(D)]<100.0000>:　(输入圆半径200后回车,圆就绘制出来了)

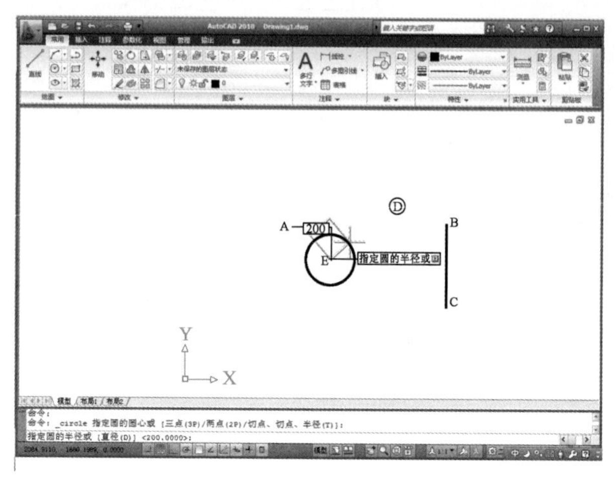

图2-46　利用捕捉确定圆心

单元3　基本绘图命令

二维图形是指在二维平面空间绘制的图形，而二维图形是整个 AutoCAD 绘图的基础。AutoCAD 提供了大量的绘图工具，这些绘图工具可以帮助用户完成二维图形的绘制，它包括直线、圆和圆弧、椭圆与椭圆弧、平面图形、点、多段线、样条曲线和多线等命令。

3.1 直线

直线是最基本的绘图命令。几乎所有的直线图形都可以用此命令绘制。

1）命令执行方法

工具栏：点击“绘图”工具栏→“直线”按钮。

菜单：选择【绘图】→【直线】命令。

命令行：在命令行中输入 Line（快捷命令：L）后回车。

2）操作步骤

命令：Line	（回车）
指定第一点：	（在该提示下输入直线的起点坐标或用鼠标指定点）
指定下一点或[放弃(U)]：	（在该提示下输入直线的端点坐标，或利用光标指定一定的角度后，直接输入直线的长度）
指定下一点或[放弃(U)]：	（在该提示下输入直线的下一个端点坐标，或输入 U 放弃前面的输入，或按回车键结束直线命令）
指定下一点或闭合[(C)/放弃(U)]：	（在该提示下输入直线的下一个端点坐标，或输入 C 图形闭合，结束命令）

3）选项说明

（1）在“指定下一点或[放弃（U）]”时，若输入 U，则删除最近一次绘制的直线。

（2）在“指定下一点或[闭合（C）]”时，若输入选项 C，则自动形成封闭的图形。应注意的是，此功能需要在完成两段直线以后才可使用。

（3）若绘制水平线和铅垂线，可设置正交模式。

（4）若要绘制直线到某一特定点，可用对象捕捉工具。

（5）若设置动态数据输入方式（按下状态栏上 DYN 按钮），则可以动态输入坐标值或长度值。

实例演示 利用【直线】命令绘制如图3-1所示的三角形

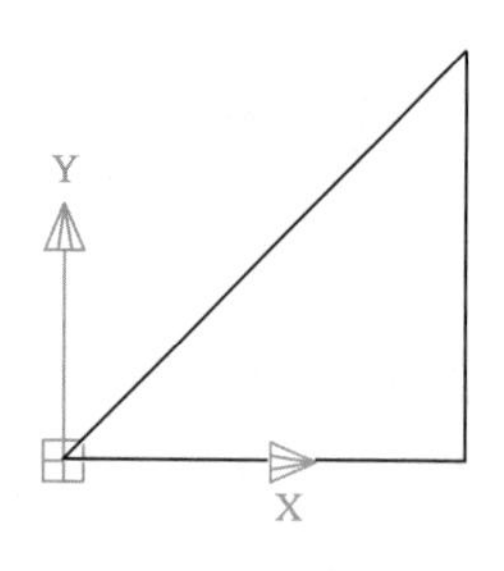

图3-1 利用【直线】命令绘制三角形

命令:Line	(回车)
指定第一点:(0,0)	
指定下一点或[放弃(U)]:100,0	(回车)
指定下一点或[放弃(U)]:@0,100	(回车)
指定下一点或[闭合(C)/放弃(U)]:C	(回车)

3.2 构造线

构造线是两端可以无限延伸的直线。构造线主要用作绘图时的辅助线。

1)命令执行方法

工具栏:点击"绘图"工具栏→"构造线"按钮

菜单:选择【绘图】→【构造线】命令。

命令行:在命令行输入Xline后回车。

2)操作步骤

命令:Xline	(回车)
指定点或[水平(H)/垂直(V)/角度(A)/二等分(B)/偏移(O)]:	(给出根点1)
指定通过点:	(指定通过点2,绘制一条双向无限长直线)
指定通过点:	(继续指定点,继续绘制直线,最后按回车键结束命令)

3)选项说明

(1)【水平(H)】:该项可用来绘制一条通过选定点的水平线。

(2)【垂直(V)】:该项可用来绘制一条通过选定点的垂直线。

(3)【角度(A)】:该项能以指定的角度或参照某直线以一定的角度绘制一条参照线。

(4)【二等分(B)】:该项可用来绘制角平分线。使用该选项绘制的构造线平分指定的两条线间的夹角,且通过该夹角的顶点。在绘制角平分线过程中,AutoCAD将要求用户依次指定角的顶点、起点和终点。

(5)【偏移(O)】:该项可用来绘制平行于另一个对象的平行线。平行线可以偏移一段距离,也可以通过指定的点。

实例演示　利用【构造线】命令绘制角平分线,原图如图 3-2a)所示

命令:Xline	(回车)
指定点或[水平(H)/垂直(V)/角度(A)/二等分(B)/偏移(O)]:b	(回车)
指定角的顶点:	[如图 3-2b)所示选中左下角点]
指定角的起点:	[如图 3-2c)所示选中起点]
指定角的端点:	[如图 3-2d)所示选中端点]

等分效果如图 3-2e)所示。

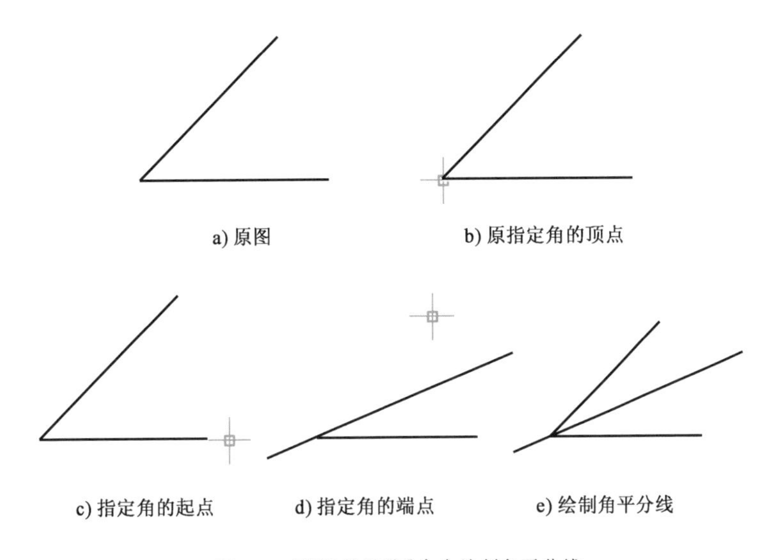

图 3-2　利用【构造线】命令绘制角平分线

3.3 多段线

多段线是一种由直线段和圆弧组合而成的线型,可以有不同线宽的多段线。

1)命令执行方法

工具栏:点击"绘图"工具栏→"多段线"按钮。

菜单:选择【绘图】→【多段线】命令。

命令行:在命令行输入 Pline(快捷命令:Pl)后回车。

2)操作步骤

命令:Pline （回车）
指定起点: （指定多段线的起点）
当前线宽:0.0000
指定下一个点或[圆弧(A)/半宽(H)/长度(L)/放弃(U)/宽度(W)]: （指定多段线的下一个点，或通过选项进行绘制）

3)选项说明

(1)【圆弧(A)】:该选项可使【多段线】命令由绘直线方式变为绘圆弧方式,并给出绘圆弧的提示。

(2)【半宽(H)】:该选项用于设置多段线的半宽度。

(3)【长度(L)】:该选项用于设置从当前点绘制指定长度的多段线。

(4)【放弃(U)】:该选项用于删除多段线中刚画出的直线和圆弧段。

(5)【宽度(W)】:该选项用来确定多段线的宽度。

实例演示 利用【多段线】命令绘制转弯箭头,如图3-3所示

命令:Pline （回车）
指定起点: （用鼠标点取一点确定起点）
当前线宽:0.0000
指定下一点或[圆弧(A)/半宽(H)/长度(L)/放弃(U)/宽度(W)]:W （回车）
指定起点宽度 <0.0000>:5 （回车）
指定端点宽度 <5.0000>:5 （回车）
指定下一个点或[圆弧(A)/半宽(H)/长度(L)/放弃(U)/宽度(W)]:@80,0 （回车）
指定下一点或[圆弧(A)/闭合(C)/半宽(H)/长度(L)/放弃(U)/宽度(W)]:A （回车）
指定圆弧的端点或[角度(A)/圆心(CE)/闭合(CL)/方向(D)/半宽(H)/
直线(L)/半径(R)/第二个点(S)/放弃(U)/宽度(W)]:A （回车）
指定包含角:180 （回车）
指定圆弧的端点或[圆心(CE)/半径(R)]:R （回车）
指定圆弧的半径:24 （回车）
指定圆弧的弦方向 <0>:90 （回车）
指定圆弧的端点或[角度(A)/圆心(CE)/闭合(CL)/方向(D)/半宽(H)/
直线(L)/半径(R)/第二个点(S)/放弃(U)/宽度(W)]:L （回车）
指定下一点或[圆弧(A)/闭合(C)/半宽(H)/长度(L)/放弃(U)/宽度(W)]:W （回车）
指定起点宽度 <5.0000>:10 （回车）
指定端点宽度 <10.0000>:0 （回车）
指定下一点或[圆弧(A)/闭合(C)/半宽(H)/长度(L)/放弃(U)/宽度(W)]:@ -15,0 （回车）
指定下一点或[圆弧(A)/闭合(C)/半宽(H)/长度(L)/放弃(U)/宽度(W)]: （回车）

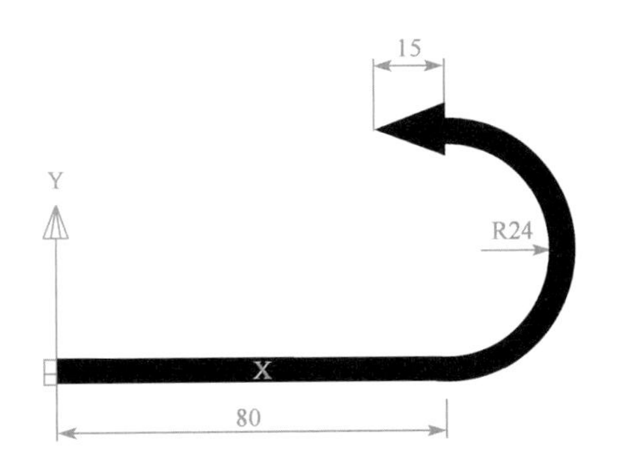

图 3-3　利用【多段线】命令绘制转弯箭头

3.4　多线

多线是一种由多条平行线组成的组合对象，这些平行线的线型、数目以及相互之间的距离是可以调整的。多线可包含 1 ~ 16 条平行线，这些平行线称为元素。通过指定距多线初始位置的偏移量可以确定元素的位置。用户还可以创建和保存多线样式，设置每个元素的颜色、线型以及显示和隐藏多线的连接。

1）命令执行方法

菜单：选择【绘图】→【多线】命令。

命令行：在命令行输入 Mline（快捷命令：Ml）后回车。

2）操作步骤

命令：Mline	（回车）
当前设置：对正 = 上，比例 = 20.00，样式 = STANDARD	
指定起点或[对正(J)/比例(S)/样式(ST)]：	（在该提示下输入多线的起始点）
指定下一点：	（指定下一点）
指定下一点或[放弃(U)]：	（继续指定下一点绘制线段；输入 U，则放弃前一段多线的绘制；右击或按回车键，结束命令）

3）选项说明

（1）【对正（J）】：该选项用于设定双线距光标拾取点的相对位置。共有 3 种对正类型"上""无"和"下"。其中，"上"表示以多线上侧的线为基准，其他两项依此类推。

（2）【比例（S）】：该选项要求用户设置平行线的间距。

（3）【样式（ST）】：该选项要求用户设置当前使用的多线样式。

4）定义多线样式

执行多线命令后，打开如图 3-4 所示"多线样式"对话框。在该对话框中，用户可以对多线样式进行定义、保存和加载等操作。下面通过定义一个新的多线样式来介绍该对话框的使用方法。欲定义的多线样式由3条平行线组成,中心轴线和两条平行的实线相对于中心轴线上、下各偏移0.5,其操作步骤如下。

(1)在"多线样式"对话框中单击"新建"按钮,系统打开"创建新的多线样式"对话框,如图3-5所示。

(2)在"创建新的多线样式"对话框的"新样式名"文本框中输入THREE,单击继续按钮。

(3)系统打开"新建多线样式"对话框,如图3-6所示。

(4)在【封口】选项组中可以设置多线起点和端点的特性,包括直线、外弧或是内弧封口以及封口线段或圆弧的角度。

图3-4 "多线样式"对话框

图3-5 "创建新的多线样式"对话框

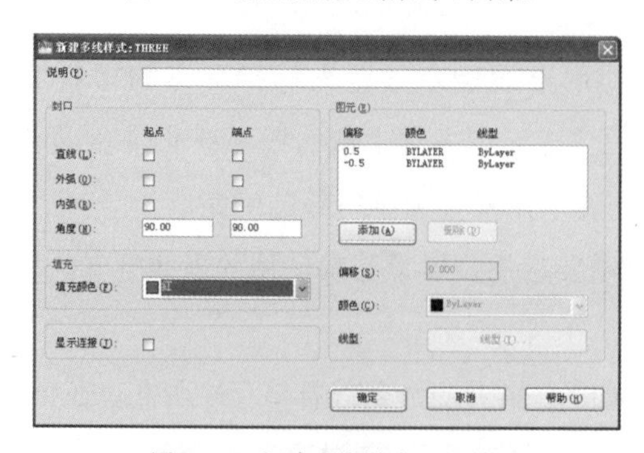

图3-6 "新建多线样式"对话框

(5)在“填充颜色”下拉列表框中可以选择多线填充的颜色。

(6)在【图元】选项组中可以设置组成多线元素的特性。单击[添加(A)]按钮,可以为多线添加元素;相反,单击[删除(D)]按钮,为多线删除元素。在“偏移”文本框中可以设置选中元素的位置偏移值。在“颜色”下拉列表框中可以为选中的元素选择颜色。单击“线型”按钮,系统打开“选择线型”对话框,可以为选中的元素设置线型。

(7)设置结束后,单击[确定]按钮,返回到如图 3-4 所示的“多线样式”对话框,在“样式”列表中会显示刚设置的多线样式名,选择该样式,单击“置为当前”按钮,则将刚设置的多线样式置为当前样式。

(8)单击[确定]按钮,完成多线样式设置,如图 3-4 所示。

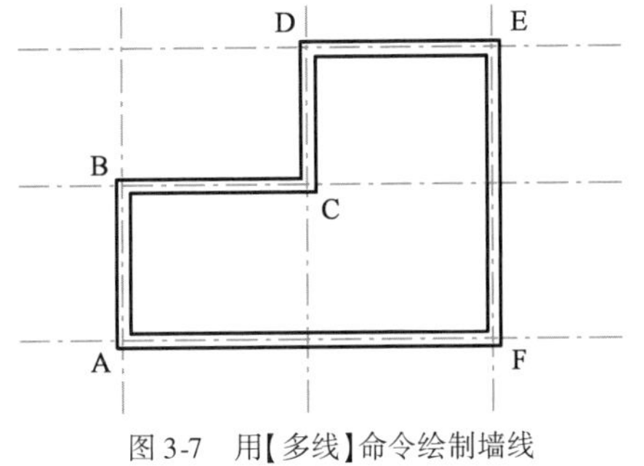

图 3-7　用【多线】命令绘制墙线

实例演示　利用【多线】命令绘制墙线,如图 3-7 所示

命令:Mline	(回车)
当前设置:对正 = 上,比例 = 20.00,样式 = STANDARD	
指定起点或[对正(J)/比例(S)/样式(ST)]:J	(回车)
输入对正类型[上(T)/无(Z)/下(B)]:Z	(回车)
当前设置:对正 = 无,比例 = 20.00,样式 = STANDARD	
指定起点或[对正(J)/比例(S)/样式(ST)]:S	(回车)
输入多线比例 <20.00>:240	(回车)
当前设置:对正 = 无,比例 = 240,样式 = STANDARD	
指定起点或[对正(J)/比例(S)/样式(ST)]:	(捕捉 A 点)
指定下一点:	(捕捉 B 点)
指定下一点或[放弃(U)]:	(捕捉 C 点)
指定下一点或[闭合(C)/放弃(U)]:	(捕捉 D 点)
指定下一点或[闭合(C)/放弃(U)]:	(捕捉 E 点)
指定下一点或[闭合(C)/放弃(U)]:	(捕捉 F 点)
指定下一点或[闭合(C)/放弃(U)]:C	(回车)

3.5　样条曲线

样条曲线是一种非均匀关系类型的曲线,这种类型的曲线可用于形状不规则的图形。

1)命令执行方法

工具栏:点击“绘图”工具栏→“样条曲线”按钮。

菜单:选择【绘图】→【样条曲线】命令。

命令行:在命令行输入 Spline(快捷命令:Spl)后回车。

2)操作步骤

命令:Spline	(回车)
指定第一个点或[对象(O)]:	(指定一点或选择[对象(O)]选项)
指定下一点:	(在该提示下继续确定样条曲线的另一个点)
指定下一个点或[闭合(C)/拟合公差(F)] <起点切向>:	(在该提示下继续确定样条曲线的点)

3)选项说明

(1)【对象(O)】:用于将已存在的由多段线生成的拟合曲线转换为等价样条曲线。

(2)【闭合(C)】:用于封闭样条曲线。

(3)【拟合公差(F)】:用于修改当前样条曲线拟合公差。公差越小样条曲线就越接近数据点,公差为0,样条曲线将精确地通过数据点。

3.6 圆

圆是一种特殊的平面曲线,也是工程图中常见的基本图形。

1)命令执行方法

工具栏:点击“绘图”工具栏→“圆”按钮。

菜单:选择【绘图】→【圆】命令。

命令行:在命令行输入 Circle(快捷命令:C)后回车。

2)操作步骤

命令:Circle	(回车)
指定圆的圆心或[三点(3P)/两点(2P)/切点、切点、半径(T)]:	(指定圆心)
指定圆的半径或[直径(D)]:	(直接输入半径数值或在绘图区单击指定半径长度)
指定圆的直径 <默认值>:	(直接输入直径数值或在绘图区单击指定直径长度)

3)选项说明

(1)【三点(3P)】:通过指定三个点来绘制圆。

(2)【两点(2P)】:通过指定两个点,并以两点之间的距离为直径绘制圆。

(3)【切点、切点、半径(T)】:通过先指定两个相切对象,再给出半径的方法绘制圆。如图3-8a)所示为圆和两条直线相切,如图3-8b)所示为圆和一条直线及一个圆相外切,如图3-8c)所示为圆和两个圆相外切,如图3-8d)所示为圆和一个圆内切、一个圆外切的4种情况。

实例演示 绘制与两直线相切的圆图形,如图3-9所示

首先绘制两条相交直线,如图3-9a)所示。

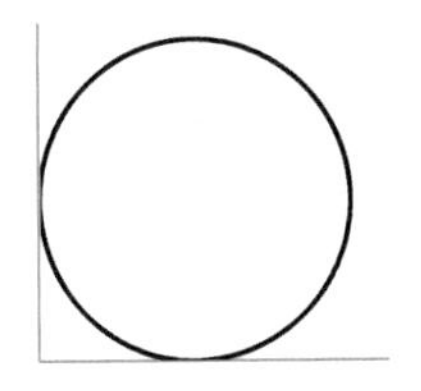

a) 圆和两条直线相切

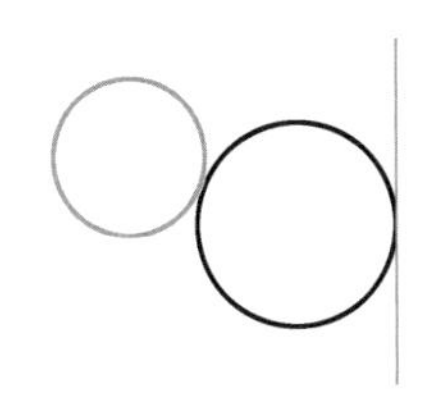

b) 圆和一条直线及一个圆相外切

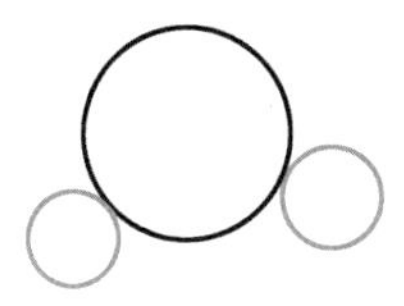

c) 圆和两个圆相外切

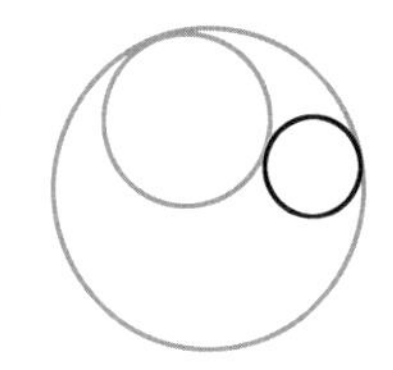

d) 圆和一个圆内切、一个圆外切

图3-8 圆与另外两个对象相切

命令:Circle	(回车)
指定圆的圆心或[三点(3P)/两点(2P)/切点、切点、半径(T)]:T	(回车)
指定对象与圆的第一个切点:	[如图3-9b)所示]
指定对象与圆的第二个切点:	[如图3-9c)所示]
指定圆的半径 <110.6790 >:50	[回车,结果如图3-9d)所示]

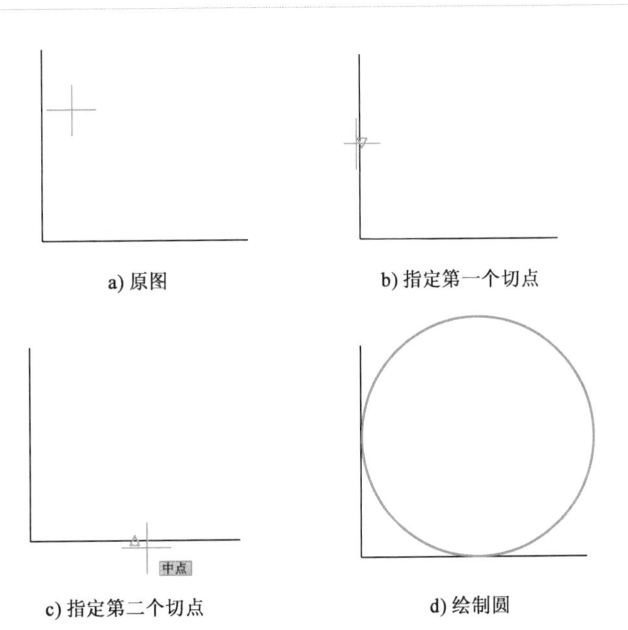

a) 原图

b) 指定第一个切点

c) 指定第二个切点

d) 绘制圆

图3-9 绘制圆

3.7 圆弧

圆弧可以看成是圆的一部分,圆弧不仅有圆心和半径,而且还有起点和终点。

1)命令执行方法

工具栏:点击“绘图”工具栏→“圆弧”按钮。

菜单:选择【绘图】→【圆弧】命令。

命令行:在命令行输入Arc(快捷命令:A)后回车。

2)操作步骤

命令:Arc	(回车)
指定圆弧的起点或[圆心(C)]:	(指定起点)
指定圆弧的第二点或[圆心(C)/端点(E)]:	(指定第二点)
指定圆弧的端点:	(指定圆弧的终点)

3)选项说明

(1)三点绘圆弧;

(2)起点、圆心、端点;

(3)起点、圆心、角度;

(4)起点、圆心、长度;

(5)起点、端点、角度;

(6)起点、端点、方向;

(7)起点、端点、半径;

(8)圆心、起点、端点;

(9)圆心、起点、角度;

(10)圆心、起点、长度;

(11)继续。

通过以上10种方式可绘制圆弧,这里要说明的是,方向是指圆弧在起始点处的方向。

当命令行提示【包含角度】时,若输入正的角度,则从起始点绕圆心沿着逆时针方向绘制圆弧,否则沿着顺时针方向绘制圆弧。【继续】选项绘制的圆弧将与最后一个创建的对象相切。

实例演示 利用【圆弧】命令绘制图形,如图3-10所示

首先绘制两条相交直线,如图3-10a)所示。

命令:Arc	(回车)
指定圆弧的起点或[圆心(C)]:C	(回车)
指定圆弧的圆心:	[如图3-10b)所示]
指定圆弧的起点:	[如图3-10c)所示]

指定圆弧的端点或[角度(A)/弦长(L)]:A	(回车)
指定包含角:60	(回车)

效果如图 3-10d)所示。

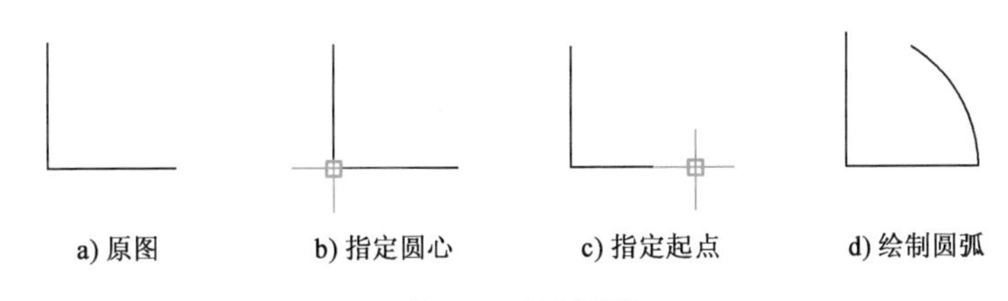

图 3-10　绘制圆弧

3.8 圆环

圆环是由一对同心圆组成,实际上是一种呈圆形封闭的多段线,如图 3-11a)所示。

1)命令执行方法

工具栏:点击"绘图"工具栏→"圆环"按钮◎。

菜单:选择【绘图】→【圆环】命令。

命令行:在命令行输入 Donut(快捷命令:Do)后回车。

2)操作步骤

命令:Donut	(回车)
指定圆环的内径 <默认值>:	(输入圆环的内径数值)
指定圆环的外径 <默认值>:	(输入圆环的外径数值)
指定圆环的中心点或 <退出>:	(指定圆环的中心点)
指定圆环的中心点或 <退出>:	(继续指定圆环的中心点,绘制出同样大小的圆环,或者回车结束)

3)选项说明

(1)若指定内径为零,则画出实心填充圆,如图 3-11b)所示。

(2)输入命令 Fill 可以控制圆环是否填充,具体方法如下。

命令:Fill	(回车)
输入模式[开(ON)/关(OFF)] <开>:	(选择"开"表示填充,选择"关"表示不填充)

效果如图 3-11c)所示。

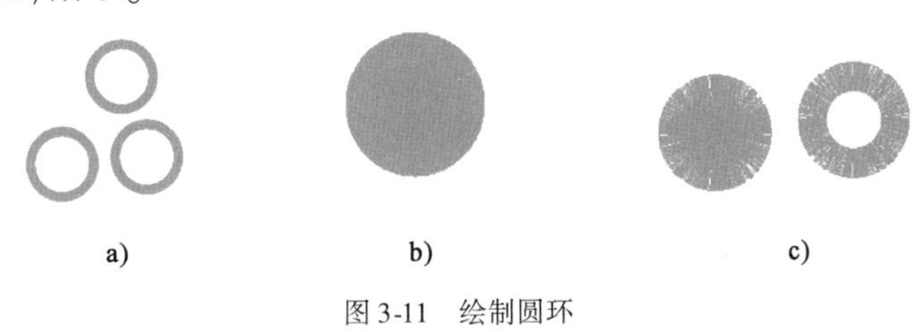

图 3-11　绘制圆环

实例演示 利用【圆环】命令绘制图形,如图 3-12 所示

(1)不填充圆环

命令:Fill (回车)
输入模式[开(ON)/关(OFF)] < 开 >:OFF (回车)
命令:Donut
指定圆环的内径 <50.0000>: (回车)
指定圆环的外径 <100.0000>: (回车)
指定圆环的中心点或 <退出>: [在绘图区指定一点,结果如图 3-12a)所示]

(2)填充圆环

命令:Fill
输入模式[开(ON)/关(OFF)] < 关 >:ON (回车)
命令:Donut (回车)
指定圆环的内径 <50.0000>: (回车)
指定圆环的外径 <100.0000>: (回车)
指定圆环的中心点或 <退出>: [在绘图区指定一点,结果如图 3-12b)所示]

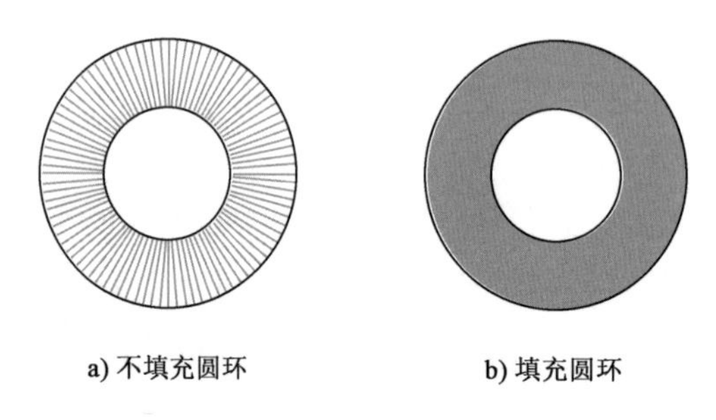

a) 不填充圆环　　b) 填充圆环

图 3-12　圆环

3.9 椭圆与椭圆弧

椭圆是由距离两个定点的长度之和为定值的点组成。绘制椭圆与椭圆弧的命令均为 Ellipse。

1)命令执行方法

工具栏:点击“绘图”工具栏→“椭圆”按钮或“椭圆弧”按钮。

菜单:选择【绘图】→【椭圆】→【圆弧】命令。

命令行:在命令行输入 Ellipse(快捷命令:El)后回车。

2)操作步骤

命令:Ellipse　　(回车)
指定椭圆的轴端点或[圆弧(A)/中心点(C)]:　　(指定轴第一个端点)
指定轴的另一个端点:　　(指定轴第二个端点)
指定另一条半轴长度或[旋转(R)]:R　　(回车)

3)选项说明

(1)【指定椭圆的轴端点】:根据两个端点定义椭圆的第一条轴。第一条轴的角度确定了整个椭圆的角度。第一条轴既可以定义椭圆的长轴,也可以定义短轴。

(2)【圆弧(A)】:指定椭圆的轴端点,该命令只绘制椭圆上的一段弧线,即椭圆弧。它与选择【绘图】→【椭圆】→【圆弧】命令是一样的。

(3)【中心点(C)】:通过指定椭圆圆心和两半轴的方式绘制椭圆或椭圆弧。

(4)【旋转(R)】:通过绕第一根轴旋转圆的方式绘制椭圆或椭圆弧。输入的值越大,椭圆的离心率就越大,输入"0"时将绘制正圆。

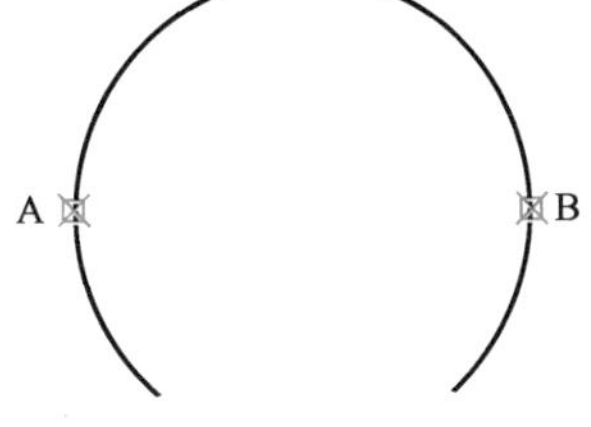

图 3-13　绘制椭圆弧

实例演示　绘制如图 3-13 所示的椭圆弧

命令:Ellipse　　(回车)
指定椭圆的轴端点或[圆弧(A)/中心点(C)]:A　　(回车)
指定椭圆弧的轴端点或[中心点(C)]:　　(捕捉 A 点)
指定轴的另一个端点:　　(捕捉 B 点)
指定另一条半轴长度或[旋转(R)]:50　　(回车)
指定起始角度或[参数(P)]:130　　(回车)
指定终止角度或[参数(P)/包含角度(I)]:50　　(回车)

3.10 矩形

【矩形】命令可一次性绘制出所需的矩形。

1)命令执行方法

工具栏:单击"绘图"工具栏→"矩形"按钮。

菜单:选择【绘图】→【矩形】命令。

命令行:在命令行输入 Rectang(快捷命令:Rec)后回车。

2)操作步骤

```
命令:Rectang                                                              (回车)
指定第一个角点或[倒角(C)/标高(E)/圆角(F)/厚度(T)/宽度(W)]:                    (指定一点)
指定另一个角点或[面积(A)/尺寸(D)/旋转(R)]:     (指定第二个角点,或者按回车键结束矩形的绘制)
```

3)选项说明

(1)【第一个角点】:通过指定两个角点确定矩形。

(2)【倒角(C)】:指定矩形的倒角距离,绘制带倒角的矩形。

(3)【标高(E)】:指定矩形所在平面的高度,即所绘制的矩形平面与当前坐标系的 *XY* 面之间的距离,此功能用于三维绘图。

(4)【圆角(F)】:指定矩形的圆角半径,绘制带圆角的矩形。

(5)【厚度(T)】:指定矩形的厚度,即矩形沿 *Z* 轴方向的厚度尺寸,此功能用于三维绘图。

(6)【宽度(W)】:指定矩形的线宽。

(7)【面积(A)】:指定面积和长或宽绘制矩形。

(8)【尺寸(D)】:指定矩形的长度和宽度绘制矩形。

(9)【旋转(R)】:使绘制的矩形按指定的角度进行旋转。

实例演示1 绘制如图3-14所示正方形,其长、宽均为20

```
命令:Rectang                                                              (回车)
指定第一个角点或[倒角(C)/标高(E)/圆角(F)/厚度(T)/宽度(W)]:                        (回车)
指定另一个角点或[面积(A)/尺寸(D)/旋转(R)]:D                                      (回车)
指定矩形的长度<10.0000>:20                                                    (回车)
指定矩形的宽度<10.0000>:20                                                    (回车)
指定另一个角点或[面积(A)/尺寸(D)/旋转(R)]:                      (单击一点确定矩形的位置)
```

实例演示2 绘制如图3-15所示倒角矩形,倒角距离1和距离2均为1

```
命令:Rectang
指定第一个角点或[倒角(C)/标高(E)/圆角(F)/厚度(T)/宽度(W)]:                        (回车)
指定另一个角点或[面积(A)/尺寸(D)/旋转(R)]:C                                      (回车)
指定矩形的第一个倒角距离<0.0000>:1                                             (回车)
指定矩形的第二个倒角距离<0.0000>:1                                             (回车)
指定第一个角点或[倒角(C)/标高(E)/圆角(F)/厚度(T)/宽度(W)]:                        (回车)
指定另一个角点或[面积(A)/尺寸(D)/旋转(R)]:D                                      (回车)
指定矩形的长度<10.0000>:15                                                    (回车)
```

指定矩形的宽度 <10.0000>:25	(回车)
指定另一个角点或[面积(A)/尺寸(D)/旋转(R)]:	(单击一点确定矩形的位置)

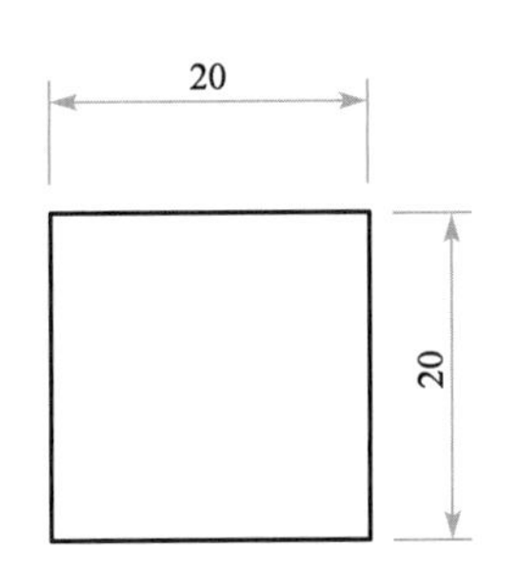

图 3-14　使用【矩形】命令绘制正方形

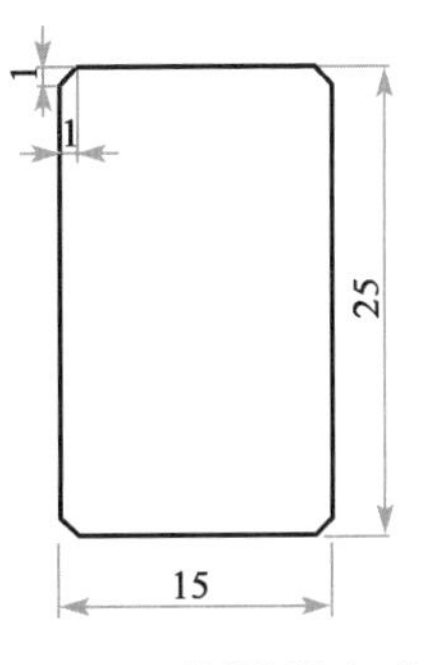

图 3-15　绘制倒角矩形

3.11 正多边形

1) 命令执行方法

工具栏:点击"绘图"工具栏→"绘图"按钮⬠。

菜单:选择【绘图】→【正多边形】命令。

命令行:在命令行输入 Polygon 后回车。

2) 操作步骤

命令:Polygon	(回车)
输入边的数目 <4>:	(在该提示下,输入正多边形的数目)
指定正多边形的中心点或[边(E)]:	(指定中心点)
输入选项[内接于圆(I)/外切于圆(C)]:	(指定绘制正多边形的方式)
指定圆的半径:	(指定内接于圆或外切于圆的半径)

3) 选项说明

(1)【边(E)】:选择该选项,则只要指定多边形的一条边,系统就会按逆时针方向绘制该正多边形。

(2)【内接于圆(I)】:选择该选项,绘制的多边形内接于圆。

(3)【外切于圆(C)】:选择该选项,绘制的多边形外切于圆。

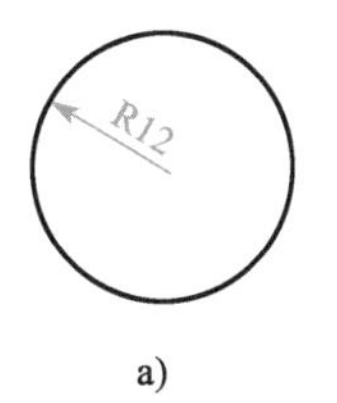

a)

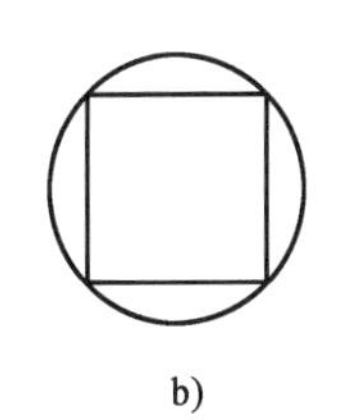

b)

图 3-16　绘制正方形

实例演示　在图 3-16a)示圆中绘制一正方形,正方形内接于圆的半径为 12,见图 3-16b)

命令:Polygon	
输入边的数目 <4>:4	(回车)

指定正多边形的中心点或[边(E)]: (回车)
输入选项[内接于圆(I)/外切于圆(C)] <I>: (回车)
指定圆的半径:12 (回车)

3.12 点类命令

在绘图过程中,经常要通过输入点的坐标来确定某个点位置。

3.12.1 点

1)命令执行方法

工具栏:单击“绘图”工具栏→“点”按钮 。

菜单:选择【绘图】→【点】命令。

命令行:在命令行输入 Point 后回车。

2)操作步骤

命令:Point (回车)
当前点模式:Pdmode = 0 Pdsize = 0.0000
指定点: (指定点所在的位置)

3)选项说明

(1)通过菜单方法操作时,【单点】命令表示只能输入一个点,【多点】命令表示可输入多个点,如图 3-17 所示。

(2)可以点击状态栏中的“对象捕捉”,设置点捕捉模式,帮助用户选择点。

(3)点在图形中的表示样式,共有 20 种。可在命令行输入 Ddptype 或选择菜单【格式】→【点样式】命令来设置,如图 3-18 所示。

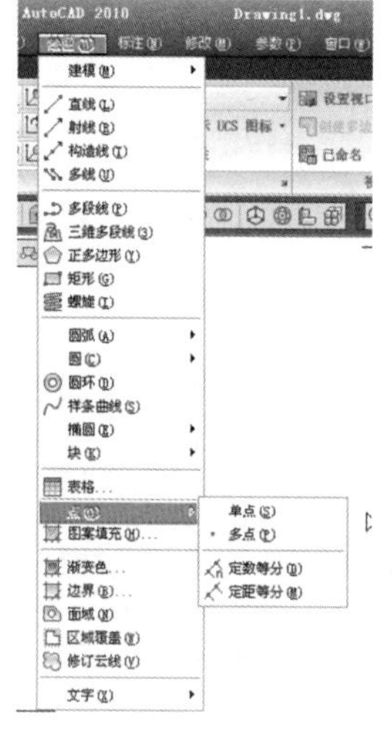

图 3-17 “点”的子菜单

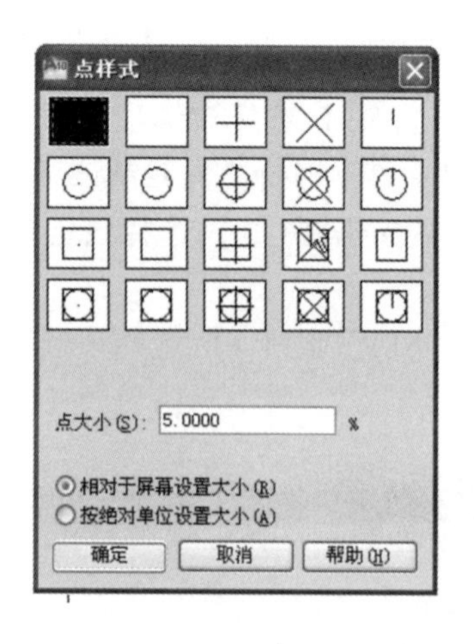

图 3-18 “点样式”对话框

3.12.2　定数等分

定数等分是将选择的对象等分为指定的几段,使用该命令可辅助绘制其他图形。

1)命令执行方法

在【功能区】选项板中切换到【常用】选项卡,在“绘图”面板中单击按钮。

菜单:选择【绘图】→【点】→【定数等分】命令。

命令行:在命令行输入 Divide(快捷命令:Div)后回车。

2)操作步骤

命令行提示	操作
命令:Divide	(回车)
选择要定数等分的对象:	(选择对象)
输入线段数目或[块(B)]:	(输入实体的等分数目)

3.12.3　定距等分

定距等分是在所选对象上按指定距离绘制多个点对象。

1)命令执行方法

在【功能区】选项板中切换到【常用】选项卡,在“绘图”面板中单击按钮。

菜单:选择【绘图】→【点】→【定距等分】命令。

命令行:在命令行输入 Measure(快捷命令:Me)后回车。

2)操作步骤

命令行提示	操作
命令:Measure	(回车)
选择要定距等分的对象:	(选择对象)
指定线段长度或[块(B)]:	(指定分段的长度)

实例演示　将椭圆 8 等分,如图 3-19 所示

绘制如图 3-20 所示的椭圆。

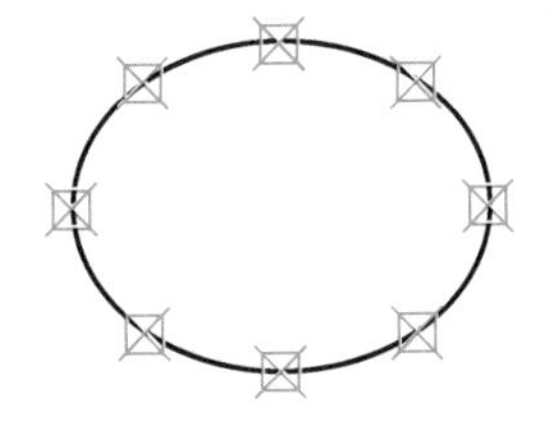

图 3-19　等分后的椭圆

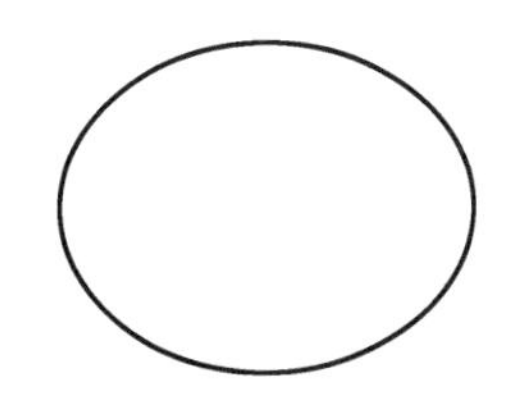

图 3-20　绘制椭圆

命令:Divide　　(回车)
选择要定数等分的对象:　　(选择绘制的椭圆)
输入线段数目或[块(B)]:8　　(回车)

3.13 图案填充

图案填充是一种以指定的图案或颜色来填充定义的封闭边界的操作。

3.13.1 创建图案填充

1)命令执行方法

在【功能区】选项板中切换到【常用】选项卡,在"绘图"面板中单击"图案填充"按钮。

菜单栏:选择【绘图】→【点】→【图案填充】命令。

命令行:在命令行输入 Bhatch 后回车。

执行图案填充命令后,系统弹出"图案填充和渐变色"对话框,如图 3-21 所示。

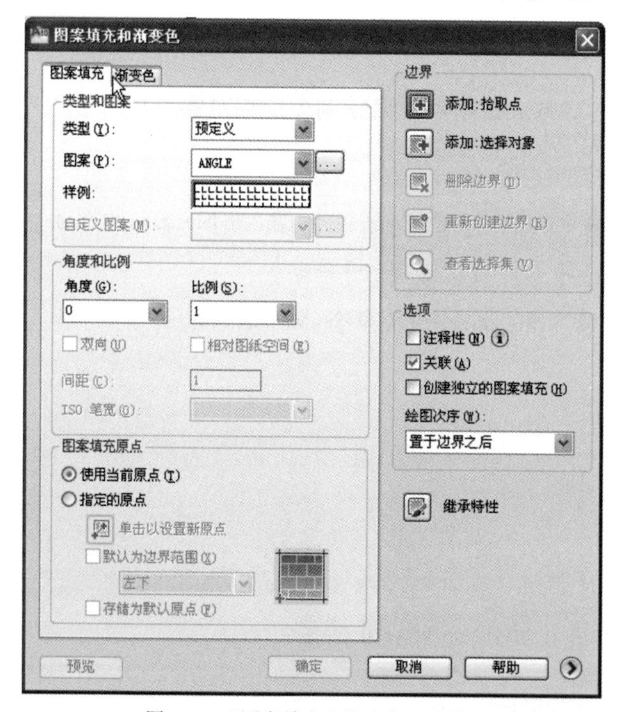

图 3-21　"图案填充和渐变色"对话框

2)选项说明

(1)【类型】:在该下拉列表框中选择图案的填充类型,有【预定义】、【用户定义】和【自定义】三种,一般为默认的【预定义】选项。

(2)【图案】:该下拉列表框用于选择标准图案文件中的填充图案,单击列表右侧的...按钮,系统弹出"填充图案选项板"对话框,选择所需的填充图案后单击确定按钮即可,如图 3-22 所示。

(3)【样例】:此栏用来给出一个样本图案。用户可以通过单击该图案的方式迅速查看选

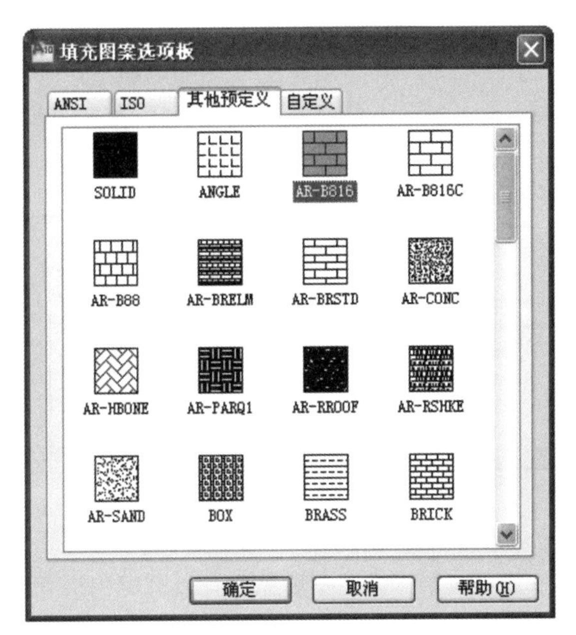

图 3-22　填充图案选项板

取已有的填充图案。

(4)【角度】:该项用于指定填充图案的倾斜角度。

(5)【自定义图案】:该项用于用户自定义的填充图案。只有在“类型”下拉列表框中选择【自定义】选项,该项才允许用户从自己定义的图案文件中选择填充图案。

(6)【比例】:该下拉列表框用于指定填充图案的比例值。

(7)“添加:拾取点”按钮:单击该按钮可以返回绘图区,通过拾取点的方式选择要填充的区域。

(8)“添加:对象”按钮:单击该按钮可以返回绘图区选择要填充的对象。

(9)【关联】:该项用于控制填充图案是否填充边界相关联,如果选中该项,当改变填充边界时,填充图案也随之变化,并与边界变化保持一致。

(10)【绘图次序】:该项用于指定填充图案的绘图顺序。

(11)“继承特性”按钮:选择该项可返回绘图区选择已填充好的图案,这样将自动使用该图案的设置。

3.13.2　控制孤岛填充

在填充图案时,通常将位于一个已定义好的填充区域内的封闭区域成为孤岛。单击“图案填充或渐变色”对话框右下角的按钮,将显示更多选项,可以对孤岛和边界进行设置,如图 3-23 所示。

选项说明:

(1)【孤岛检测】:用于确定在最外端的边界内的对象是否作为填充的对象。AutoCAD 2010 提供了 3 种填充方式:普通、外部及忽略。

(2)【保留边界】:用于保存填充边界。

(3)【边界集】:指定使用当前视口中的对象还是使用现有选择集中的对象作为边界集,单

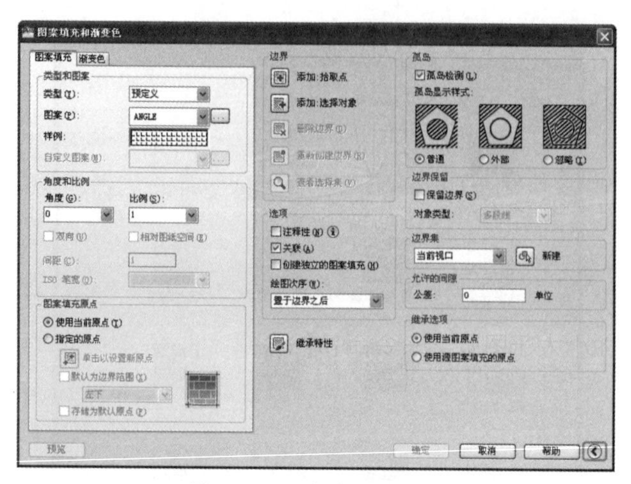

图3-23 “图案填充”选项卡

击其右侧的按钮可返回绘图区重新选择作为边界集的对象。

(4)【允许的间隙】:设置将对象作为图案填充时可以忽略的最大间隙。默认值为0,此值要求对象必须是封闭区域而没有间隙。

3.13.3 渐变色填充

填充渐变色的方法很简单,只需在打开“图案填充和渐变色”对话框中,切换到【渐变色】选项卡,对相应选项进行设置即可,如图3-24所示。

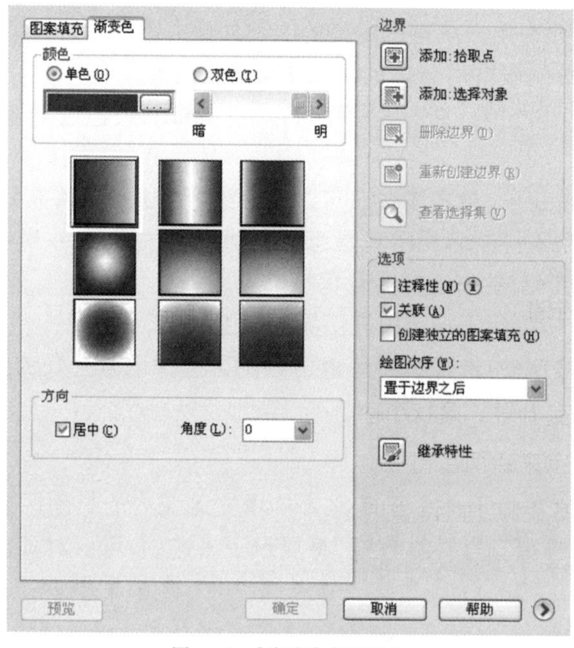

图3-24 【渐变色】选项卡

选项说明:

(1)【单色】:选中该单选按钮,可使用由一种颜色产生的渐变色来进行图案填充。单击下面的按钮,在打开的对话框中可以选择颜色。

(2)【双色】:选中该单选按钮,可使用由两种颜色产生的渐变色来进行图案填充。

(3)【填充样式】:该区域列出了渐变填充的 9 种样式,单击某个样式便可选中该样式。

(4)【居中】:选中该复选框,系统则指定对称的渐变填充图案。

(5)【角度】:该下拉列表框用于设置渐变色的角度。

3.13.4　图案填充

生成图案填充后,如果对填充效果不满意,可以通过【图案填充】命令对其进行编辑。

命令执行方法:

在【功能区】选项板中切换到【常用】选项卡,在“修改”面板中单击“图案填充”按钮。

菜单:执行【修改】→【对象】→【图案填充】命令。

命令行:在命令行输入 Hatchedit 后回车。

3.14 创建面域

面域是由封闭区域所形成的二维实体对象,其边界主要是由圆弧、直线、多段线和椭圆弧等对象构成的封闭图形。

1)命令执行方法

工具栏:单击“绘图”工具栏→“面域”按钮。

菜单:选择【绘图】→【面域】命令。

命令行:在命令行输入 Region 后回车。

在执行面域命令后,可选择一个或多个用于转换为面域的封闭图形,最后按下回车键即可将其转换为面域。

2)操作步骤

命令:Region　(回车)

选择对象:找到 1 个

选择对象:找到 1 个,总计 2 个

选择对象:找到 1 个,总计 3 个

选择对象:　(回车)

因为圆和多边形等封闭实体属于线框模型,而面域属于实体模型,所以它们在选中时表现的形式也不相同,选中圆形如图 3-25a)所示。圆形面域的效果如图 3-25b)所示。

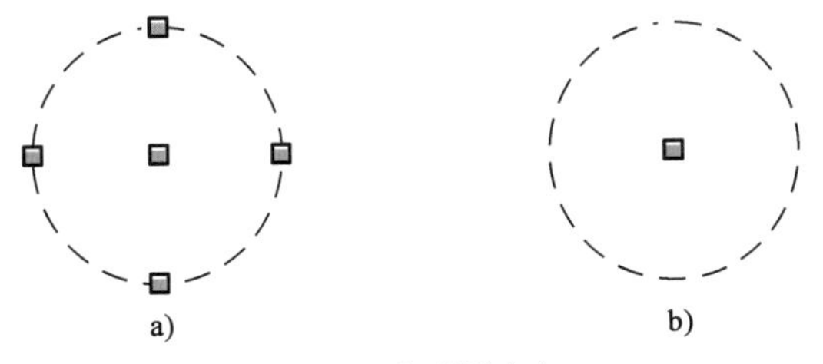

图 3-25　【面域】命令

3.15 布尔运算

布尔运算是处理两值之间关系的逻辑数学计算法,包括并集、交集及差集三种。在图形处理操作中引用了这种逻辑运算方法以使简单的基本图形组合产生新的形体,并由二维布尔运算发展到三维图形的布尔运算。在 AutoCAD 绘图中,布尔运算能够极大地提高绘图效率。

1)命令执行方法

工具栏:单击"实体编辑"工具栏→"并集"按钮(或"交集"按钮、"差集"按钮)。

菜单:选择【修改】→【实体编辑】→【并集】(或【交集】、【差集】)命令。

命令行:在命令行输入 Union(并集)[或 Intersect(交集)、Subtract(差集)]后回车。

2)操作步骤

命令:Union	(或 Intetsect,或 Subtract,回车)
选择对象:	(选择要合并的两个形体)
选择对象:	[对所选择的面域做并集(或交集、差集)计算]

实例演示 将如图 3-26a)所示图形分别做并集、交集及差集运算

(1)并集运算

命令:Union	
选择对象:找到 1 个	
选择对象:找到 1 个,总计 2 个	
选择对象:	(回车)

结果如图 3-26b)所示。

(2)交集运算

命令:Intersect	
选择对象:找到 1 个	
选择对象:找到 1 个,总计 2 个	
选择对象:	(回车)

结果如图 3-26c)所示。

(3)差集运算

命令:Subtract	
	(选择要从中减去的实体、曲面和面域)
选择对象:找到 1 个	
选择对象:	(回车)
	(选择要减去的实体、曲面和面域)
选择对象:找到 1 个	
选择对象:	(回车)

结果如图 3-26d) 所示。

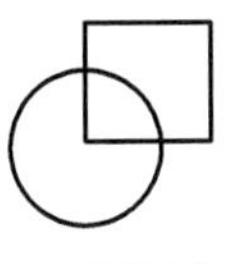

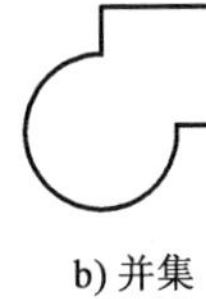

a) 面域原形　　b) 并集　　c) 交集　　d) 差集

图 3-26　布尔运算的三种运算方法

单元 4　基本编辑命令

图形绘制完成以后,经常要对图形进行修改,力求使图形更加完美,这就是图形编辑。基本编辑命令在 AutoCAD 中被称为修改命令。其工具栏如图 4-1 所示。

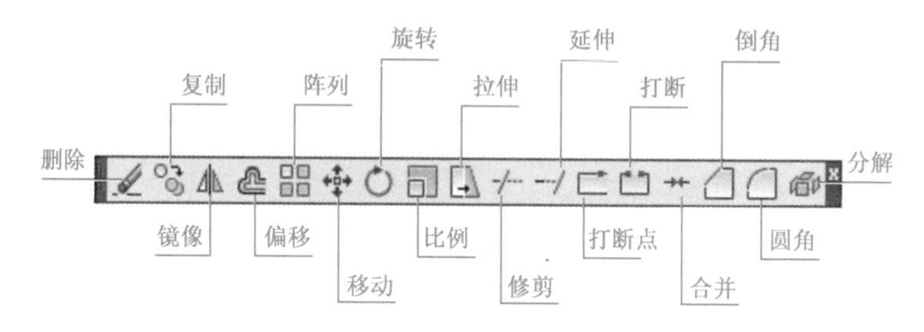

图 4-1　“修改”工具栏

对于一些复杂的对象包括多段线、多线、文本、图案填充、块属性等,还有其专用的编辑命令。其工具栏(本书称之为“修改 II”工具栏)如图 4-2 所示。

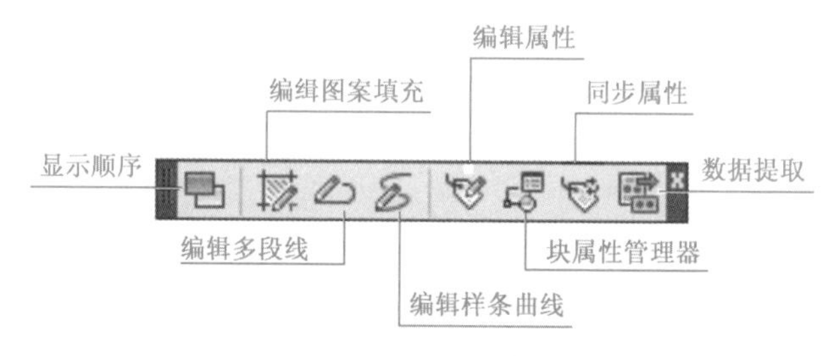

图 4-2　“修改 II”工具栏

在介绍各基本编辑命令之前,先介绍一下图形对象的选择方法。

4.1　选择对象

AutoCAD 提供两种执行效果相同的途径来选择图形对象:

(1)先执行编辑命令,然后选择要编辑的对象。

(2)先选择要编辑的对象,然后执行编辑命令。

4.1.1　构造选择集

1)构造方法

选择对象是进行编辑的前提,AutoCAD 提供了以下几种方法构造选择集:

(1)先选择一个编辑命令,然后选择对象,回车结束操作。

(2)使用 Select 命令。

(3)点取选择对象,然后调用编辑命令。

(4)定义对象组。

下面结合 Select 命令说明选择对象的方法。

Select 命令可以单独使用,即在命令行键入 Select 后回车,也可以在执行其他编辑命令时被自动调用。此时,屏幕出现提示:

```
选择对象:
```

等待用户以某种方式选择对象作为回答。AutoCAD 提供多种选择方式,可以键入"?"查看这些选择方式。选择该选项后,命令行出现如下提示:

```
需要点或窗口(W)/上一个(L)/窗交(C)/框(BOX)/全部(ALL)/栏选(F)/圈围(WP)/圈交(CP)/编组(G)/(W)/添加(A)/删除(R)/多个(M)/上一个(P)/放弃(U)/自动(AU)/单个(SI):
```

2)选项说明

(1)【点】:该选项表示直接通过点取的方式选择对象,如图 4-3 所示。用鼠标或键盘移动拾取框,使其框住要选取对象,然后,单击鼠标左键,就会选中该对象并高亮显示。该点的选定也可以通过使用键盘输入一个点坐标值来实现。

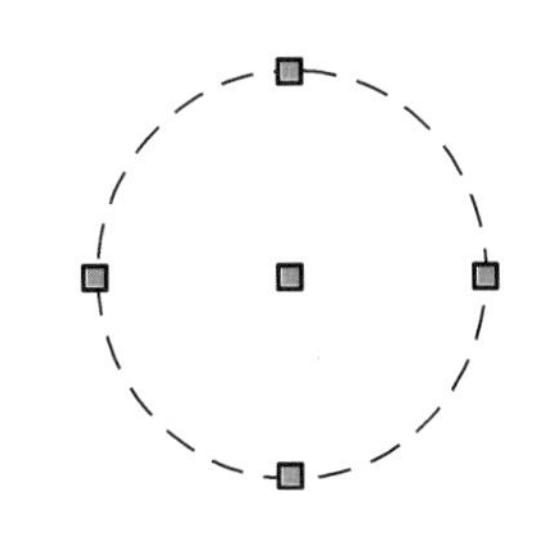

图 4-3 【点】取的方式选择对象

如图 4-4 所示,用户可以利用"工具"主菜单中的"选项"子菜单,打开"选项"对话框,设置拾取框的大小。在"选项"对话框中选择【选择集】选项卡。

移动【拾取框大小】选项组的滑动标尺可以调整拾取框的大小。

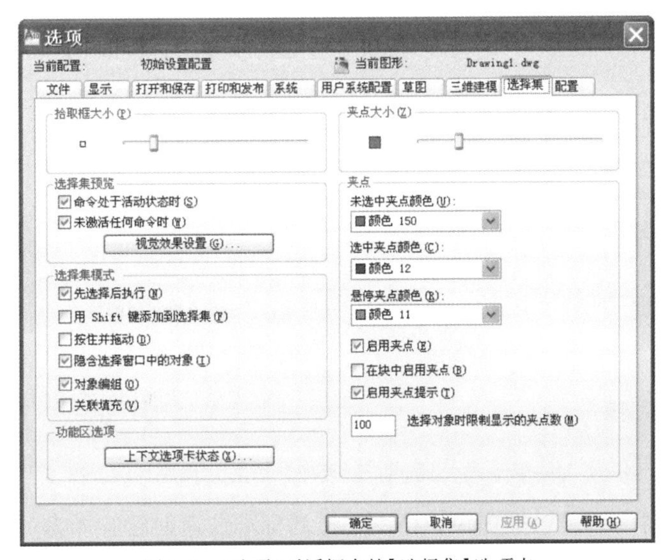

图 4-4 "选项"对话框中的【选择集】选项卡

(2)【窗口(W)】:是用由两个对角顶点确定的矩形窗口,选取位于其范围内部的所有图形,与边界相交的对象不会被选中,如图4-5所示。

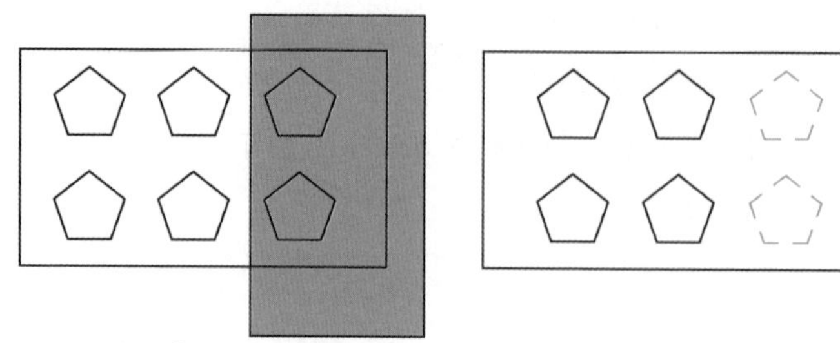

图4-5 “窗口”对象选择方式

(3)【上一个(L)】:是在【选择对象:】提示下键入L后回车,系统会自动选取最后绘出的一个对象。

(4)【窗交(C)】:该方式与上述“窗口”方式类似,区别在于,它不但选中矩形窗口内部的对象,也选中与矩形窗口边界相交的对象,如图4-6所示。

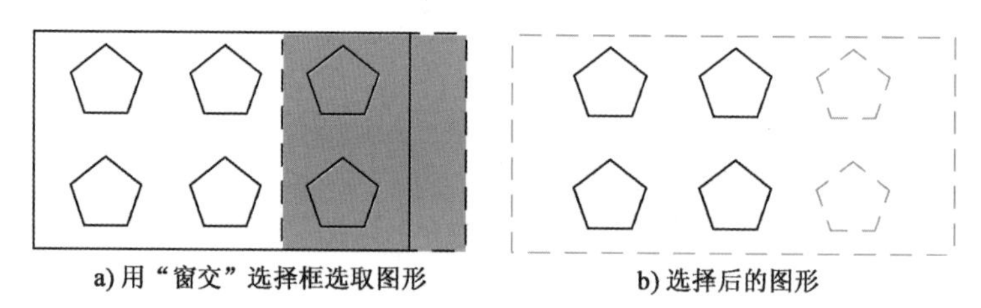

图4-6 “窗交”对象选择方式

(5)【全部(ALL)】:选取图面上所有对象。

(6)【栏选(F)】:用户临时绘制一些直线,这些直线不必构成封闭图形,凡是与这些直线相交的对象均被选中,如图4-7所示。

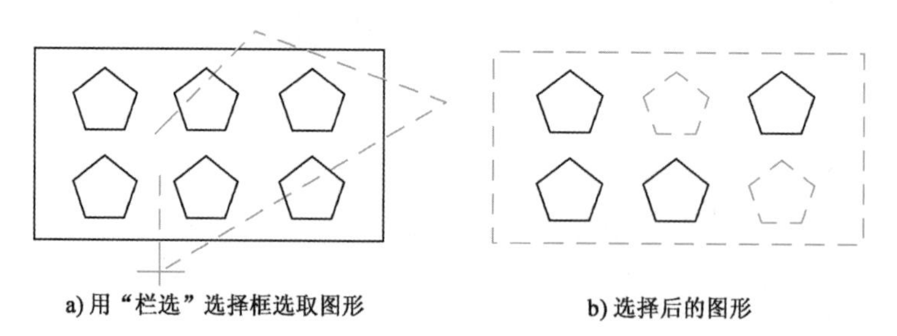

图4-7 “栏选”对象选择方式

4.1.2 快速选择

AutoCAD 2010提供了Qselect命令来解决这个问题。调用Qselect命令后,打开“快速选择”对话框,利用该对话框可以根据用户指定的过滤标准快速创建选择集。

1)命令执行方法

菜单:选择【工具】→【快速选择】命令。

命令行:在命令行中输入 Qselect 后回车。

右键快捷菜单:快速选择,如图 4-8 所示。

图 4-8　右键快捷菜单“快速选择”

2)操作步骤

执行上述命令后,系统打开“快速选择”对话框。在该对话框中可以选择符合条件的对象或对象组。

实例演示　选择图 4-9 中的所有直径小于 120 的圆

(1)通过上述的三种执行方法中的一种调出“快速选择”对话框。

(2)按照图 4-10 完成快速选择设置。

(3)设置完成以后,单击[确定]按钮,结果如图 4-11 所示。

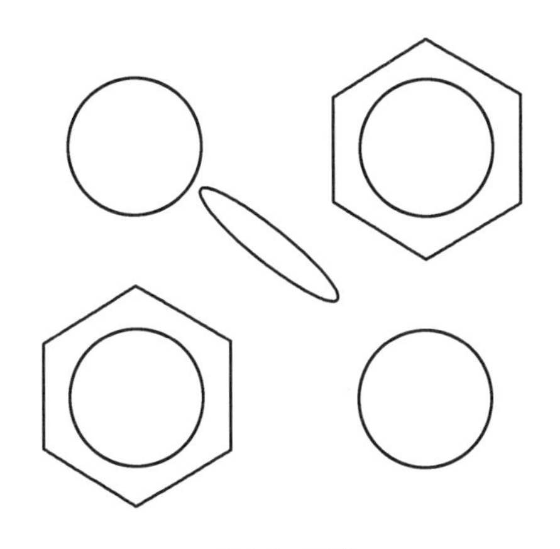

图 4-9　原图

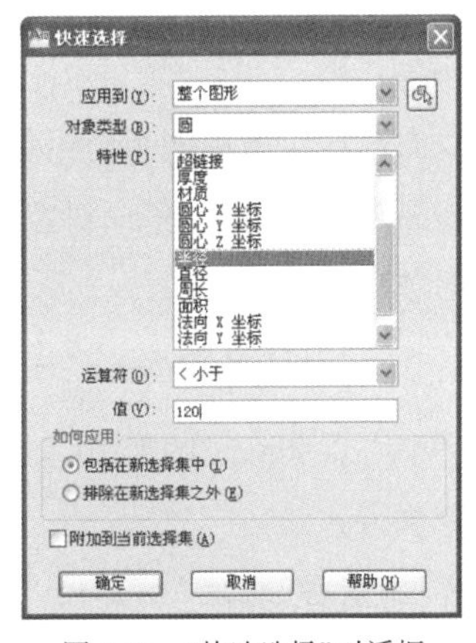

图 4-10　“快速选择”对话框

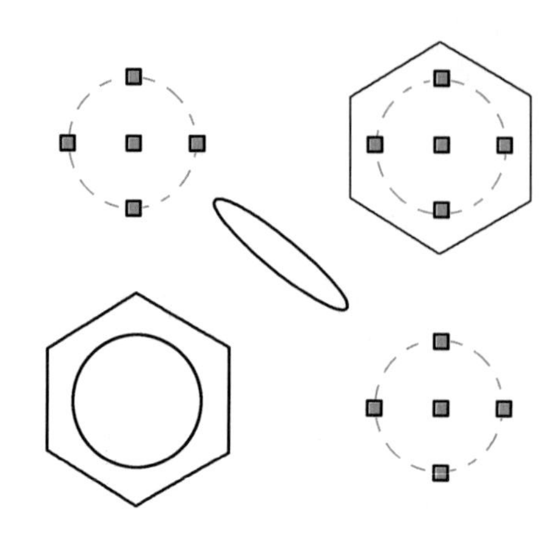

图4-11 “快速选择”效果图

4.2 删除与恢复

这一类命令主要用于删除图形的某一部分或对已删除的部分进行恢复,包括【删除】、【恢复】、【清除】等命令。

4.2.1 【删除】命令

如果所绘制的图形不符合要求或不小心错绘了图形,可以使用【删除】命令 Erase 把它删除。

1)命令执行方法

工具栏:点击“标准”工具栏→“删除”按钮。

菜单:选择【修改】→【删除】命令。

命令行:在命令行输入 Erase 后回车。

快捷菜单:选择要删除的对象,在绘图区域右击鼠标,从打开的快捷菜单上选择【删除】选项。

2)操作步骤

可以先选择对象后调用【删除】命令,也可以先调用【删除】命令然后再选择对象。

当选择多个对象时,多个对象都被删除;若选择的对象属于某个对象组,则该对象组的所有对象都被删除。

4.2.2 【恢复】命令

若不小心误删除了图形,可以使用【恢复】命令 Oops 恢复误删除的对象。

命令执行方法:

工具栏:点击“标准”工具栏→“恢复”按钮。

命令行:在命令行输入 Oops 或 U 后回车。

快捷键：Ctrl + Z。

4.2.3 【清除】命令

此命令与【删除】命令功能完全相同。

1）命令执行方法

菜单：选择【修改】→【清除】命令。

命令行：在命令行输入 Delete（快捷命令：Del）后回车。

2）操作步骤

用菜单或快捷键输入上述命令后，命令行提示如下：

选择对象：	（选择要清除的对象，回车执行【清除】命令）

4.3 图形的复制

在图形的绘制过程中。经常在同一图纸上绘制若干个相同的结构。在 AutoCAD 中，可以利用【复制】、【偏移】和【阵列】等编辑命令来完成此类图形的绘制。

4.3.1 【复制】命令

1）命令执行方法

工具栏：点击"修改"工具栏→"复制"按钮。

菜单：选择【修改】→【复制】命令，如图 4-12 所示。

命令行：在命令行输入 Copy 后回车。

快捷菜单：选择要复制的对象，在绘图区域右击鼠标，从打开的快捷菜单上选择【复制】选项。

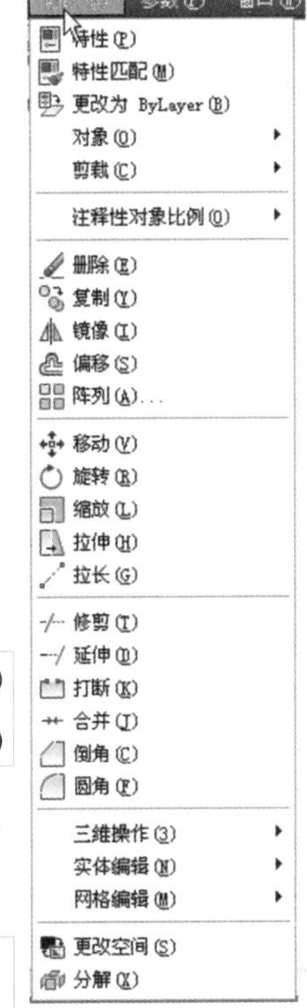

图 4-12　"修改"菜单

2）操作步骤

命令：Copy	（回车）
选择对象：	（选择要复制的对象）

用前面介绍的对象选择方法选择一个或多个对象，回车结束选择操作。命令行继续提示：

当前设置：复制模式 = 多个	
指定基点或[位移(D)/模式(O)] <位移>：	（指定基点或位移）

3）选项说明

（1）【指定基点】：指定一个坐标点后，AutoCAD 2010 把该点作为复制对象的基准点，并提示：

指定第二个点或 <使用第一点作为位移>：

指定第二个点后，系统将根据这两点确定的位移矢量把选择的对象复制到第二点处。如果此时直接回车，即选择默认的【使用第一点作位移】，则第一个点被当作相对于 X、Y、Z 的

位移。

复制完成后,命令行会继续提示:

指定位移的第二点:

这时,可以不断指定新的第二点,从而实现多重复制。

(2)【位移】:直接输入位移值,表示以选择对象时的拾取点为基准,以拾取点坐标为移动方向纵横比移动指定位移后确定的点为基点。例如,选择对象时拾取点坐标为(3,5),输入位移值为10,则表示以(3,5)点为基准,沿纵横比为5:3的方向移动10个单位所确定的点为基点。

实例演示 采用【复制】命令,复制如图4-15所示的图形

命令:Copy (回车)
选择对象:指定对角点:找到4个 (选中图4-13中的图形)
当前设置:复制模式=多个
指定基点或[位移(D)/模式(O)]<位移>:
指定第二个点或<使用第一个点作为位移>:
(用鼠标选中图形的左下角点,位置如图4-13所示,单击鼠标左键)
指定第二个点或<使用第一个点作为位移>: (水平移动鼠标至某一点后,单击鼠标左键,则原图被复制到当前鼠标位置,如图4-14所示)
指定第二个点或<使用第一个点作为位移>: (重复上一步,可以继续复制图形,如图4-15所示)
指定第二个点或[退出(E)/放弃(U)]<退出>: (回车)

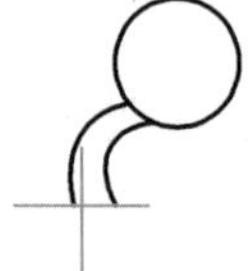

图4-13 原图

图4-14 复制后的图形

图4-15 第二次复制后的图形

4.3.2 【偏移】命令

偏移对象是指保持选择的对象的形状、在不同的位置以不同的尺寸大小新建一个对象。

1)命令执行方法

工具栏:点击"修改"工具栏→"偏移"按钮。

菜单:选择【修改】→【偏移】命令。

命令行:在命令行中输入Offset后回车。

2)操作步骤

命令:Offset	(回车)
当前设置:删除源 = 否　图层 = 源　OFFSETGAPTYPE = 0	
指定偏移距离或[通过(T)/删除(E)/图层(L)] <通过>:	(指定距离值)
选择要偏移的对象,或[退出(E)/放弃(U)] <退出>:	(选择要偏移的对象,回车结束操作)
指定要偏移的那一侧上的点,或[退出(E)/多个(M)/放弃(U)] <退出>:	(指定偏移方向)

3)选项说明

(1)【指定偏移距离】:输入一个距离值,或回车使用当前的距离值,系统把该距离值作为偏移距离。

(2)【通过(T)】:指定偏移的通过点。选择该选项后出现如下提示:

选择要偏移的对象或 <退出>:	(选择要偏移的对象,回车结束操作)
指定通过点:	(指定偏移对象的一个通过点)

操作完毕后系统根据指定的通过点绘出偏移对象。

(3)【图层】:确定将偏移对象创建在当前图层上还是源对象所在的图层上。选择该选项后出现如下提示:

输入偏移对象的图层选项[当前(C)/源(S)] <源>:

操作完毕后系统根据指定的图层绘出偏移对象。

实例演示 1　采用【偏移】命令绘制如图 4-16 所示的五边形

命令:Offset	(回车)
当前设置:删除　源 = 否　图层 = 源　OFFSETGAPTYPE = 0	
指定偏移距离或[通过(T)/删除(E)/图层(L)] <通过>:20	(回车)
选择要偏移的对象,或[退出(E)/放弃(U)] <退出>:	(选中图 4-16 中的五边形后回车)
指定要偏移的那一侧上的点,或[退出(E)/多个(M)/放弃(U)] <退出>:	
	(将鼠标放在五边形内部,单击鼠标左键,则在原五边形的内部出现了另一个五边形,如图 4-17 所示)
选择要偏移的对象,或[退出(E)/放弃(U)] <退出>:*取消*	(回车)

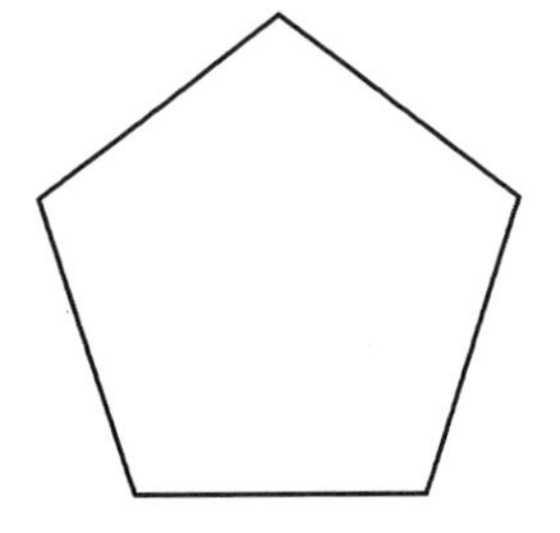

图 4-16　五边形

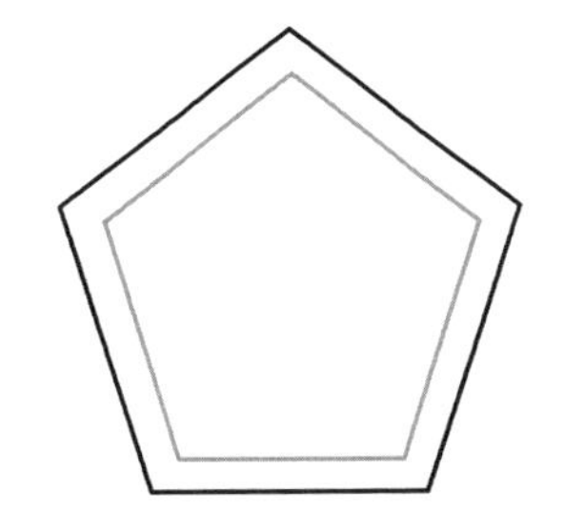

图 4-17　偏移后的图形(原图内偏移)

实例演示2 采用【偏移】命令绘制如图4-18所示的五边形

命令:Offset (回车)
当前设置:删除 源=否 图层=源 OFFSETGAPTYPE=0
指定偏移距离或[通过(T)/删除(E)/图层(L)]<通过>:t (回车)
选择要偏移的对象,或[退出(E)/放弃(U)]<退出>: (选中图4-16中的五边形后回车)
指定通过点或[退出(E)/多个(M)/放弃(U)]<退出>: (将鼠标移动到五边形外的某一点,单击鼠标左键后回车,结果如图4-18所示)

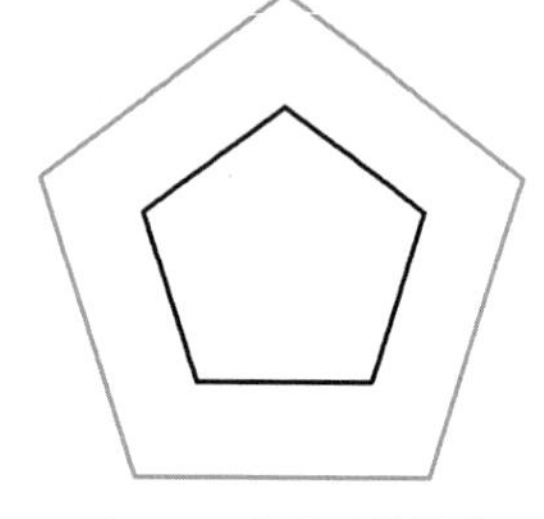

图4-18 偏移后的图形(原图形外偏移)

4.3.3 【镜像】命令

镜像对象是指把选择的对象围绕一条镜像线作对称复制。镜像操作完成后,可以保留原对象也可以将其删除。

1)命令执行方法

工具栏:点击“修改”工具栏→“镜像”按钮。

菜单:选择【修改】→【镜像】命令。

命令行:在命令行输入Mirror后回车。

2)操作步骤

命令:Mirror (回车)
选择对象: (选择要镜像的对象)
指定镜像的第一点: (指定镜像线的第一个点)
指定镜像的第二点: (指定镜像线的第二个点)
要删除源对象吗?[是(Y)/否(N)]<N>: (确定是否删除原对象)

这两点确定一条镜像线,被选择的对象以该线为对称轴进行镜像。

实例演示 采用【镜像】命令,镜像如图4-13所示的图形

命令:Mirror (回车)
选择对象:指定对角点:找到4个 (选中图4-13中的图形后回车)
指定镜像线的第一点:
指定镜像线的第二点: (在绘图区域指定一点后,在绘图区域指定另一点,两点间出现一条直线,如图4-19所示,单击鼠标左键)
要删除源对象吗?[是(Y)/否(N)]<N>: (回车)

镜像后的效果如图4-20所示。

图 4-19　镜像线

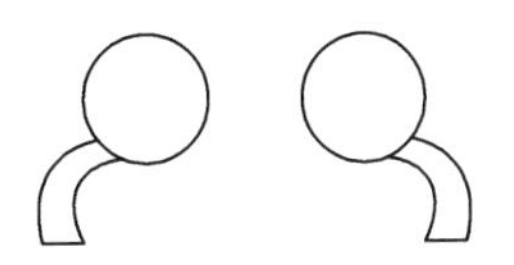

图 4-20　镜像后的图形

4.3.4 【阵列】命令

建立阵列是指多重复制选择的对象，并把这些副本按矩形或环形排列。把副本按矩形排列称为建立矩形阵列，把副本按环形排列称为建立环形阵列。建立环形阵列时，应该控制复制对象的次数和对象是否被旋转；建立矩形阵列时，应该控制行和列的数量以及对象副本之间的距离。

1）命令执行方法

工具栏：点击“修改”工具栏→“阵列”按钮。

菜单：选择【修改】→【阵列】命令。

命令行：在命令行输入 Array 后回车。

2）操作步骤

输入上述命令后，系统打开“阵列”对话框，完成对话框内容的设置，并选择要阵列的对象，则可实现对象的阵列复制。

3）选项说明

（1）【矩形阵列】：用来指定矩形阵列的各项参数，建立矩形陈列。

（2）【环形阵列】：用来指定环形阵列的各项参数，建立矩形陈列。

图 4-21　原图

实例演示 1　采用【阵列】命令，矩形阵列如图 4-21 所示的图形

命令：Array	（回车）

系统打开“阵列”对话框，选中“矩形阵列”并进行参数设置，如图 4-22 所示。单击“选择对象”按钮，选中图 4-21 后回车，又出现图 4-22 所示的对话框，单击 确定 按钮，矩形阵列效果如图 4-23 所示。

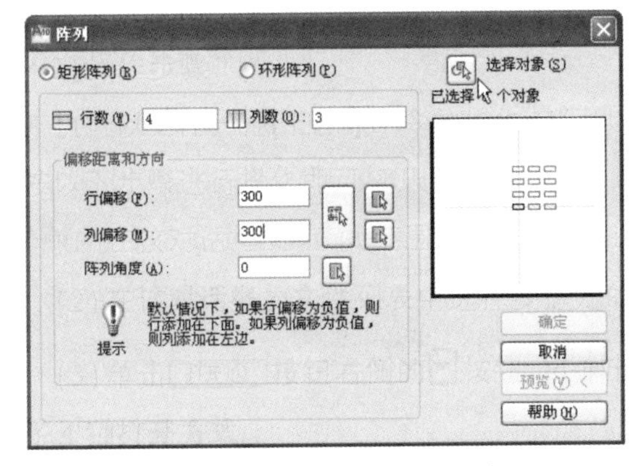

图 4-22　“阵列”对话框“矩形阵列”标签

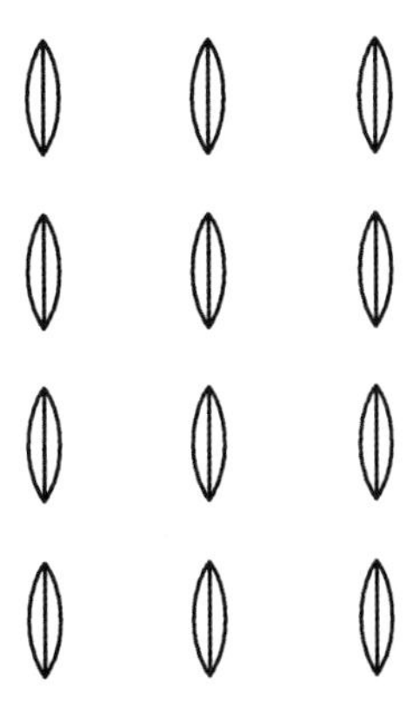

图 4-23　矩形阵列效果图

实例演示2 采用【阵列】命令,环形阵列如图4-21所示的图形

命令:Array (回车)

系统打开"阵列"对话框,选中"环形阵列"并进行参数设置,如图4-24所示。单击"选择对象"按钮,选中图4-21后回车,又出现图4-24所示的对话框,单击 确定 按钮,环形阵列效果如图4-25所示。

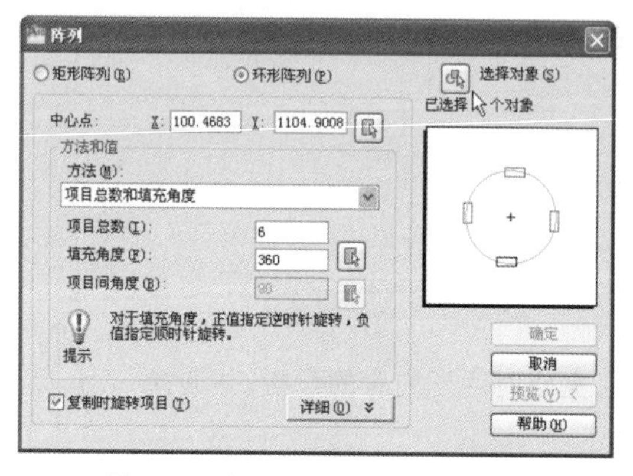

图4-24 "阵列"对话框"环形阵列"标签

图4-25 环形阵列效果图

4.4 改变位置

在AutoCAD中,可以通过【移动】和【旋转】等命令来实现图形位置的改变。

4.4.1 【移动】命令

1)命令执行方法

工具栏:点击"修改"工具栏→"移动"按钮。

菜单:选择【修改】→【移动】命令。

命令行:在命令行输入Move后回车。

快捷菜单:选择要移动的对象,在绘图区域点击鼠标右键,从打开的快捷菜单中选择【移动】选项。

2)操作步骤

命令:Move (回车)
选择对象: (选择要移动的对象)

用前面介绍的对象选择方法选择要移动的对象,用回车结束选择。命令行继续提示:

指定基点或[位移(D)]<位移>: (指定基点或移至点)
指定第二个点或<使用第一个点作为位移>:

各选项功能与 Copy 命令相关选项功能相同。所不同的是，对象被移动后，原位置处的对象消失。

4.4.2 【旋转】命令

1）命令执行方法

工具栏：点击“修改”工具栏→“旋转”按钮。

菜单：选择【修改】→【旋转】命令。

命令行：在命令行输入 Rotate 后回车。

快捷菜单：选择要旋转的对象，在绘图区域点击鼠标右键，从打开的快捷菜单中选择【旋转】选项。

2）操作步骤

命令：Rotate	（回车）
UCS 当前的正角方向：ANGDIR = 逆时针　ANGBASE = 0	
选择对象：	（选择要旋转的对象）
指定基点：	（指定旋转的基点）
指定旋转角度，或[复制(C)/参照(R)] <0>：	（指定旋转角度或其他选项）

3）选项说明

（1）【复制（C）】：选择该项，旋转对象的同时，保留原对象。

（2）【参照（R）】：采用参照方式旋转对象时，命令行提示如下。

指定参照角 <0>：	（指定要旋转参照的角度，默认值为 0）
指定新角度：	（输入旋转后的角度值）

操作完毕后，对象被旋转至指定的角度位置。

实例演示　采用【旋转】命令，旋转如图 4-21 所示的图形

命令：Rotate	（回车）
UCS 当前的正角方向：ANGDIR = 逆时针　ANGBASE = 0	
选择对象：指定对角点：找到 3 个	（选中图 4-21 所示的图形后回车）
指定基点：	（选中图形的最下部为基点，单击鼠标左键）
指定旋转角度，或[复制(C)/参照(R)] <0>：C	（回车）
指定旋转角度，或[复制(C)/参照(R)] <0>：90	（回车）

旋转后的效果如图 4-26 所示。

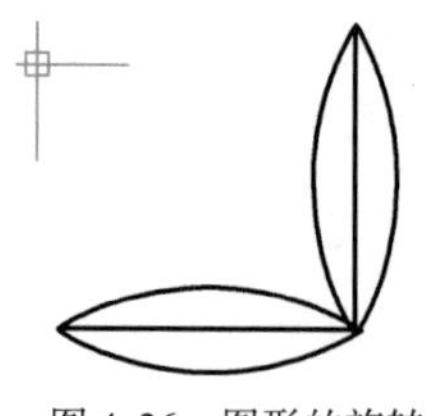

图 4-26　图形的旋转

4.5 改变大小

在 AutoCAD 中,可以通过【缩放】和【拉长】等命令来实现图形大小的改变。

4.5.1 【缩放】命令

1)命令执行方法

工具栏:点击“修改”工具栏→“缩放”按钮。

菜单:选择【修改】→【缩放】命令。

命令行:在命令行输入 Scale 后回车。

快捷菜单:选择要缩放的对象,在绘图区域点击鼠标右键,从打开的快捷菜单中选择【缩放】选项。

2)操作步骤

命令:Scale	(回车)
选择对象:	(选择要缩放的对象)
指定基点:	(指定缩放操作的基点)
指定比例因子或[复制(C)/参照(R)]<1.0000>:	

3)选项说明

(1)采用【参照(R)】方式缩放对象时,命令行提示:

指定参照长度<1>:	(指定参考长度值,默认值为1)
指定新的长度或[点(P)]<1.0000>:	(指定新长度值)

若新长度值大于参考长度值,则放大对象;否则,缩小对象。操作完毕后,系统以指定的基点按指定比例因子缩放对象。如果选择【点(P)】选项,则指定两点来定义新的长度。

(2)可以用拖动鼠标的方法缩放对象。选择对象并指定基点后,从基点到当前光标位置会出现一条连线,线段的长度即为比例大小。移动鼠标选择的对象会动态地随着该连线长度的变化而缩放,回车确认缩放操作。

实例演示　采用【缩放】命令,缩放如图 4-27a)所示的图形

命令:Scale	(回车)
选择对象:找到1个	[选中图 4-27a)中的图形,结果如图 4-27b)所示]

选择对象:	(回车)
指定基点:	[指定图形的右下角点位基准点,如图4-27c)所示]
指定比例因子或[复制(C)/参照(R)]<1.0000>:0.5	(回车)

缩放后的图形如图4-27d)所示。

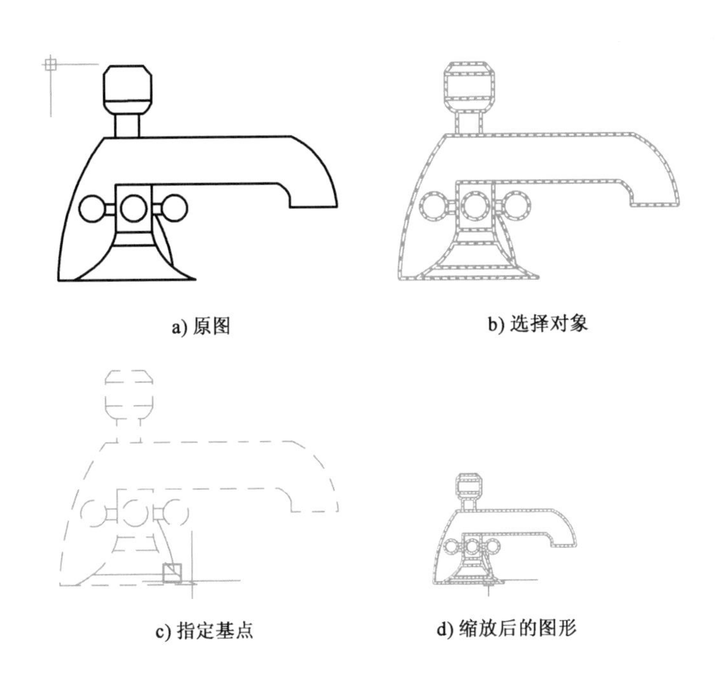

a)原图　b)选择对象　c)指定基点　d)缩放后的图形

图4-27　图形的缩放

4.5.2 【拉长】命令

1)命令执行方法

菜单:选择【修改】→【拉长】命令。

命令行:在命令行输入Lengthen后回车。

2)操作步骤

命令:Lengthen	(回车)
选择对象或[增量(DE)/百分数(P)/全部(T)/动态(DY)]:	(选择对象)

3)选项说明

(1)【增量(DE)】:用指定增加量的方法改变对象的长度或角度。

(2)【百分数(P)】:用指定占总长度的百分比的方法改变圆弧或直线段的长度。

(3)【全部(T)】:用指定新的总长度或总角度值的方法来改变对象的长度或角度。

(4)【动态(DY)】:打开动态拖拉模式,在这种模式下,可以使用拖拉鼠标的方法来动态地改变对象的长度或角度。

4.6 改变形状

在 AutoCAD 中,可以通过【拉伸】、【修剪】、【延伸】、【打断】、【圆角】和【倒角】等命令来实现图形形状的改变。

4.6.1 【拉伸】命令

拉伸对象是指拖拉选择的对象,使对象的形状发生改变。拉伸对象时应指定拉伸的基点和移置点。利用一些辅助工具如捕捉、钳夹功能及相对坐标等可以提高拉伸的精度。

1)命令执行方法

工具栏:点击"修改"工具栏→"拉伸"按钮。

菜单:选择【修改】→【拉伸】命令。

命令行:在命令行输入 Stretch 后回车。

2)操作方法

命令:Stretch	(回车)
选择对象:	
指定第一个角点:	
指定基点或[位移(D)]<位移>:	(指定拉伸的基点)
指定第二个点或<使用第一个点作为位移>:	(指定拉伸的移至点)

此时,若指定第二个点,系统将根据这两点决定的矢量拉伸对象。若直接回车,系统会把第一个点的坐标值作为 X 和 Y 轴的分量值。

4.6.2 【修剪】命令

1)命令执行方法

工具栏:点击"修改"工具栏→"修剪"按钮。

菜单:选择【修改】→【修剪】命令。

命令行:在命令行中输入 Trim 后回车。

2)操作方法

命令:Trim	(回车)
当前设置:投影=UCS,边=无	
选择剪切边...	
选择对象或<全部选择>:	(选择一个或多个对象并回车,或者回车选择所有显示的对象)

回车后结束对象选择,命令行提示如下:

选择要修剪的对象,或按住 Shift 键选择要延伸的对象,或[栏选(F)/窗交(C)/投影(P)/边(E)/删除(R)/放弃(U)]:

3）选项说明

（1）在选择对象时，如果按住 Shift 键，系统就自动将【修剪】命令转换成【延伸】命令，【延伸】命令将在下节介绍。

（2）选择【边】选项时，可以选择对象的修剪方式：

【延伸（E）】：延伸边界进行修剪。在此方式下，如果剪切边没有与要修剪的对象相交，系统会延伸剪切边直至与对象相交，然后再修剪。

【不延伸（N）】：不延伸边界修剪对象。只修剪与剪切边相交的对象。

（3）选择【栏选（F）】选项时，系统以栏选的方式选择被修剪对象。

（4）选择【窗交（C）】选项时，系统以窗交的方式选择被修剪对象。

（5）被选择的对象可以互为边界和被修剪对象，此时系统会在选择的对象中自动判断边界。

实例演示　采用【修剪】命令，修剪如图 4-28a）所示的五边形与圆

命令：Trim	（回车）
当前设置：投影 = UCS，边 = 无	
选择剪切边...	
选择对象或 <全部选择>：找到 1 个	［如图 4-28b）所示，选中五边形作为剪切边］
选择对象：	
选择要修剪的对象，或按住 Shift 键选择要延伸的对象，或	
［栏选（F）/窗交（C）/投影（P）/边（E）/删除（R）/放弃（U）］	（选中位于五边形内部的圆弧）

修剪后的效果如图 4-28c）所示。

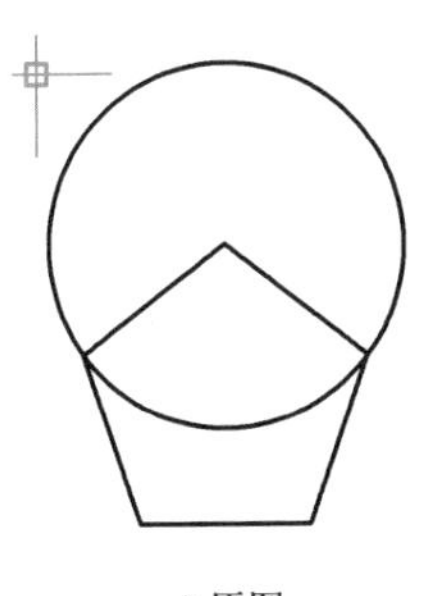
a）原图

b）选择剪切边

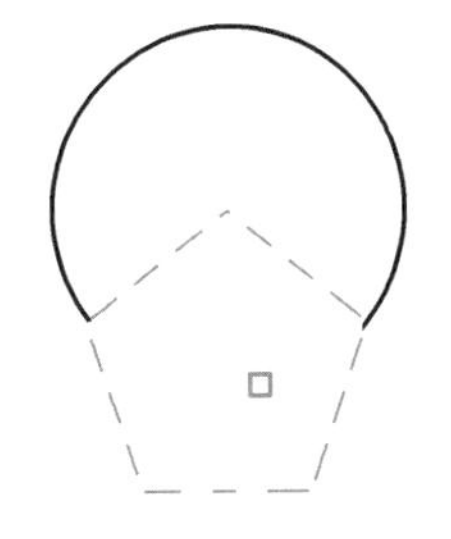
c）原选择要修剪的对象

图 4-28　图形的修剪

4.6.3　【延伸】命令

延伸对象是指延伸对象直至到另一个对象的边界线。

1）命令执行方法

工具栏：点击“修改”工具栏→“延伸”按钮。

菜单:选择【修改】→【延伸】命令。

命令行:在命令行中输入 Extend 后回车。

2)操作方法

命令:Extend　(回车)
当前设置:投影 = UCS,边 = 无
选择边界的边...
选择对象或 <全部选择>:　(选择边界对象)

此时可以选择对象来定义边界。若直接回车,则选择所有对象作为可能的边界对象。

选择边界对象后,命令行继续提示:

选择要延伸对象,或按 Shift 键选择要修剪的对象,或[栏选(F)/窗交(C)/投影(P)/边(E)/放弃(U)]:

3)选项说明

(1)如果要延伸的对象是样条多段线,则延伸后会在多段线的控制框上增加新节点。如果要延伸的对象是锥形的多段线,则系统会修正延伸端的宽度,使多段线从起始端平滑地延伸至新终止端。如果延伸操作导致终止端的宽度可能为负值,则取宽度值为 0。

(2)选择对象时,如果按住 Shift 键,系统自动将【延伸】命令转换成【修剪】命令。

实例演示　采用【延伸】命令,延伸如图 4-29a)所示的图形

命令:Extend　(回车)
当前设置:投影 = UCS,边 = 无
选择边界的边...
选择对象或 <全部选择>:找到 1 个　[如图 4-29b)所示选择边界]
选择对象:
选择要延伸的对象,或按住 Shift 键选择要修剪的对象,或[栏选(F)/窗交(C)/投影(P)/边(E)/放弃(U)]:
[如图 4-29c)所示,选中右侧竖线为要延伸的对象,执行结果如图 4-29d)所示]

4.6.4 【打断】命令

1)命令执行方法

工具栏:点击“修改”工具栏→“打断”按钮。

菜单:选择【修改】→【打断】命令。

命令行:在命令行中输入 Break 后回车。

2)操作步骤

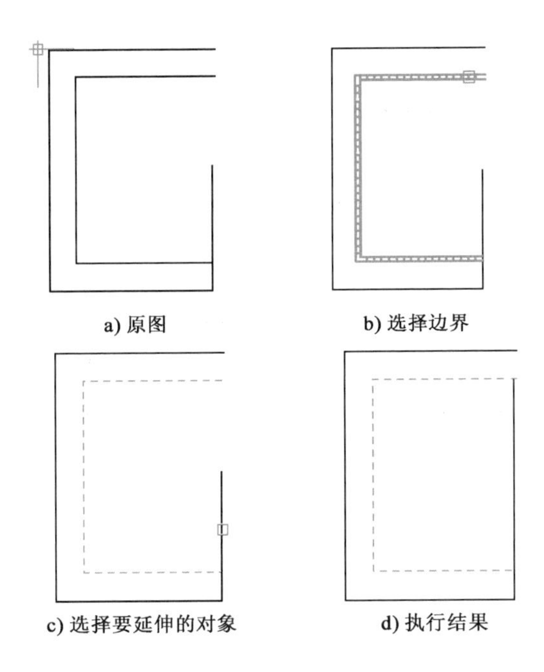

图4-29　延伸对象

命令:Break	(回车)
选择对象:	(选择要打断的对象)
指定第二个打断点或[第一点(F)]:	(指定第二个断开点或键入F)

3)选项说明

如果选择【第一点(F)】,系统将丢弃前面的第一个选择点,重新提示用户指定两个断开点。

实例演示　采用【打断】命令,打断如图4-30a)所示的图形

命令:Break	(回车)
选择对象:	[选择要打断的对象,如图4-30b)所示选择最上面直线的右端点]
指定第二个打断点或[第一点(F)]:	[指定第二个断开点或键入F,如图4-30c)所示,选择最上面直线的第二个点]

打断后的效果如图4-30d)所示。

知识引入　【打断于点】命令

【打断于点】命令是指在对象上指定一点从而把对象在此点拆分成两部分。此命令与打断命令相似。

命令执行方法:

工具栏:点击“修改”工具栏→“打断于点命令”按钮。

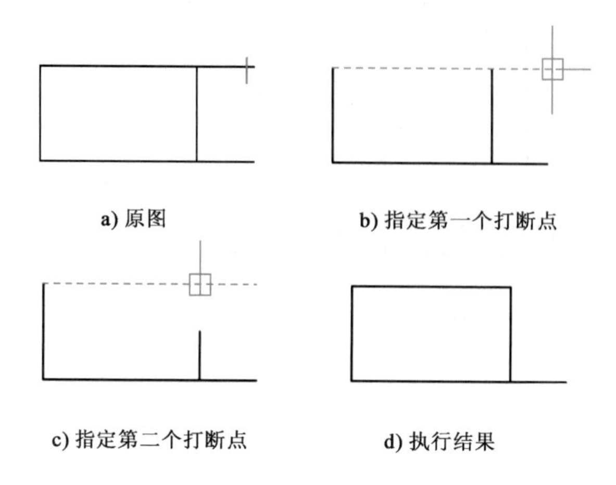

图 4-30 打断对象

4.6.5 【圆角】命令

圆角是指用指定的半径决定的一段平滑的圆弧连接两个对象。AutoCAD 2010 规定可以圆滑连接一对直线段、非圆弧的多段线、样条曲线、双向无限长线、射线、圆、圆弧和椭圆。可以在任何时刻圆滑连接多段线的每个节点。

1)命令执行方法

工具栏:“修改”工具栏→“圆角”按钮。

菜单:选择【修改】→【圆角】命令。

命令行:在命令行中输入 Fillet 后回车。

2)操作步骤

命令:Fillet	(回车)
当前设置:模式 = 修剪,半径 = 0.0000	
选择第一个对象或[放弃(U)/多段线(P)半径(R)/修剪(T)/多个(M)]:	(选择第一个对象或别的选项)
选择第二个对象,或按住 Shift 键选择要应用角点的对象:	(选择第二个对象)

3)选项说明

(1)【多段线(P)】:在一条二维多段线的两段直线段的节点处插入圆滑的弧。选择多段线后系统会根据指定的圆弧的半径把多段线各顶点用圆滑的弧连接起来。

(2)【修剪(T)】:决定在圆滑连接两条边时,是否修剪这两条边。

(3)【多个(M)】:同时对多个对象进行圆角编辑,而不必重新起用命令。

(4)快速创建零距离倒角或零半径圆角。按住 Shift 键并选择两条直线,可以快速创建零距离倒角或零半径圆角。

实例演示　采用【圆角】命令，编辑如图 4-31a）所示的矩形

```
命令：Fillet                                                                    （回车）
当前设置：模式 = 修剪，半径 = 0.0000
选择第一个对象或［放弃（U）/多段线（P）/半径（R）/修剪（T）/多个（M）］：r              （回车）
指定圆角半径 <0.0000>：30                                                        （回车）
选择第一个对象或［放弃（U）/多段线（P）/半径（R）/修剪（T）/多个（M）］：        （选择矩形的一条边）
选择第二个对象，或按住 Shift 键选择要应用角点的对象：  ［选中矩形的另一条边，结果如图 4-31b）所示］
```

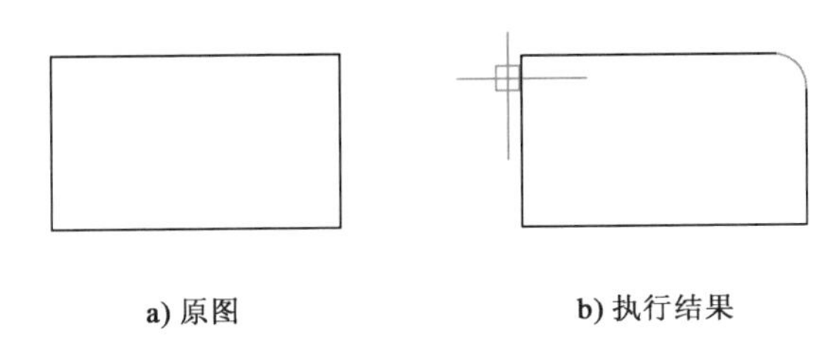

a）原图　　b）执行结果

图 4-31　圆角连接

4.6.6　【倒角】命令

倒角是指用斜线连接两个不平行的线型对象。可以用斜线连接直线段、双向无限长线、射线和多段线。

AutoCAD 2010 采用两种方法确定连接两个线型对象的斜线：指定斜线距离、指定斜线角度和一个斜距离。下面分别介绍这两种方法。

指定斜线距离：斜线距离是指从被连接的对象与斜线的交点到被连接的两对象的可能的交点之间的距离。

指定斜线角度和一个斜距离连接选择的对象：采用这种方法斜线连接对象时，需要输入两个参数——斜线与一个对象的斜线距离和斜线与该对象的夹角。

1）命令执行方法

工具栏：点击“修改”工具栏→“倒角”按钮。

菜单：选择【修改】→【倒角】命令。

命令行：在命令行中输入 Chamfer 后回车。

2）操作步骤

```
命令：Chamfer                                                                    （回车）
（“不修剪”模式）当前倒角距离 1 = 0.0000，距离 2 = 0.0000
选择第一条直线或［放弃（U）/多段线（P）/距离（D）/角度（A）/修剪（T）/方式（E）/多个（M）］：
                                                                  （选择第一条直线或其他选项）
选择第二条直线，或按住 Shift 键选择要应用角点的直线：                      （选择第二条直线）
```

3)选项说明

(1)【多段线(P)】:对多段线的各个交叉点倒斜角。为了得到最好的连接效果,一般设置斜线是相等的值。系统根据指定的斜线距离把多段线的每个交叉点都作斜线连接,连接的斜线成为多段线新添加的构成部分。

(2)【距离(D)】:选择倒角的两个斜线距离。这两个斜线距离可以相同或不相同,若二者均为0,则系统不绘制连接的斜线,而是把两个对象延伸至相交并修剪超出的部分。

(3)【角度(A)】:选择第一条直线的斜线距离和第一条直线的倒角角度。

(4)【修剪(T)】:与【圆角】连接命令相同,该选项决定连接对象后是否剪切原对象。

(5)【方式(E)】:决定采用"距离"方式还是"角度"方式来倒斜角。

(6)【多个(M)】:同时对多个对象进行倒斜角编辑。

实例演示 采用【倒角】命令,编辑如图4-31b)所示的图形

命令:Chamfer
("修剪"模式)当前倒角距离1=0.0000,距离2=0.0000
选择第一条直线或[放弃(U)/多段线(P)/距离(D)/角度(A)/修剪(T)/方式(E)/多个(M)]:D (回车)
指定第一个倒角距离 <0.0000>:50 (回车)
指定第二个倒角距离 <50.0000>: (回车)
选择第一条直线或[放弃(U)/多段线(P)/距离(D)/角度(A)/修剪(T)/方式(E)/多个(M)]:
(选择矩形的一条边)
选择第二条直线,或按住Shift键选择要应用角点的直线: (选择矩形的另一条边)

结果如图4-32所示。

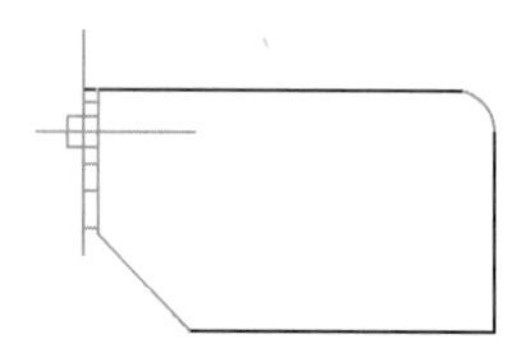

图4-32 图形倒角

4.7 夹点编辑

4.7.1 夹点

用户在绘制图形时,对已经绘制的图形进行拉伸、移动、旋转、缩放以及镜像等编辑操作是必不可少的,此时也可简单地利用对象上的夹点来进行。

夹点实际上是控制图形对象的特征点,不同对象特征点的位置和数量也不相同。

4.7.2 夹点编辑模式

1)使用夹点拉伸对象

缺省情况下,激活夹点后,夹点操作模式为拉伸。可以通过将选定夹点移动到新位置来拉伸对象。

使用夹点拉伸对象的步骤如下:

(1)选择对象,使夹点显示出来。

(2)通过选择一个夹点指定基点,此基点将被亮显。

(3)指定拉伸对象的新位置。

指定基点后,命令行提示:

```
* * 拉伸 * *
指定拉伸点或[基点(B)/复制(C)/放弃(U)/退出(X)]:
```

其中【基点(B)】表示要重新指定拉伸基点,【复制(C)】表示要进行多次拉伸,【放弃(U)】表示取消上一次的操作,【退出(X)】表示要退出自动编辑。

使用夹点拉伸对象,结果如图 4-33 所示。

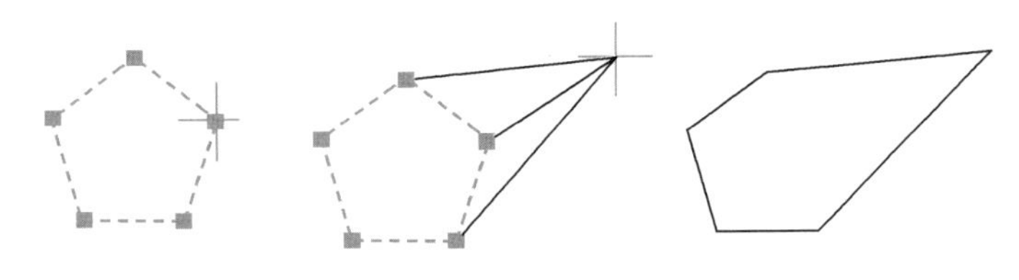

图 4-33　拉伸操作

2)使用夹点移动对象

移动对象仅仅是位置平移,而不改变对象的方向和大小。要精确地移动对象,应配合使用捕捉模式、坐标输入等。使用夹点移动对象的步骤如下:

(1)选择对象,使夹点显示出来。

(2)选择一个夹点为基点,使之亮显。

(3)命令行输入 Mo 回车,或直接回车,或从右击快捷菜单中选择【移动】选项,进入移动编辑模式。

(4)拖动基点至移动对象的新位置。

命令行提示:

```
* * 移动 * *
指定移动点或[基点(B)/复制(C)/放弃(U)/退出(X)]:
```

各选项含义同拉伸模式。如果不作移动编辑,则再次回车,进入旋转编辑模式。

3)使用夹点旋转对象

使用夹点旋转对象的步骤如下:

(1)选择对象,使夹点显示出来。

(2)选择一个夹点为基点,使之亮显。

(3)命令行输入 Ro 回车,或直接回两次车,或从右击快捷菜单中选择【旋转】选项,进入旋转编辑模式。

(4)鼠标拖动对象到合适位置并单击,或输入一个角度将对象放置在一个新位置。

命令行提示:

```
* * 旋转 * *
指定旋转角度或[基点(B)/复制(C)/放弃(U)/参照(R)/退出(X)]:
```

其中选项【参照(R)】表示用参照方式指定旋转角,其余选项含义同拉伸模式。

如果不作旋转编辑,则再次回车,进入比例缩放编辑模式。

4)使用夹点缩放对象

使用夹点按比例缩放对象的步骤如下:

(1)选择对象,使夹点显示出来。

(2)选择一个夹点为基点,使之亮显。

(3)命令行输入 Sc 回车,或直接按回车键循环切换,或从右击快捷菜单中选择【缩放】选项,进入比例缩放编辑模式。

(4)输入一个数值将对象缩放到新的大小。

命令行提示:

```
* * 比例缩放 * *
指定比例因子或[基点(B)/复制(C)/放弃(U)/参照(R)/退出(X)]:
```

其中选项【参照(R)】表示用参照方式指定比例因子,其余选项同拉伸模式。

如果不作比例缩放编辑,则再次回车,进入镜像编辑模式。

5)使用夹点创建镜像对象

使用夹点创建镜像对象的步骤如下:

(1)选择对象,使夹点显示出来。

(2)选择一个夹点为基点,使之亮显。

(3)命令行输入 Mi 回车,或直接按回车键循环切换,或从右击快捷菜单中选择【镜像】选项,进入镜像编辑模式。

(4)指定镜像对称轴的第二点,创建镜像对象,可以选择是否保留原图形。

命令行提示:

```
* * 镜像 * *
指定第二点或[基点(B)/复制(C)/放弃(U)/退出(X)]:
```

其中选项【复制(C)】表示多重镜像,保留原图形;其余选项含义同拉伸模式。

单元5　高级编辑命令

AutoCAD 不仅提供了修改图形的基本编辑命令,还设置了高级编辑命令,利用这些命令,可以使图形更加完美,使图形的修改与编辑更加简便、快捷。

5.1 复杂图形编辑

5.1.1　多段线

1)命令执行方法

工具栏:点击“修改 II”工具栏→“多段线”按钮。

菜单:选择【修改】→【对象】→【多段线】命令,如图 5-1 所示。

命令行:在命令行中输入 Pedit(快捷命令:Pe)后回车。

快捷菜单:选择要编辑的多段线,在绘图区域点击鼠标右键,从打开的快捷菜单中选择【多段线】选项。

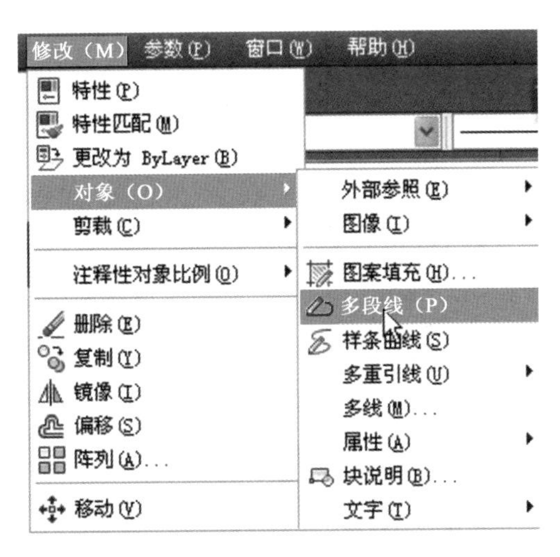

图 5-1　“修改”菜单中的【多段线】选项

2)操作步骤

命令:Pedit　　(回车)

选择多段线或[多条(M)]:　　(选择一条或多条要编辑的多段线)

输入选项[闭合(C)/合并(J)/宽度(W)/编辑顶点(E)/拟合(F)/样条曲线(S)/非曲线化(D)/线型生成(L)/放弃(U)]:

3)选项说明

(1)【合并(J)】:以选中的多段线为主体,合并其他直线段、圆弧和多段线,使其成为一条多段线。能合并的条件是各线段端点首尾相连。

(2)【宽度(W)】:修改整条多段线的线宽,使其具有同一线宽。图5-2合并后的多段线可以改变成如图5-3所示的宽度。

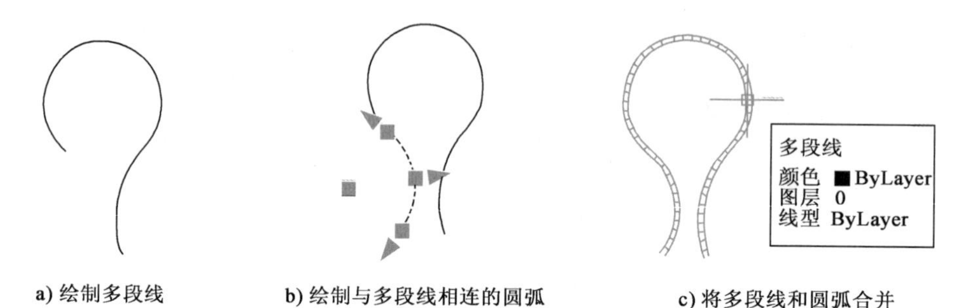

a)绘制多段线　b)绘制与多段线相连的圆弧　c)将多段线和圆弧合并

图5-2　合并多段线

(3)【编辑顶点(E)】:选择该项后,在多段线起点出现一个斜的十字叉"×",它为当前顶点的标记,并在命令行出现进行后续操作的提示:

```
[下一个(N)/上一个(P)/打断(B)/插入(I)/移动(M)/重生成(R)/拉直(S)/切向(T)/宽度(W)/退出(X)]<N>:
```

这些选项允许用户进行移动、插入顶点和修改任意两点间的线宽等操作。

图5-3　修改多段线的线宽

(4)【拟合(F)】:将指定的多段线生成由光滑圆弧连接的圆弧拟合曲线,该曲线经过多段线的各顶点,如图5-4所示。

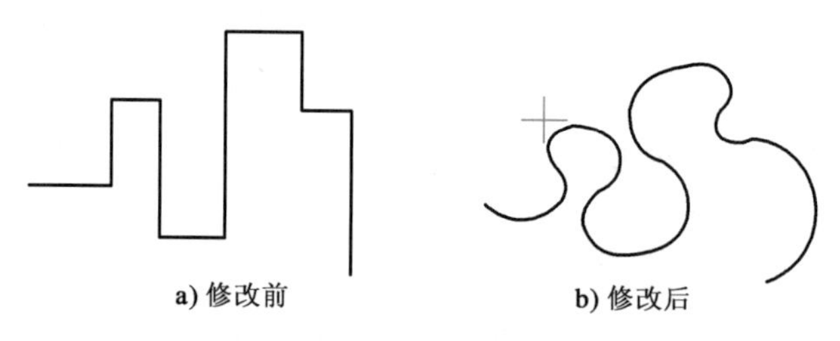

a)修改前　b)修改后

图5-4　生成圆弧拟合曲线

(5)【样条曲线(S)】:将指定的多段线以各顶点为控制点生成B样条曲线。

(6)【非曲线化(D)】:将指定的多段线中的圆弧由直线代替。对于选用【拟合(F)】或【样条曲线(S)】选项后生成的圆弧拟合曲线或样条曲线,则删去生成曲线时新插入的顶点,恢复成由直线段组成的多段线。

(7)【线型生成(L)】:当多段线的线型为点画线时,控制多段线的线型生成方式开关。选择此项,命令行提示:

输入多段线线型生成选项[开(ON)/关(OFF)]<关>:

选择 ON 时,将在每个顶点处允许以短划线开始和结束生成线型,选择 OFF 时,将在每个顶点处以长划线开始和结束生成线型。“线型生成”不能用于有变宽线段的多段线。

5.1.2　多线

命令执行方法:

菜单:选择【修改】→【对象】→【多线】命令。

命令行:在命令行中输入 Mline 后回车。

选择上述命令后,打开“多线编辑工具”对话框,如图 5-5 所示。

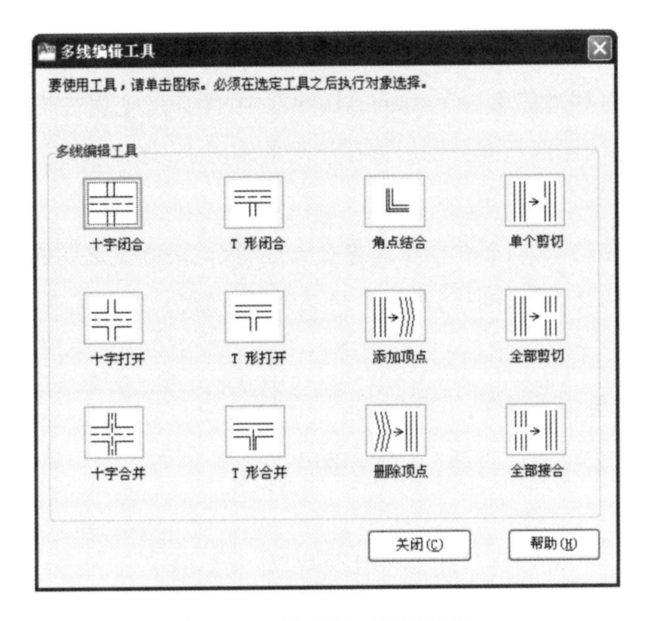

图 5-5　“多线编辑工具”对话框

通过该对话框,进入创建或修改多线的模式。对话框中分 4 列显示四例图形。其中,第一列为十字交叉形式,第二列为 T 形形式,第三列为拐角接合点和节点形式,第四列为多线剪切或连接的形式。单击选择某个示例,就可以调用该项编辑功能。

实例演示　将图 5-6a)中的多线进行【十字打开】

在命令行输入 Mline,或菜单选择【修改】→【对象】→【多线】命令,打开“多线编辑工具”对话框,如图 5-5 所示,选中【十字打开】,出现如下命令提示:

选择第一条多线:　　[如图 5-6b)所示选中多线]

选择第二条多线:　　[如图 5-6c)所示选中竖直的多线,则两条交叉的多线完成十字打开]

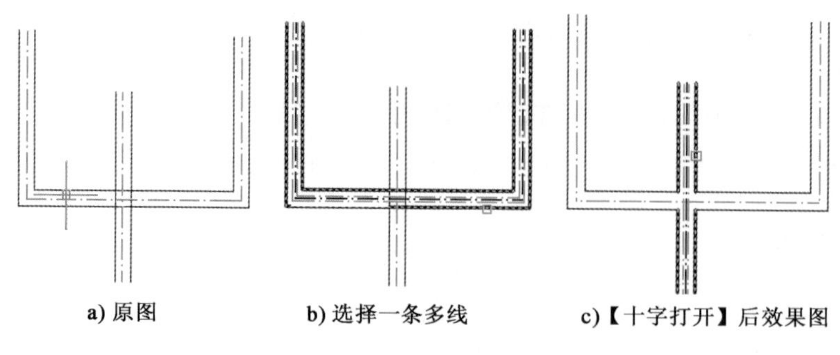

图5-6　多线的【十字打开】

5.2 建立和管理图层

图层是 AutoCAD 的一大特色。工程图样中直线、圆、尺寸标注、文字、符号等图形元素均含有线型、线宽、颜色等属性信息。在 AutoCAD 绘图中,用户应把属性相同的图形元素放在同一图层上,把不同属性的图形元素分别放置在不同的图层上,这样可以方便地通过控制图层的特性来编辑、显示和打印目标对象。

图层就是图形对象的载体,多个图层重叠在一起,彼此之间是透明的,去掉一个图层,那么图层上的图形对象也随之消失,同样,在一个同层中进行颜色、线型等特性的修改,也不会影响到其他图层。

5.2.1　设置图层(Layer)

AutoCAD 通过"图层特性管理器"来控制图层。

命令执行方法:

工具栏:点击"图层"工具栏→"图层特性管理器"按钮。

菜单:选择【格式】→【图层】命令。

命令行:在命令行中键入 Layer 后回车。

在此对话框中可以创建图层、删除图层、设置当前层以及设置各图层的状态、颜色、线型、线宽等属性。

1)新建图层

在对话框中单击按钮,系统自动在图层列表框中建立一个新图层。用户可以定义图层名。如果不定义图层名,则系统自动对图层名命名为"图层 1""图层 2"……,如图 5-7 所示。用户可以根据作图需要建立无限多个图层,并且可以对每个图层指定相应的名称、线型、颜色、线宽等。为便于管理图层,建议用户以图层的实际用途为依据对图层进行命名。

系统默认图层为 0 层,它是 AutoCAD 自动定义的,该图层不能删除或更名。

2)删除图层

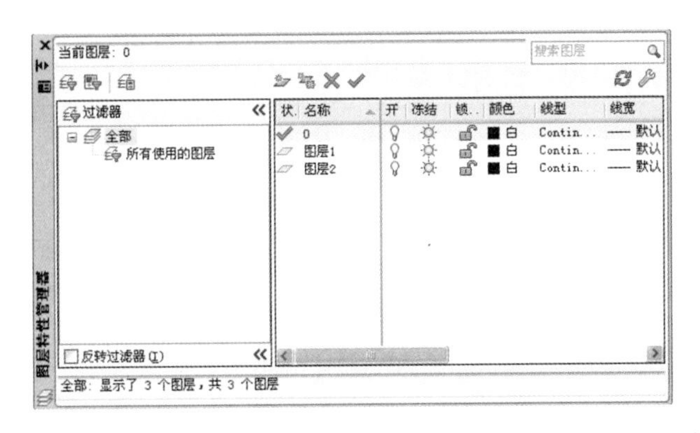

图5-7　“图层特性管理器”对话框

如果要删除某个图层，可以在对话框中的图层列表中选择要删除的图层后单击按钮。

3）置为当前图层

如果要将某个图层设置为当前图层，可以在对话框中的图层列表中选择该图层，使其亮显后单击按钮即可。当前图层只能设置一层，它是用户进行当前工作的图层。

5.2.2　设置图层的状态

在绘图过程中，可以通过设置图层的状态参数将需要操作的图层显示出来，关闭无关的图层，从而降低图形视觉上的复杂程度并提高显示性能。也可以锁定图层，防止意外修改该图层上的对象。图层主要有以下几种状态。

1）打开/关闭

在“图层特性管理器”对话框中，图层列表上端的“开”控制图层的“开”/“关”，设定图层上对象的可见性。单击图标可打开/关闭图层。在编辑时关闭一些与当前工作无关的图层，可大大方便工作。在绘图输出时，也可以关闭一些不希望此时输出的图形对象。

2）冻结/解冻

在“图层特性管理器”对话框中，图层列表上端的“冻结”控制图层的“冻结”/“解冻”。冻结图层的目的是将用户不想引用的图层冻结，使该图形对象不显示、不打印、不重生成，免除对该层的刷新运算，提高工作效率。解冻冻结的图层时，AutoCAD 将重生成并显示该图层上的对象。

注意：当前层不能冻结。

3）加锁/解锁

在“图层特性管理器”对话框中，图层列表上端的“锁定”设定图层的“加锁”和解锁。图层被锁定后该图层的图形对象不能选择或编辑，但图形对象仍可见和引用。如果只想查看图层信息而不需要编辑图层中的对象，则将图层锁定。加锁层可作为当前图层，可在上面增加新对象，可用目标捕捉方式捕捉该图层的对象。

上述三项在设置绘图环境时,一般采用默认项,即图层为打开、解冻、解锁状态。通常在进行图形绘制和编辑等操作时根据需要而改变。

4)打印/不打印

单击🖨图标,可设定图层是否被打印。

通过图5-8可以清楚地显示出图层的状态。

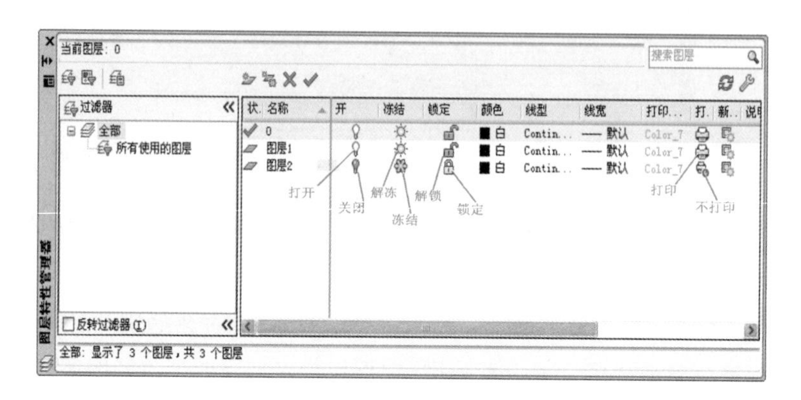

图5-8　图层状态控制

5.2.3　设置图层的颜色

为了区分不同的图层,通常给图层赋予不同的颜色。颜色不但可以使用户在绘图过程中比较直观地了解各部分的性质,更主要的是可以在以后输出图形时,通过不同颜色的控制来指定线粗细。

在“图层特性管理器”对话框中,图层列表上端的“颜色”控制图层的颜色。在图层名称后的颜色初始名称上单击鼠标,即弹出“选择颜色”对话框,如图5-9所示,可供用户选择颜色。

图5-9　“选择颜色”对话框

5.2.4　设置图层的线型

绘图过程中,用户常常要使用不同的线型,AutoCAD允许用户为每个图层分配一种线型。

默认情况下，线型为 Continuous(实线)，用户可以根据需要重新设置图层的线型。

在“图层特性管理器”对话框中，图层列表上端的“线型”控制图层的线型。在图层名称后的线型初始名称上单击鼠标，即弹出“选择线型”对话框，如图 5-10 所示，可供用户选择线型。

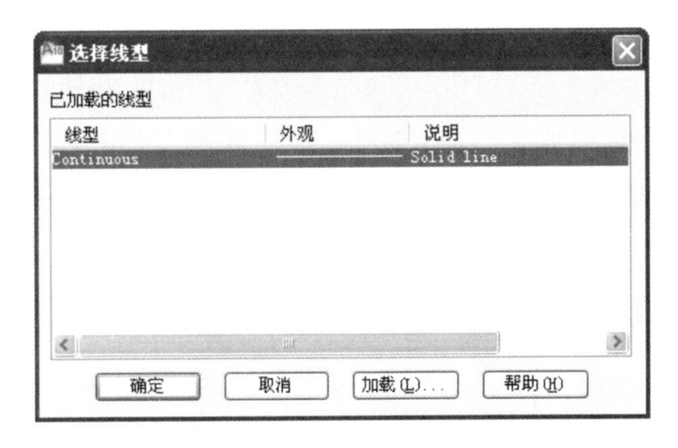

图 5-10　“选择线型”对话框

如果在“选择线型”对话框中没有用户所需的线型，可以单击该框中的 加载(L)... 按钮，弹出“加载或重载线型”对话框，如图 5-11 所示，用户可以在“可用线型”列表中选择要加载的线型，按下 Ctrl 键或 Shift 键可以一次加载多个线型，单击 确定 按钮后会将加载了的线型在“选择线型”对话框内列出。

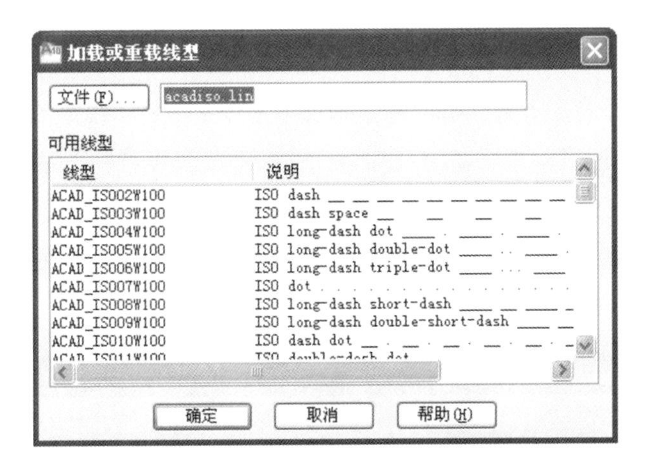

图 5-11　“加载或重载线型”对话框

5.2.5　线型比例命令

为使虚线、点画线等非连续线型以合适的外观显示，需要调整线型比例因子。在 AutoCAD 中，线型比例因子由系统变量 Ltscale 和 Celtscale 控制。系统变量 Ltscale 用于控制全局比例因子，修改该变量值后，将影响图形中全部对象的非连续线型的外观；而系统变量 Celtscale 则用于控制特定对象的比例因子，若修改该变量值，将会影响图形中新绘制对象的非连续线型的外观。

线型比例因子的默认值为1。要修改线型比例因子,在命令行输入 Ltscale 或 Celtscale 后回车,根据提示输入新的值。

5.2.6 设置图层的线宽

图线不但有不同的线型,还有粗、中、细之分,这就是图线的线宽。为每个图层的线条设置线宽,从而使图形中的线条在经过打印输出或向其他软件输出后,仍然各自保持固有的宽度。

在"图层特性管理器"对话框中,图层列表上端的"线宽"控制图层的线宽值。在图层名称后的线宽初始值上单击鼠标,即弹出"线宽"对话框,如图5-12所示,供用户选择线宽。

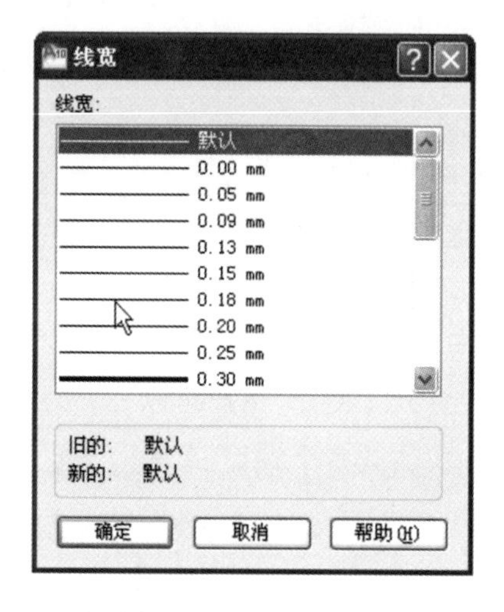

图5-12 "线宽"对话框

由于线宽属性属于打印设置,因此,默认情况下系统并不显示线宽的实际设置效果。如果需要在绘图区显示线宽,可以单击状态栏中的"线宽"按钮,或者单击菜单中的【格式】→【线宽】命令,在打开的"线宽设置"对话框中选中"显示线宽"复选框,如图5-13所示。同时,在此对话框中可以修改线宽的默认值。另外,在状态栏中的"线宽"按钮上右击选择【设置】选项,同样可以打开"线宽设置"对话框。

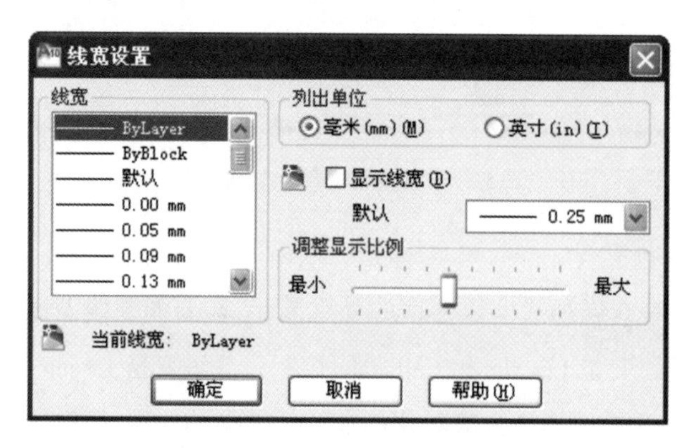

图5-13 "线宽设置"对话框

实例演示　创建图层并设置图层线型、线宽及颜色

图层设置相关要求如下：

名称	颜色	线型	线宽
轮廓线层	白色	Continuous	0.5
中心线层	红色	Center	默认
虚线层	黄色	dashed	默认
剖面线层	绿色	Continuous	默认
尺寸标注层	绿色	Continuous	默认
文字说明层	绿色	Continuous	默认

(1) 单击“图层”面板上的按钮，打开“图层特性管理器”对话框，再单击按钮，列表框显示出名称为“图层 1”的图层，直接输入“轮廓线层”，回车结束。

(2) 再次回车，又创建新图层。总共创建 6 个图层，结果如图 5-14 所示。“图层 0”前有绿色标记 ✔，表示该图层是当前层。

(3) 指定图层颜色。选中“中心线层”，单击与所选图层关联的图标■白色，打开“选择颜色”对话框，选择红色，如图 5-15 所示。再设置其他图层的颜色。

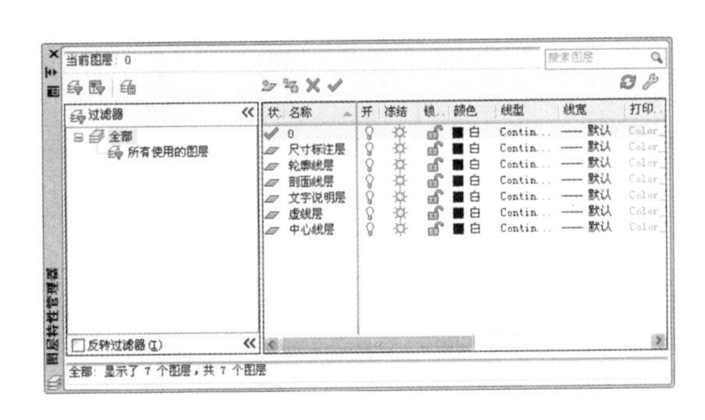

图 5-14　图层的设置

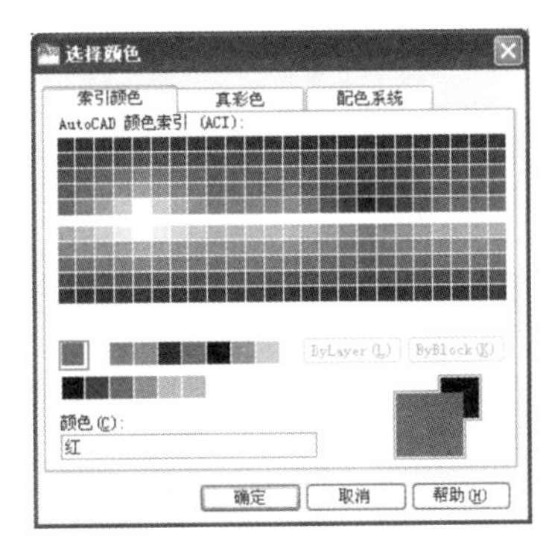

图 5-15　颜色选择

(4) 给图层分配线型。默认情况下，图层线型是 Continuous。选中“中心线层”，单击与所选图层关联的 Continuous，打开“选择线型”对话框，如图 5-16 所示，通过此对话框用户可以选择一种线型或从线型库文件中加载更多线型。

(5) 单击 加载(L)... 按钮，打开“加载或重载线型”对话框，如图 5-17 所示。选择线型 Center 及 dashed，再单击 确定 按钮，这些线型就被加载到系统中。当前线型库文件是 acadiso.lin，单击 文件(F)... 按钮，可选择其他的线型库文件。

(6) 返回“选择线型”对话框，选择 Center，单击 确定 按钮，该线型就被分配给“中心线层”。用相同的方法将 dashed 线型分配给“虚线层”。

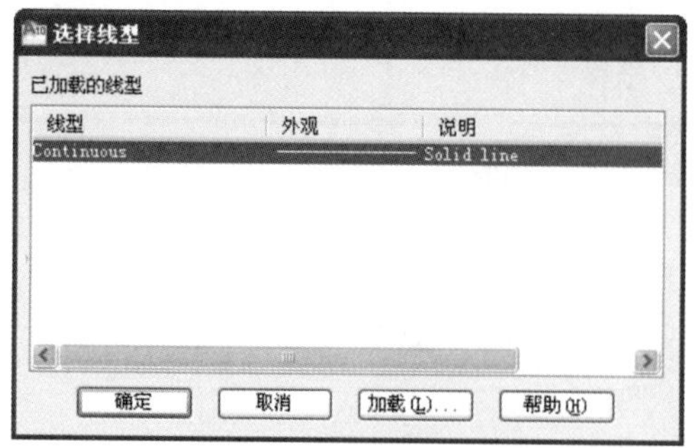

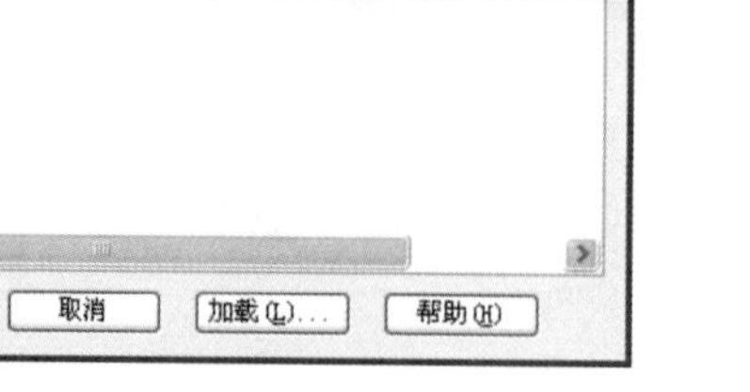

图5-16　选择线型

加载或重载线型
文件(F)...
acadiso.lin
可用线型
线型
说明
ACAD_ISO02W100　ISO dash
ACAD_ISO03W100　ISO dash space
ACAD_ISO04W100　ISO long-dash dot
ACAD_ISO05W100　ISO long-dash double-dot
ACAD_ISO06W100　ISO long-dash triple-dot
ACAD_ISO07W100　ISO dot
ACAD_ISO08W100　ISO long-dash short-dash
ACAD_ISO09W100　ISO long-dash double-short-dash
ACAD_ISO10W100　ISO dash dot
确定
取消
帮助(H)

图5-17　加载线型

(7)设定线宽。选中"轮廓线层",单击与所选图层关联的图标—— 默认,打开"线宽"对话框,指定线宽为0.5mm,如图5-18所示。

注意:如果要使图形对象的线宽在模型空间中显示得更宽或更窄一些,可以调整线宽比例。在状态栏的+按钮上单击鼠标右键,弹出快捷菜单,选择【设置】选项,打开"线宽设置"对话框,如图5-19所示,在"调整显示比例"分组框中移动滑块来改变显示比例值。

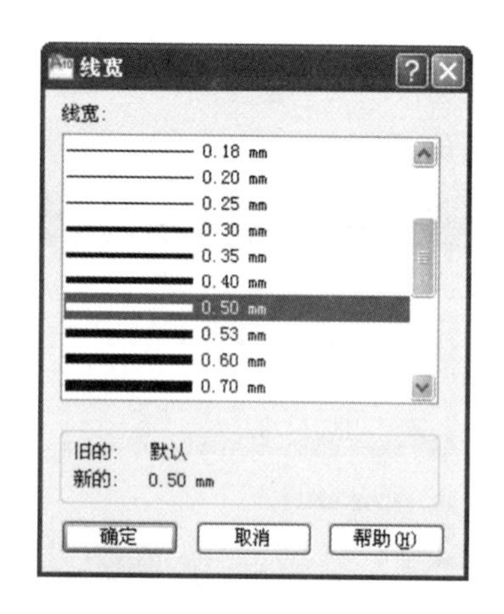

图5-18　线宽

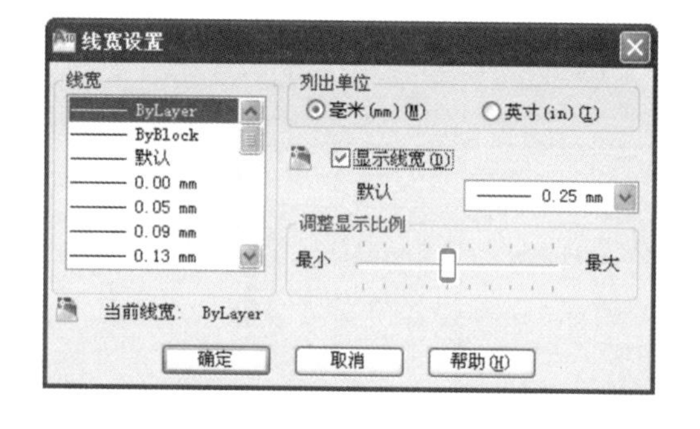

图5-19　调整显示比例

(8)指定当前层。选中"轮廓线层",单击✔按钮,图层前出现绿色标记✔,说明"轮廓线层"变为当前层。

(9)关闭"图层特性管理器"对话框,单击"绘图"面板上的╱按钮,绘制任意几条线段,这些线条的颜色为白色,线宽为0.5mm。单击状态栏上的+按钮,使这些线条显示出线宽。

(10)设定"中心线层"或"虚线层"为当前层,绘制线段。中心线及虚线中的短画线及空格大小可通过线型全局比例因子(Ltscale)调整。

5.3 修改对象特性

对象特性不仅包括对象的颜色、图层、线型等通用特性,还包含与具体对象相关的附加信息，如文字的内容、样式等。可以通过调用【特性】选项板来了解当前对象的特性，如图 5-20 所示。

命令执行方法：

菜单：选择【修改】→【特性】命令。

命令行：在命令行输入 Properties 后回车。

5.3.1　修改对象的颜色、线型和线宽

用户通过【特性】选项板上的“颜色”、“线型”及“线宽”下拉列表可以方便地修改或设置对象的颜色、线型及线宽等属性，如图 5-20 所示。默认情况下，这 3 个列表框中显示 Bylayer。Bylayer 的意思是所绘对象的颜色、线型及线宽等属性与当前层所设定的完全相同。

当要设置将要绘制的对象的颜色、线型及线宽等属性时，可直接在“颜色”、“线型”和“线宽”下拉列表中选择相应选项。

若要修改已有对象的颜色、线型及线宽等属性，可先选择对象，然后在“颜色”、“线型”和“线宽”下拉列表中选择新的颜色、线型及线宽就可以了。

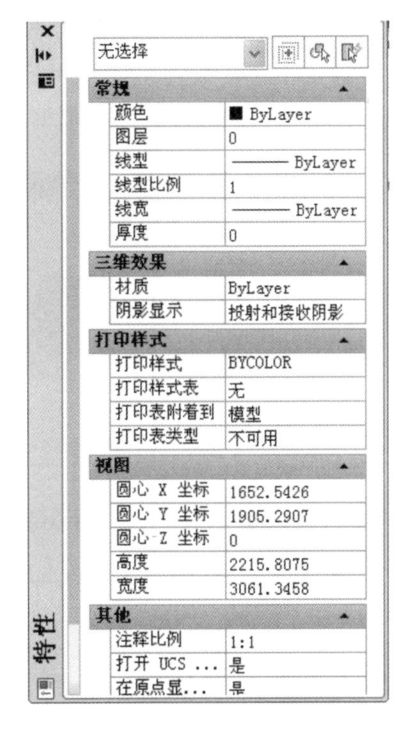

图 5-20　【特性】选项板

5.3.2　修改非连续线的外观

非连续线是由短横线、空格等构成的重复图案，图案中短线长度、空格大小由线型比例控制。用户绘图时常会遇到这样一种情况：本来想画虚线或点画线，但最终绘制出的线型看上去却和连续线一样，出现这种现象的原因是线型比例设置得太大或太小。

Ltscale 是控制线型外观的全局比例因子，它将影响图样中所有非连续线型的外观，其值增加时，将使非连续线中短横线及空格加长，否则，会使它们缩短。图 5-21 显示了使用不同比例因子时虚线及点画线的外观。

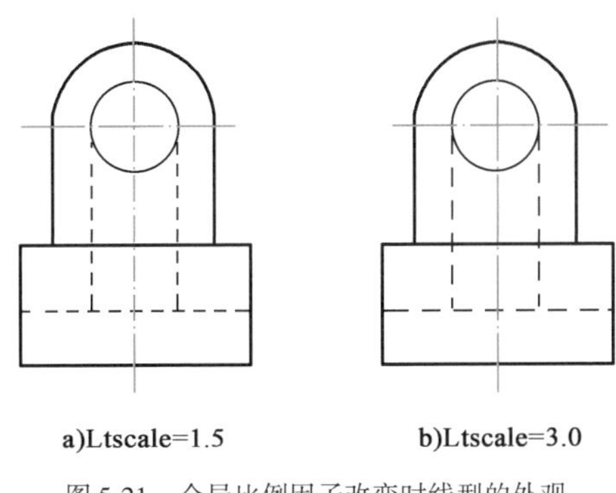

图 5-21　全局比例因子改变时线型的外观

改变线型全局比例因子的步骤如下:

(1)打开【特性】选项板上的“线型”下拉列表。

(2)在列表中选择【其他】选项,打开“线型管理器”对话框,再单击[显示细节(D)]按钮,则该对话框底部出现“详细信息”分组框,如图5-22所示。

(3)在“详细信息”分组框的“全局比例因子”文本框中输入新的比例值。

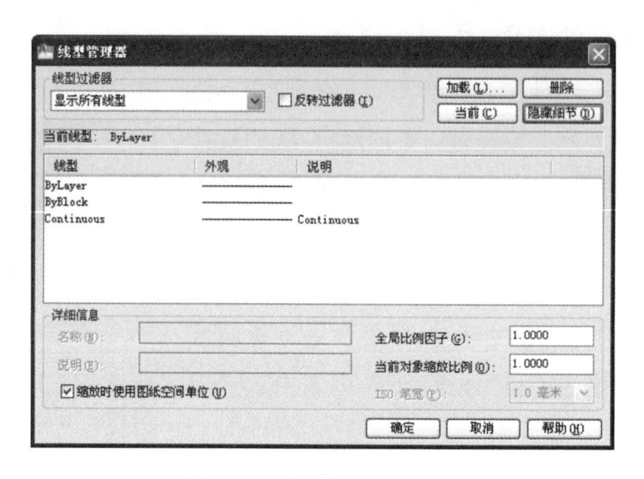

图5-22 “线型管理器”对话框

5.4 块与属性

工程图中有大量反复使用的常用件或常用图形。它们结构形状相同,只是尺寸、规格不同而已,因而作图时,只要先将它们生成图块,使用时插入已定义的图块即可,这样可提高绘图效率。

5.4.1 定义图块

用Block命令可以将图形的一部分或整个图形创建成图块,用户可以给图块命名,并可定义插入基点。

1)命令执行方法

工具栏:点击“绘图”工具栏→“块”按钮。

菜单:选择【绘图】→【块】→【创建】命令。

命令行:在命令行中输入Block后回车。

2)操作步骤

命令:Block	(回车)

在AutoCAD中打开如图5-23所示的“块定义”对话框,利用该对话框可定义图块并为之命名。

3)选项说明

(1)【基点】:确定图块的基点,默认值是(0,0,0)。也可以在下面的X(Y,Z)文本框中输入块的基点坐标值。单击“拾取点”按钮,AutoCAD临时切换到作图屏幕,用鼠标在图形中拾取一点后，返回“块定义”对话框，把所拾取的点作为图块的基点。

（2）【对象】：该选项组用于选择制作图块的对象以及对象的相关属性。

（3）【设置】：设置图块的单位、是否按统一比例缩放、是否允许分解等属性。单击“超链接”按钮[超链接(L)...]，则将图块超链接到其他对象。

（4）【在块编辑器中打开(O)】：选中该复选框，则将块设置为动态块，并在块编辑器中打开。

（5）【方式】：在此选项组指定块的行为。

5.4.2　图块的写入

用 Block 命令定义的图块保存在其所属的图形当中，该图块只能在该图中插入，而不能插入到其他的图中，但是有些图块在许多图中要经常用到，这时可以用 Wblock 命令把图块以图形文件的形式（后缀为.dwg）写入磁盘，这样图形文件就可以在任意图形中用 Insert 命令插入。

1）命令执行方法

命令行：在命令行输入 Wblock 后回车。

2）操作步骤

命令：Wblock	（回车）

在命令行输入 Wblock 后回车，AutoCAD 打开“写块”对话框，如图 5-24 所示，利用此对话框可把图形对象保存为图形文件或把图块转换成图形文件。

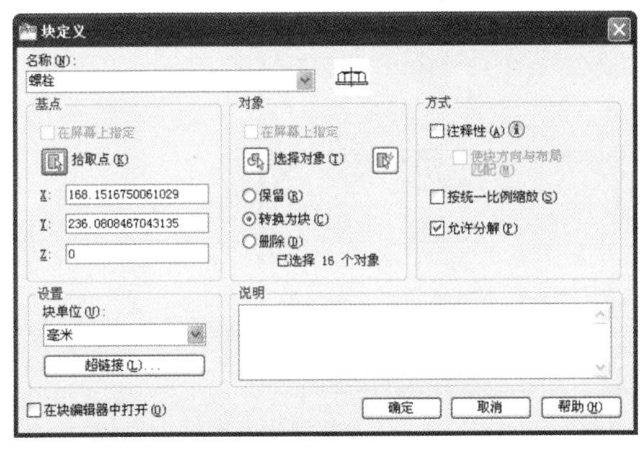

图 5-23　“块定义”对话框

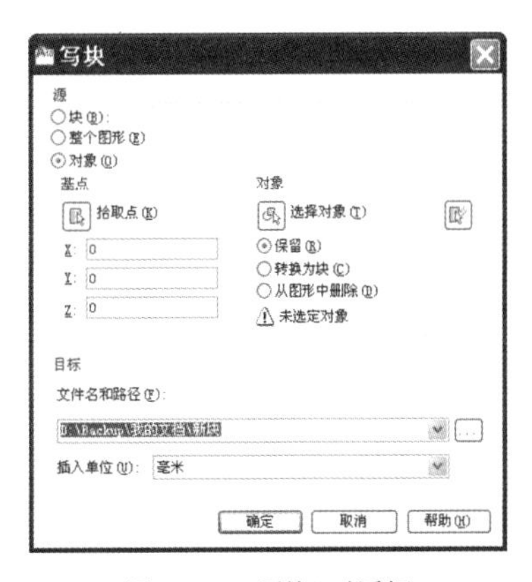

图 5-24　“写块”对话框

3）选项说明

（1）【源】：确定要保存为图形文件的图块或图形对象。其中单击“块”单选按钮，并单击其右侧的下三角按钮，在下拉列表框中选择一个图块，将其保存为图形文件；单击“整个图形”单选按钮，则把当前的整个图形保存为图形文件；单击“对象”单选按钮，则把不属于图块的图形对象保存为图形文件。对象的选取通过【对象】选项组来完成。

（2）【目标】：用于指定图形文件的名字、保存路径和插入单位等。

5.4.3 图块的插入

在用 AutocAD 绘图的过程中,用户可根据需要随时把已经定义好的图块或图形文件插入到当前图形的任意位置,在插入的同时还可以改变图块的大小、旋转一定角度或把图块炸开等。插入图块的方法有多种,本节逐一进行介绍。

1)命令执行方法

工具栏:点击“插入点”工具栏→“插入图块”按钮或“绘图”工具栏→“插入图块”按钮。

菜单:选择【插入】→【块】命令。

命令行:在命令行输入 Insert 后回车。

2)操作步骤

命令:Insert	(回车)

在 AutoCAD 中打开“插入”对话框,如图 5-25 所示,利用此对话框可以指定要插入的图块及插入位置。

3)选项说明

(1)【路径】:显示图块的保存路径。

(2)【插入点】:指定插入点,插入图块时该点与图块的基点重合。可以在屏幕上指定该点,也可以通过下面的文本框输入该点坐标值。

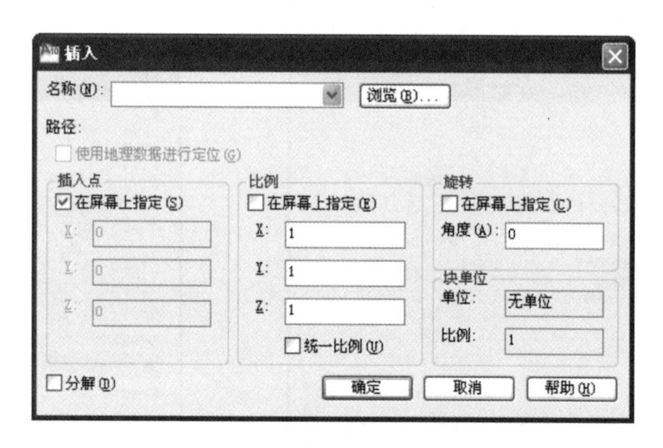

图 5-25 “插入”对话框

(3)【比例】:确定插入图块时的缩放比例。图块被插入到当前图形中时,可以以任意比例放大或缩小。

(4)【旋转】:指定插入图块时的旋转角度。图块被插入到当前图形中时,可以绕其基点旋转一定的角度,角度可以是正数(表示沿逆时针方向旋转),也可以是负数(表示沿顺时针方向旋转)。

如果选中“在屏幕上指定”复选框,系统切换到作图屏幕,在屏幕上拾取一点,AutoCAD 自动测量插入点与该点连线和 X 轴正方向之间的夹角,并把它作为块的旋转角。也可以在“角度”文本框中直接输入插入图块时的旋转角度。

(5)【分解】:选中此复选框,则在插入块的同时将其炸开,插入到图形中的组成块的对象不再是一个整体,可对每个对象单独进行编辑操作。

实例演示　定义一个图块并插入该块,如图 5-26 所示

(1)单击【常用】选项卡中“块”面板上的按钮,或输入 Block 命令,系统打开“块定义”对话框,在“名称”文本框中输入“螺栓”,如图 5-27 所示。

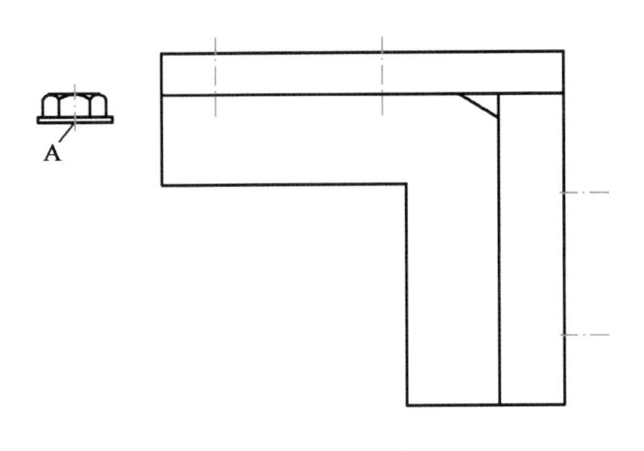

图 5-26　定义螺栓块

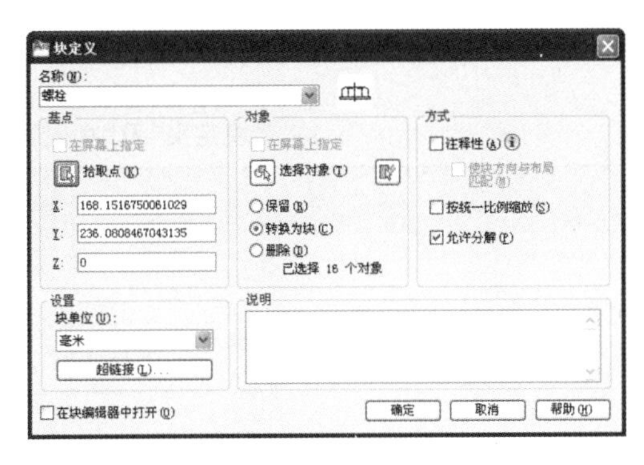

图 5-27　“块定义”对话框

(2)选择构成块的图形元素。单击按钮选择对象,系统返回绘图窗口,并提示“选择对象”,选择“螺栓头及垫圈”。

(3)指定块的插入基点。单击按钮拾取点,系统返回绘图窗口,并提示“指定插入基点”,拾取 A 点。

(4)单击 确定 按钮,系统生成图块。

(5)插入图块。单击【常用】选项卡“块”面板上的按钮,或输入 Insert 命令,系统打开“插入”对话框,在“名称”下拉列表中选择【螺栓】选项,并在“插入点”“比例”及“旋转”分组框中选择“在屏幕上指定”复选项,如图 5-28 所示。

(6)单击按钮,命令行提示如下。

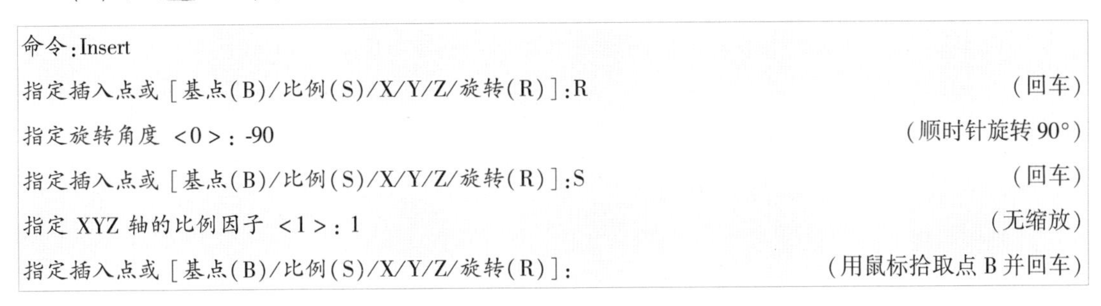

命令:Insert	
指定插入点或[基点(B)/比例(S)/X/Y/Z/旋转(R)]:R	(回车)
指定旋转角度 <0>: -90	(顺时针旋转 90°)
指定插入点或[基点(B)/比例(S)/X/Y/Z/旋转(R)]:S	(回车)
指定 XYZ 轴的比例因子 <1>: 1	(无缩放)
指定插入点或[基点(B)/比例(S)/X/Y/Z/旋转(R)]:	(用鼠标拾取点 B 并回车)

结果如图 5-29 所示。

“块定义”及“插入”对话框中常用选项的功能如表 5-1 所示。

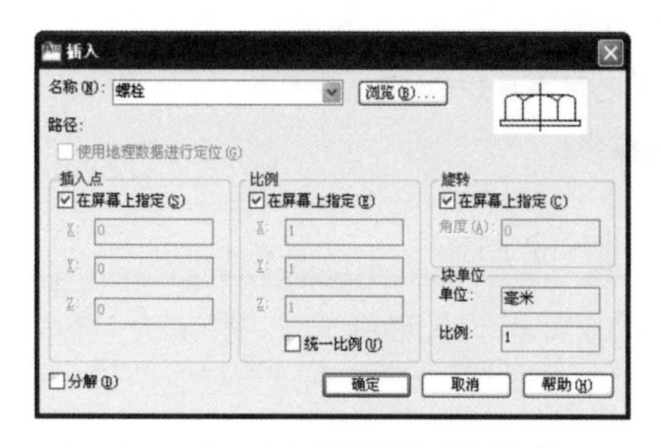

图 5-28 “插入”螺栓对话框

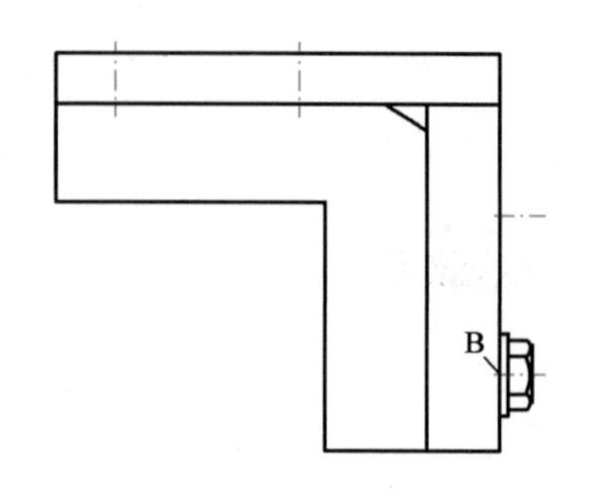

图 5-29 插入块

“块定义”及“插入”对话框中常用选项的功能　　表 5-1

对话框	选项	功能
块定义	名称	在此列表框中输入新建图块的名称
	选择对象	单击此按钮,系统切换到绘图窗口,用户在绘图区中选择构成图块的图形对象
	拾取点	单击此按钮,系统切换到绘图窗口,用户可直接在图形中拾取某点作为块的插入基点
	保留	系统生成图块后,还保留构成块的源对象
	转换为块	系统生成图块后,把构成块的原对象也转化为块
插入	名称	点击 浏览(B)... 按钮,然后选择要插入的文件
	统一比例	使块沿 X、Y、Z 方向的缩放比例都相同
	分解	系统在插入块的同时分解块对象

5.4.4 定义图块属性

图块除了包含图形对象以外,还可以具有非图形信息,例如把一个椅子的图形定义为图块后,还可以把椅子的号码、材料、重量、价格以及说明等文本信息一并加入到图块当中。图块的这些非图形信息叫做图块的属性,它是图块的一个组成部分,与图形对象一起构成一个整体,在插入图块时,AutoCAD 把图形对象连同属性一起插入到图形中。

1)命令执行方法

菜单:选择【绘图】→【块】→【定义属性】命令。

命令行:在命令行输入 Attdef 后回车。

2)操作步骤

命令:Attdef	(回车)

系统打开“属性定义”对话框,如图 5-30 所示。

图5-30 “属性定义”对话框

3)选项说明

(1)【模式】:确定属性的模式。

【不可见】:选中此复选框则属性为不可见显示方式,即插入图块并输入属性值后,属性值在图中并不显示出来。

【固定】:选中此复选框则属性值为常量,即属性值在属性定义时给定,在插入图块时 AutoCAD 不再提示输入属性值。

【验证】:选中此复选框,当插入图块时 AutoCAD 重新显示属性值,让用户验证该值是否正确。

【预置】:选中此复选框,当插入图块时 AutoCAD 自动把事先设置好的默认值赋予属性,而不再提示输入属性值。

【锁定位置】:选中此复选框,当插入图块时 AutoCAD 锁定块参照中属性的位置。解锁后,属性可以相对于使用夹点编辑的块的其他部分移动,并且可以调整多行属性的大小。

【多行】:指定属性值可以包含多行文字。

(2)【属性】:用于设置属性值。在每个文本框中 AutoCAD 允许输入不超过256个字符。

【标记】:输入属性标签。属性标签可由除空格和感叹号以外的所有字符组成,AutoCAD 自动把小写字母改为大写字母。

【提示】:输入属性提示。属性提示是插入图块时 AutoCAD 要求输入属性值的提示,如果不在此文本框内输入文本,则以属性标签作为提示。如果在【模式】选项组选中“固定”复选框,即设置属性为常量,则不需设置属性提示。

【值】:设置默认的属性值。可把使用次数较多的属性值作为默认值,也可不设默认值。

(3)【插入点】:确定属性文本的位置。可以在插入时由用户在图形中确定属性文本的位置,也可在X、Y、Z文本框中直接输入属性文本的位置坐标。

(4)【文字选项】:设置属性文本的对齐方式、文本样式、字高和旋转角度。

(5)【在上一个属性定义下对齐】:选中此复选框,表示把属性标签直接放在前一个属性的下面,而且该属性继承前一个属性的文本样式、字高和旋转角度等特性。

(6)【锁定块中的位置】:锁定块参照中属性的位置。

完成“属性定义”对话框中各项的设置后,单击【确定】按钮,即可完成一个图块属性的定义。可用此方法定义多个属性。

5.4.5 修改属性的定义

在定义图块之前,可以对属性的定义加以修改,不仅可以修改属性标签,还可以修改属性提示和属性默认值。

1)命令执行方法

菜单:选择【修改】→【对象】→【文字】→【编辑】命令。

命令行:在命令行输入 Ddedit 后回车。

2)操作步骤

```
命令:Ddedit                                        (回车)
选择注释对象或[放弃(U)]:
```

在此提示下选择要修改的属性定义,打开“编辑属性定义”对话框,如图5-31所示,该对话框表示要修改的属性的标记为“文字”,提示为“数值”,无默认值,用户可在各文本框中对各项进行修改。

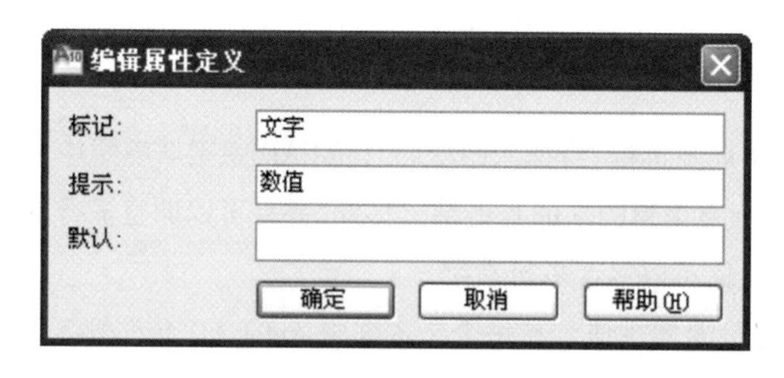

图5-31 “编辑属性定义”对话框

5.4.6 编辑图块属性

当属性被定义到图块中,甚至图块被插入到图形中之后,用户还可以对属性进行编辑。利用 Attedit 命令可以通过对话框对指定图块的属性值进行修改,也可以对属性的位置、文本等其他设置进行编辑。

1)一般属性编辑

(1)命令执行方法

命令行：在命令行输入 Attedit 后回车。

(2) 操作步骤

命令：Attedit	(回车)
选择块参照：	

选择块参照后，光标变为拾取框，选择要修改属性的图块，打开“编辑属性”对话框，对话框中显示出所选图块中包含的前8个属性的值，用户可对这些属性值进行修改。如果该图块中还有其他的属性，可单击[< 上一步(P)]和[下一步(N) >]按钮对它们进行观察和修改。

2) 增强属性编辑

(1) 命令执行方法

工具栏：点击“修改 II”工具栏→“增强属性”按钮。

菜单：选择【修改】→【对象】→【属性】→【单个】命令。

命令行：在命令行输入 Eattedit 后回车。

(2) 操作步骤

命令：Eattedit	(回车)
选择块：	

选择块后，系统打开“增强属性编辑器”对话框。该对话框不仅可以编辑属性值，还可以编辑属性的文字选项和图层、线型、颜色等特性值。

另外，还可以通过“块属性管理器”对话框来编辑属性。方法是：单击“修改 II”工具栏中的“块属性管理器”按钮，系统打开“块属性管理器”对话框，如图5-32所示。单击“编辑”按钮，系统打开“编辑属性”对话框。用户可以通过该对话框编辑属性。

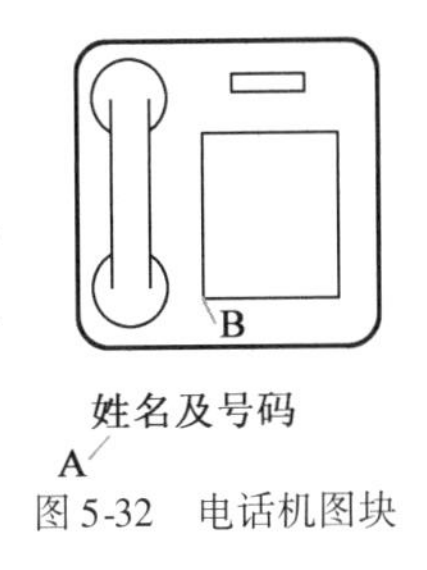

图5-32 电话机图块

实例演示 绘制一个简易电话机，生成块并附带属性，当插入该块时要求输入姓名及号码(图5-32)

(1) 首先绘制如图5-32所示电话机，然后单击【常用】选项卡“块”面板上的按钮，或输入 Attdef 命令，系统打开“属性定义”对话框，如图5-33所示。在“属性”分组框中输入下列内容。

【标记】：姓名及号码

【提示】：请输入您的姓名及电话号码

【默认】：张三 1234567

(2) 在“文字样式”下拉列表中选择“默认”，在“高度”文本框中输入数值“3”。单击[确定]按钮，命令行提示“指定起点：”，在电话机的下边拾取A点。

(3) 将属性与图形一起创建成图块。单击“块”面板上的按钮，系统打开“块定义”对话框,如图 5-34 所示。

图 5-33 “属性定义”对话框

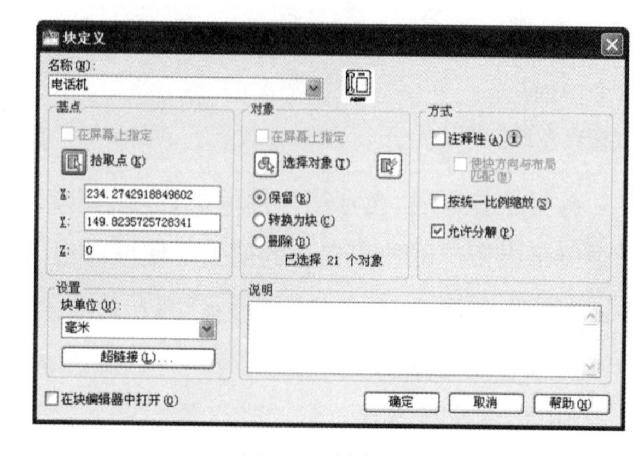

图 5-34 创建图块

(4)在“名称”文本框中输入新建图块的名称“电话机”,在“对象”分组框中选择“保留”单选项。

(5)单击按钮选择对象,系统返回绘图窗口,并提示“选择对象”,选择电话机及属性。

(6)指定块的插入基点。单击按钮拾取点,系统返回绘图窗口,并提示“指定插入基点”,拾取点 B。如图 5-32 所示。

(7)单击 确定 按钮,系统生成图块。

(8)单击“块”面板上的按钮,打开“插入”对话框,在“名称”下拉列表中选择“电话机”单选项,如图 5-35 所示。

(9)单击 确定 按钮,命令行提示如下:

```
指定插入点或[基点(B)/比例(S)/X/Y/Z/旋转(R)]:          (在屏幕的适当位置指定插入点)
输入您的姓名及电话号码 <张三 1234567>:李四   5895926
```

输入属性值,结果如图 5-36 所示。

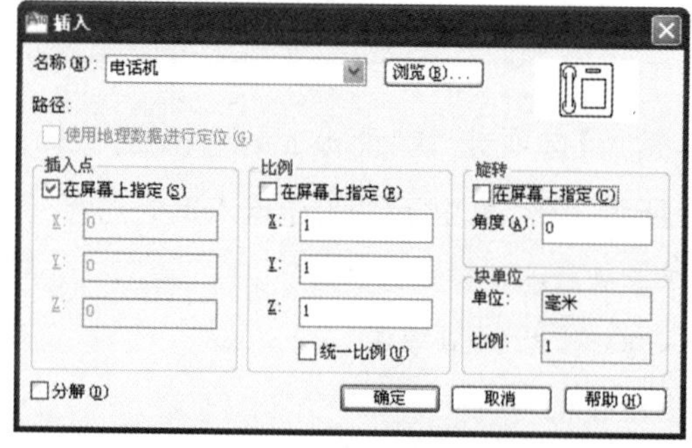

图 5-35 “插入”电话机对话框

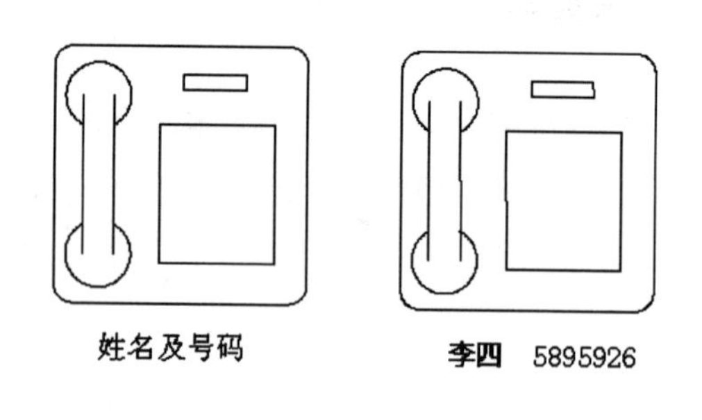

图 5-36 输入属性

5.5 查询

选择菜单【工具】→【查询】命令,如图 5-37 所示。

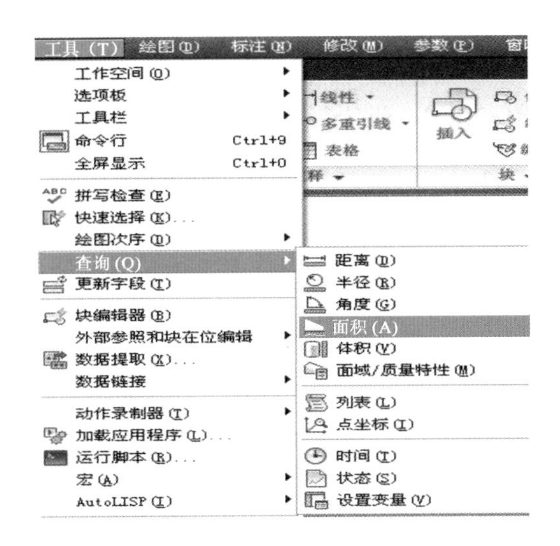

图5-37 查询

5.5.1 面积查询命令

1)命令执行方法

菜单:选择【工具】→【查询】→【面积】命令。

命令行:在命令行输入 Area 后回车。

2)操作步骤

(1)用于求闭合图形的面积,在命令行输入 Area 后,输入字母 O;

(2)求不规则图形的面积,输入 Area 后直接点击鼠标左键,生成一个点,每一个点都按顺序连成线,最后形成一个闭合图形,程序会自动运算出这个闭合图形的面积。

5.5.2 距离查询命令

1)命令执行方法

菜单:选择【工具】→【查询】→【距离】命令。

命令行:在命令行输入 Dist 后回车。

2)操作步骤

输入 Dist 命令后,按照提示分别指定第一点和第二点,即可查询出两点之间的距离。

5.6 AutoCAD 设计中心

使用 AutoCAD 2010 设计中心可以很容易地组织设计内容,并把它们拖动到自己的图形中。用户可以使用设计中心窗口的内容显示框,来浏览资源细目,如图 5-38 所示。在图 5-38 中,设计中心窗口分为两部分,左边为树状图,右边为内容区。在树状图中选中项目,则内容区显示项目内容,如预览图片、图块及标注样式等。双击内容,则展开它或将其插入当前图形中。也可通过右键快捷菜单实现同样任务。

5.6.1 启动设计中心

命令执行方法:

工具栏:点击“标准”工具栏→“设计中心”按钮。

菜单:选择【工具】→【选项板】→【设计中心】命令。

命令行:在命令行输入 Adcenter(快捷命令:Adc)后回车。

快捷键:Ctrl +2。

设计中心工具栏,如图5-39所示。

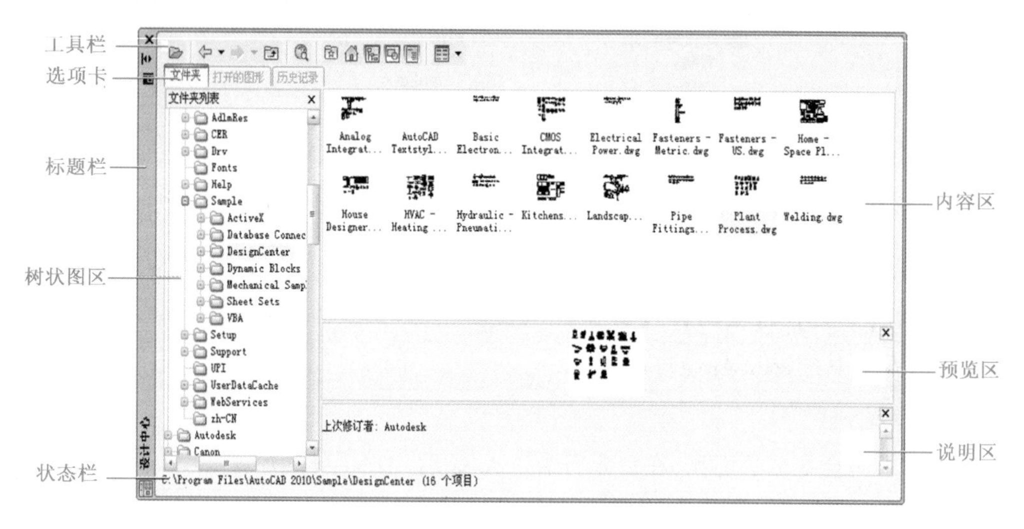

图5-38 设计中心窗口

5.6.2 查找内容

单击图5-39“设计中心”工具栏上的按钮,打开“搜索”对话框,如图5-40所示。在“搜索”对话框中可以搜索不知具体位置的图形文件。

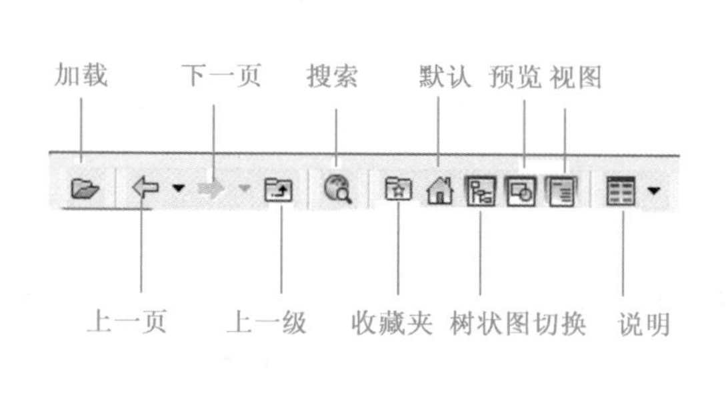

图5-39 设计中心工具栏

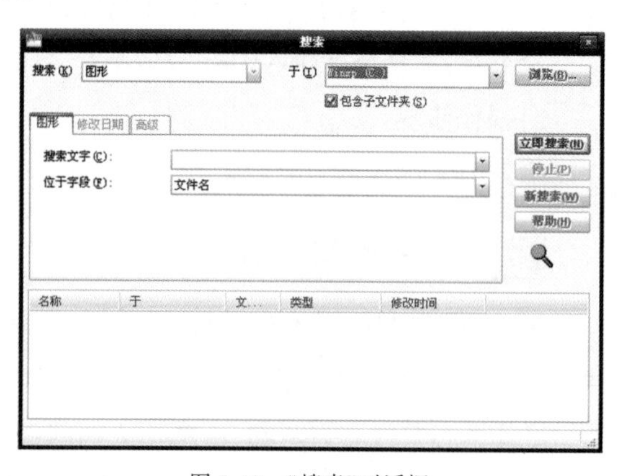

图5-40 “搜索”对话框

5.6.3　插入图块

用户可以将“设计中心”中的图块插入到图形中。

实例演示　使用设计中心在图 5-41 的房间插入浴缸

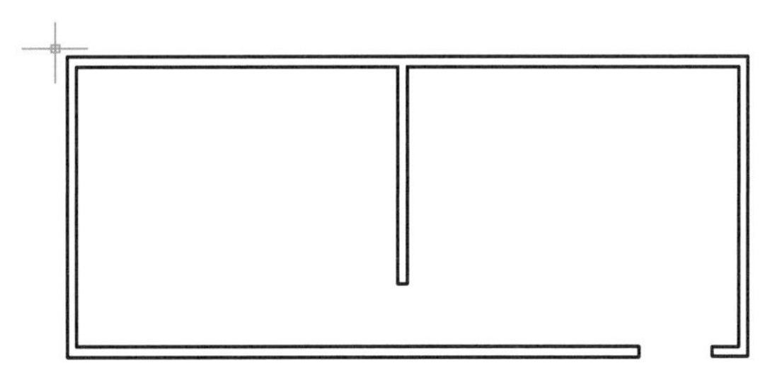

图 5-41　原图

(1) 选择“标准”工具栏“设计中心”，如图 5-42 所示。

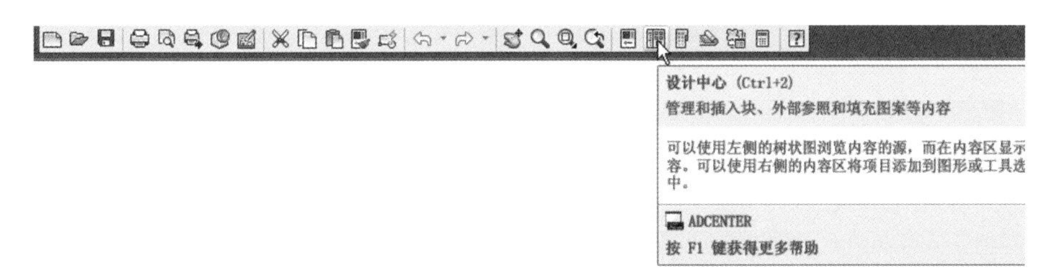

图 5-42　找到“设计中心”

(2) 打开“设计中心”，找到“浴缸”图标，单击鼠标右键，出现“插入块”选项，如图 5-43 所示。

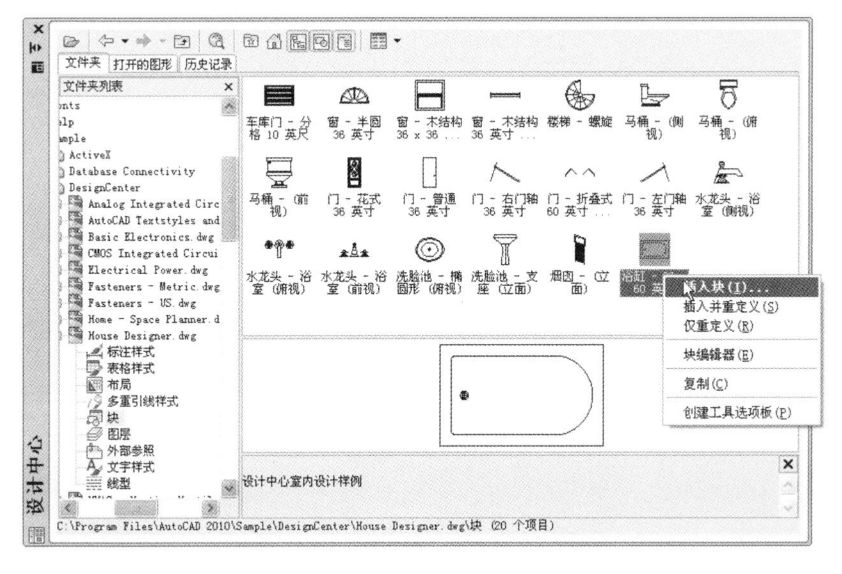

图 5-43　“设计中心”

(3)打开"插入"对话框。设置统一的插入比例为0.5后,点击确定按钮,如图5-44所示。

(4)在"原图"上指定左上角插入点,完成"浴缸"的插入。结果如图5-45所示。

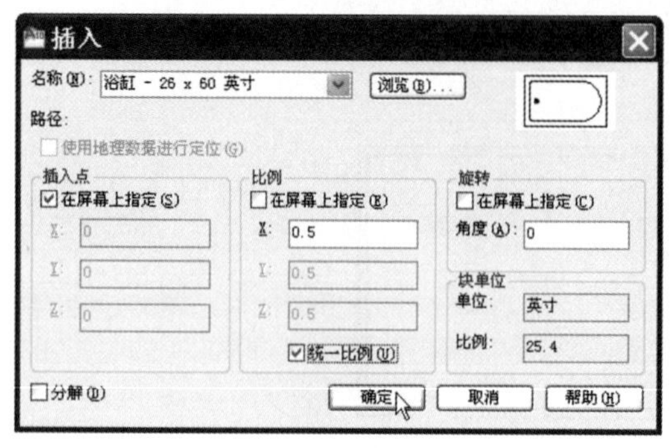

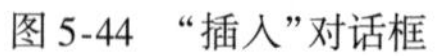
图5-44 "插入"对话框

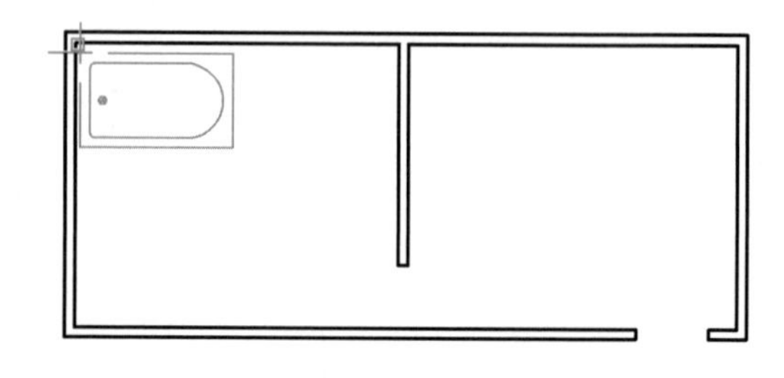

图5-45 插入"浴缸"后的图形

单元6　文字编辑与尺寸标注

在 AutoCAD 2010 的图形文件中，绘制了几何图形之后，还需要进行文本注释与尺寸标注，以增强图形文件的可读性。图形的主要作用是表达物体的形状，而物体各部分的真实大小和各部分之间的相对位置只能通过尺寸标注来确定。

6.1 文字书写的方法

6.1.1　文字样式

文字样式是一组可随图形保存的文字设置的集合，这些设置可包括字体、文字高度以及特殊效果等。在 AutoCAD 中所有的文字，包括图块和标注中的文字，都是同一定的文字样式相关联的。通常，在 AutoCAD 中新建一个图形文件后，系统将自动建立一个缺省的文字样式——Standard(标准)，并且该样式被文字命令、标注命令等缺省引用。更多的情况下，一个图形中需要使用不同的字体，即使同样的字体也可能需要不同的显示效果，因此仅有一个 Standard (标准)样式是不够的，用户可以使用文字样式命令来创建或修改文字样式。

1)命令执行方法

工具栏：点击"文字"工具栏→"文字样式"按钮。

菜单：选择【格式】→【文字样式】命令。

命令行：在命令行输入 Style 后回车。

2)操作步骤

命令：Style	(回车)

调用该命令后，系统弹出"文字样式"对话框，如图 6-1 所示。

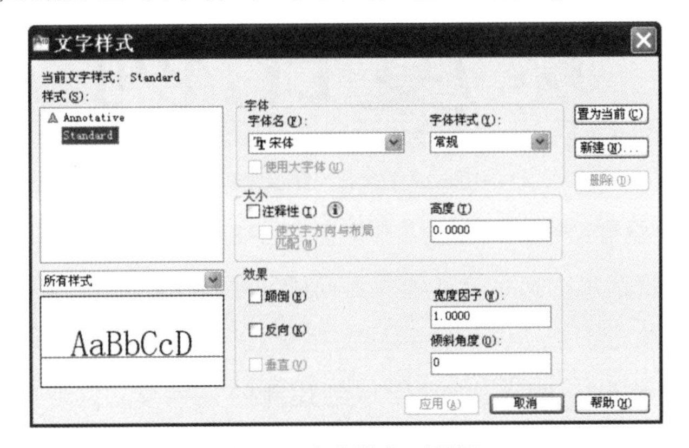

图 6-1　"文字样式"对话框

3)选项说明

(1)【样式】:该栏的下拉列表中包括了所有已建的文字样式,并显示当前的文字样式。用户可单击 新建(N)... 按钮新建一个文字样式。

注意: Standard(标准)样式不能被重命名或删除。而对于当前的文字样式和已经被引用的文字样式则不能被删除,但可以重命名。

(2)【字体】:在"字体名"列表中显示所有 AutoCAD 可支持的字体,这些字体有两种类型:一种是带有图标,扩展名为.shx 的字体,该字体是利用形技术创建的,由 AutoCAD 系统所提供。另一种是带有图标,扩展名为.ttf 的字体,该字体为 TrueType 字体,通常为 Windows 系统所提供。某些 TrueType 字体可能会具有不同的字体样式,如加黑、斜体等,用户可通过"字体样式"列表进行查看和选择。而对于 SHX 字体,Use Big Font 项将被激活。选中该项后,"字体样式"列表将变为 Big Font(大字体)列表。大字体是一种特殊类型的形文件,可以定义数千个非 ASCII 字符的文本文件,如汉字等。

(3)【高度】:用于指定文字高度。如果设置为 0,则引用该文字样式创建字体时需要指定文字高度。否则,将直接使用框中设置的值来创建文本。

(4)【效果】:

【颠倒】:用于设置是否倒置显示字符。

【反向】:用于设置是否反向显示字符。

【宽度因子】:用于设置字符宽度比例。输入值小于 1.0,将压缩文字宽度;输入值大于 1.0,则将使文字宽度扩大;输入值为 1,将按系统定义的比例标注文字。如图 6-2 所示,输入文字"宽度比例",上面文字是宽度比例为 0.25 的显示效果,下面文字是宽度比例为 1.5 的显示效果。

宽度比例

a) 宽度比例为 0.25

宽度比例

b) 宽度比例为 1.5

图 6-2　宽度比例显示效果

【倾斜角度】:用于设置文字的倾斜角度,取值范围在 -85 ~ 85 之间。

(5)【置为当前】:把选中的文字样式作为当前的文字样式。

(6)"新建"按钮:单击该按钮,打开"新建文字样式"对话框。在"样式名"文本框中输入新建文字样式名称后,单击 确定 按钮可以创建新的文字样式。新建文字样式将显示在"样式名"下拉列表框中。

提示:AutoCAD 自带的一些字体还包含了一些符号,包括数学符号、天文符号、音乐符号以及映射符号,可以用 Dtext 命令在图中显示出来。为了显示这些符号,每一符号必须映射成一个特定的字母。例如 Symap. shx 字体、Symbol. shx 字体等。

6.1.2　输入单行文字

单行文字是文字输入中一种常用的输入方式。在不需要多种字体或多行文字内容时,可以创建单行文字。单行文字对于标签(也就是简短文字)非常方便。

1)执行命令方法

工具栏:单击"文字"工具栏→"单行文字"按钮A|。

菜单:选择【绘图】→【文字】→【单行文字】命令。

命令行:在命令行输入 Text 后回车。

2)操作步骤

命令:Test	(回车)

调用【单行文字】命令后,命令行提示如下:

当前文字样式:Standard　当前文字高度:0.2000　注释性:否	
指定文字的起点或[对正(J)/样式(S)]:	(用鼠标点击一点指定文字的起点)

3)选项说明

(1)【指定文字的起点】:在此提示下直接在作图屏幕上点取一点作为文本的起点,命令行提示如下:

指定高度 <0.2000 >:	(确定字符高度)
指定文字的旋转角度 <0 >:	(确定文本行的倾斜角度)
输入文字:	(输入文本)

在此提示下输入一行文本后回车,可继续输入文本,待全部输入完成后在此提示下直接回车,则退出 Text 命令。

(2)【对正(J)】:在上面的提示下输入"J",用来确定文本的对齐方式。对齐方式决定文本的哪一部分与所选的插入点对齐。执行此选项,命令行提示如下:

输入选项[对齐(A)/调整(F)/中心(C)/中间(M)/右(R)/左上(TL)/中上(TC)/右上(TR)/左中(ML)/正中(MC)/右中(MR)/左下(BL)/中下(BC)/右下(BR)]:

【对齐(A)】:该选项用文字行基线的起点与终点来控制文字对象的排列。要求用户指定文字基线的起点和终点。

【调整(F)】:指定文字按照由两点定义的方向和一个高度值布满一个区域。只适用于水平方向的文字。

【中心(C)】:该选项用于用户指定文字行的中心点。用户在绘图区中指定一点作为中心。此外,用户还需要指定文字的高度和文字行的旋转角度。

【中间(M)】:该选项用于用户指定文字行的中间点。此外,用户还需要指定文字行在垂直方向和水平方向的中心、文字高度和文字行的旋转角度。

【右(R)】:在由用户给出的点指定的基线上右对正文字。

【左上(TL)】:在指定为文字顶点的点上左对正文字。该选项只适用于水平方向的文字。

【中上(TC)】:在指定为文字顶点的点上居中对正文字。该选项只适用于水平方向的文字。

【右上(TR)】:在指定为文字顶点的点上右对正文字。该选项只适用于水平方向的文字。

【左中(ML)】:在指定为文字中间点的点上靠左对正文字。该选项只适用于水平方向的文字。

【正中(MC)】:在文字的中央水平和垂直居中对正文字。该选项只适用于水平方向的文字。

【右中(MR)】:在指定为文字中间点的点上右对正文字。该选项只适用于水平方向的文字。

【左下(BL)】:在指定为基线的点左对正文字。该选项只适用于水平方向的文字。

【中下(BC)】:在指定为基线的点居中对正文字。该选项只适用于水平方向的文字。

【右下(BR)】:在指定为基线的点上靠右对正文字。该选项只适用于水平方向的文字。

(3)【样式】:指定文字样式,文字样式决定文字字符的外观。创建的文字使用当前文字样式。

在此提示下选择一个选项作为文本的对齐方式。当文本串水平排列时,AutoCAD 为标注文本串定义了如图 6-3 所示的顶线、中线、基线和底线。

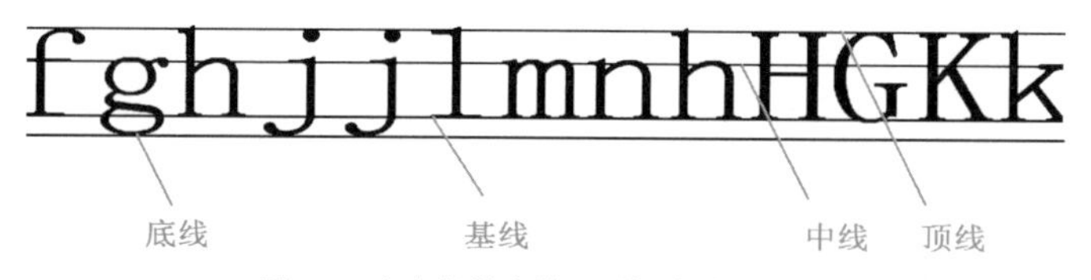

图 6-3 文本行的底线、基线、中线和顶线

实例演示 指定文本行基线的起始点与终止点的位置

命令行提示如下:

```
指定文字基线的第一个端点:          (指定文本行基线的起点位置)
指定文字基线的第二个端点:          (指定文本行基线的终点位置)
```

执行结果:所输入的文本字符均匀地分布于指定的两点之间,如果两点间的连线不水平,则文本行倾斜放置,倾斜角度由两点间的连线与 X 轴夹角确定;字高、字宽根据两点间的距离、字符的多少以及文字样式中设置的宽度系数自动确定。指定了两点之后,每行输入的字符越多,字宽和字高越小。

工程图中用到的许多符号都不能通过标准键盘直接输入,如文字的下划线、直径代号等。当用户利用 DText 命令创建文字注释时,必须输入特定的代码来产生特殊的字符,这些代码及其对应的特殊字符如表6-1所示。

代码及其对应的字符 表6-1

代码	字符	代码	字符
%%o	文字的上划线	%%p	表示“±”
%%u	文字的下划线	%%c	直径代号
%%d	角度(°)的符号		

6.1.3 输入多行文字

多行文字又称为段落文字,是一种更易于管理的文字对象,它由两行以上的文字组成,而且各行文字都是作为一个整体来处理。

1)命令执行方法

工具栏:点击“绘图”工具栏→“多行文字”按钮A。

菜单:选择【绘图】→【文字】→【多行文字】命令。

命令行:在命令行输入 Mtext 后回车。

2)操作步骤

命令:Mtext	(回车)

调用该命令后,命令行提示:

```
当前文字样式:Standard  当前文字高度:1.9122
指定第一角点:                                   (指定矩形框的第一个角点)
指定对角点或[高度(H)/对正(J)/行距(L)旋转/(R)/样式(S)/宽度(W)]:
```

3)选项说明

(1)【指定对角点】:直接在屏幕上点取一个点作为矩形框的第二个角点,AutoCAD以这两个点位对角点形成一个矩形区域,其宽度作为将来要标注的多行文本的宽度,而且第一个点作为第一行文本顶线的起点。调用命令后,AutoCAD将打开“多行文字编辑器”,如图6-4所示。

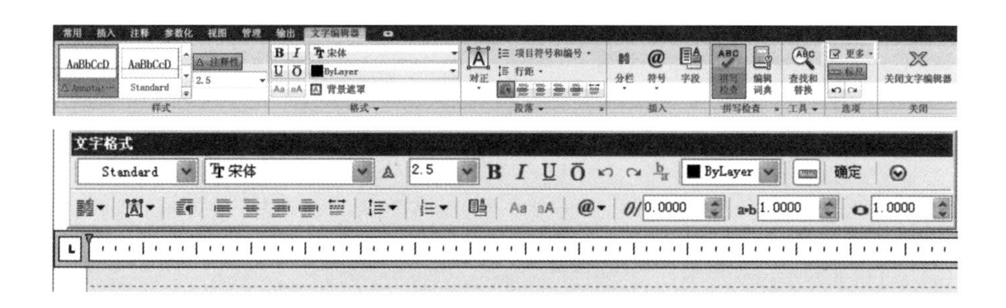

图6-4 多行文字编辑器

(2)【对正(J)】:确定所标注文本的对齐方式。选取此选项,命令行提示如下:

输入对正方式[左上(TL)/中上(TC)/右上(TR)/左中(ML)/正中(MC)/右中(MR)/左下(BL)/中下(BC)/右下(BR)]<左上(TL)>:

这些对齐方式与Text命令中的各对齐方式相同,不再重复。选取一种对齐方式后回车,执行此选项,AutoCAD回到上一级提示。

(3)【行距(L)】:确定多行文本的行间距,这里所说的行间距是指相邻两文本行的基线之间的垂直距离,执行此选项,命令行提示如下:

输入行距类型[至少(A)/精确(E)]<至少(A)>:

AutoCAD根据每行文本中最大的字符自动调整行间距。【精确】方式下AutoCAD给多行文本赋予一个固定的行间距。可以直接输入一个确切的间距值,也可以输入"nx"的形式,其中n是一个具体数,表示行间距设置为单行文本高度的n倍,而单行文本高度是本行文本字符高度的1.66倍。

(4)【旋转(R)】:确定文本行的倾斜角度。执行此选项,命令行提示如下:

指定旋转角度<0>:	(输入倾斜角度)

输入角度值后回车,命令行返回到如下指示:

指定对角点或[高度(H)/对正(O)/行距(L)/旋转(R)/样式(S)/宽度(W)]:

(5)【样式(S)】:确定当前的文字样式。

(6)【宽度(W)】:指定多行文本的宽度。可在屏幕上选取一点,将其与前面确定的第一个角点组成的矩形框的宽度作为多行文本的宽度,也可以输入一个数值,精确设置多行文本的宽度。在创建多行文本时,只要给定了文本行的起始点和宽度后,AutoCAD就会打开如图6-4所示的多行文字编辑器,该编辑器包含一个"文字格式"工具栏和一个右键快捷菜单。用户可以在编辑器中输入和编辑多行文本,包括设置字高、文字样式以及倾斜角度等。该编辑器与Microsoft的Word编辑器界面类似。事实上,该编辑器与Word编辑器在某些功能上趋于一致。这样既增强了多行文字编辑功能,又便于用户操作。

(7)【栏(C)】:可以将多行文字对象的格式设置为多栏。可以指定栏和栏间距的宽度、高度及栏数。可以使用夹点编辑栏宽和栏高。该选项提供三个栏选项:不分栏、静态栏、动态栏。

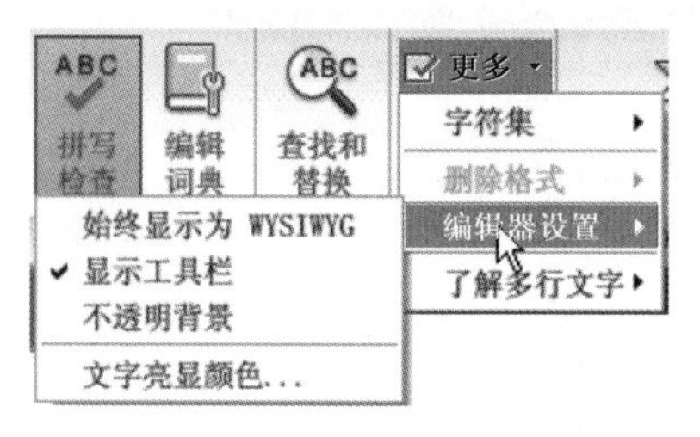

图6-5 调出文字格式工具栏

(8)【文字格式】:"文字格式"工具栏用来控制文本的显示特性。通过点击文字编辑器工具栏的【选项】选项卡中的"更多"按钮(图6-4),在弹出的下拉菜单中点击"编辑器设置",勾选"显示工具栏",可以调出文字格式工具栏,如图6-5所示。

(9)【文字高度】:该下拉列表框用来确定文本的字符高度,可在其中直接输入新的字符高度,也可从下拉列表中选择已设定过的高度。

按钮**B**和*I*：这两个按钮用来设置粗体或斜体效果。这两个按钮只对 TrueTypc 字体有效。

“下划线”U与“上划线”Ō按钮：这两个按钮用于设置或取消上/下划线。

“堆叠”按钮：该按钮为层叠/非层叠文本按钮，用于层叠所选的文本，也就是创建分数形式。当文本中某处出现“/”“∧”“#”这 3 种层叠符号之一时，可层叠文本，方法是选中需层叠的文字，然后单击此按钮，则符号左边文字作为分子，右边文字作为分母。AutoCAD 提供了 3 种分数形式，如选中“123/456”后单击此按钮，得到如图 6-6a）所示的分数形式。如果选中“123∧456”后单击此按钮，则得到如图 6-6b）所示的形式，此形式多用于标注极限偏差。如果选中“123#456”后单击此按钮，则创建斜排的分数形式，如图 6-6c）所示。如果选中已经层叠的文本对象后单击此按钮，则文本恢复到非层叠形式。

$$\frac{123}{456} \qquad \begin{matrix}123\\456\end{matrix} \qquad {}^{123}\!/_{456}$$

a)　　b)　　c)

图 6-6　文本层叠

“倾斜角度”微调框0/：设置文字的倾斜角度。

“符号”按钮@▾：用于输入各种符号。单击该按钮，系统打开符号列表，如图 6-7 所示。用户可以从中选择符号输入到文本中。

度数(D)	%%d
正/负(P)	%%p
直径(I)	%%c
几乎相等	\U+2248
角度	\U+2220
边界线	\U+E100
中心线	\U+2104
差值	\U+0394
电相角	\U+0278
流线	\U+E101
恒等于	\U+2261
初始长度	\U+E200
界碑线	\U+E102
不相等	\U+2260
欧姆	\U+2126
欧米加	\U+03A9
地界线	\U+214A
下标 2	\U+2082
平方	\U+00B2
立方	\U+00B3
不间断空格(S)	Ctrl+Shift+Space
其他(O)...	

图 6-7　符号列表

实例演示 利用AutoCAD的文字输入命令,完成图6-8的文字编辑

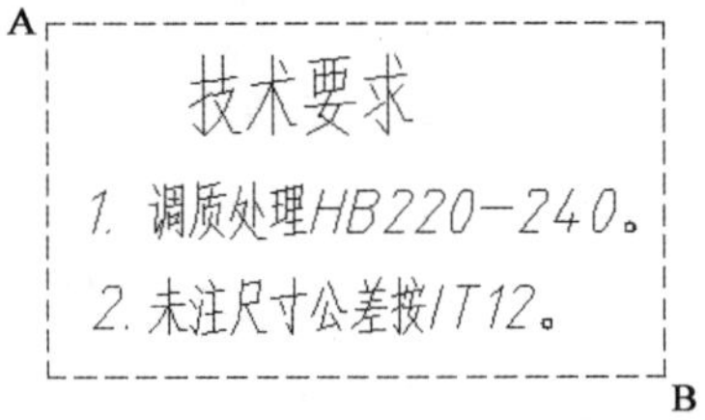

A
技术要求
1. 调质处理HB220-240。
2. 未注尺寸公差按IT12。
B

图6-8 多行文字

(1)设定绘图区域大小为80×80,单击【视图】选项卡中"导航"面板上的 多行文字 按钮,使绘图区域充满整个图形窗口。

(2)创建新文字样式,并使该样式成为当前样式。新样式的名称为"文字样式-1",与其相连的字体文件是gbeitc.shx和gbcbig.shx。

(3)单击"注释"面板上的 多行文字 按钮,命令行提示如下:

指定第一角点:	(在A点处单击一点指定对角点,在B点处单击一点指定另一个对角点)

(4)系统弹出【文字编辑器】选项卡及"文字编辑器"。在"样式"面板的"文字高度"文本框中输入数值5,然后在文字编辑器中输入文字。

(5)选中文字"技术要求",然后在"文字高度"文本框中输入数值5,回车,结果如图6-9所示。

(6)选中其他文字,单击"段落"面板上的 以数字标记 按钮,选择【以数字标记】选项,再利用标尺上第二行的缩进滑块调整标记数字与文字间的距离,结果如图6-10所示。

(7)单击"关闭"面板上的按钮,编辑结束。

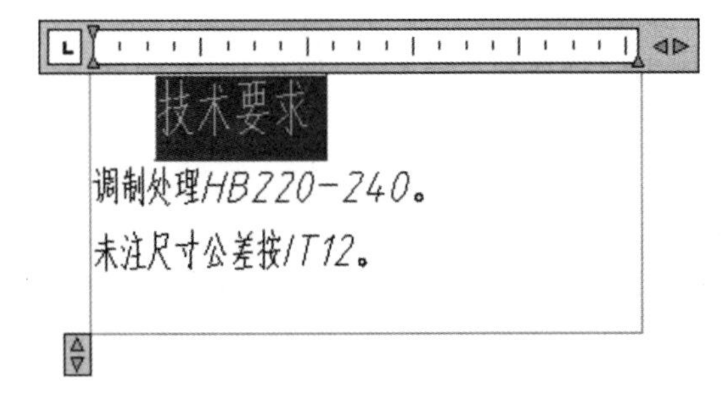

技术要求
调制处理HB220-240。
未注尺寸公差按IT12。

图6-9 文字编辑器

技术要求
1. 调制处理HB220-240。
2. 未注尺寸公差按IT12。

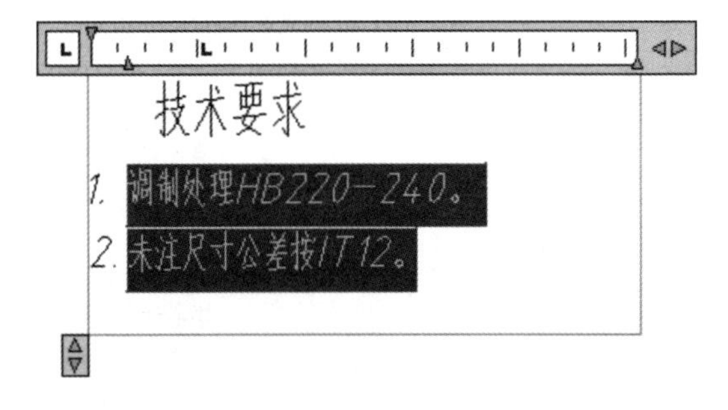

图6-10 文字编辑

6.1.4 文本编辑

1)命令执行方法

工具栏:点击"文字"工具栏→"文本编辑"按钮。

菜单:选择【修改】→【对象】→【文字】→【编辑】命令。

命令行:在命令行输入Ddedit后回车。

2)操作步骤

调用该命令后,命令行提示如下:

```
命令:Ddedit                                                        (回车)
选择注释对象或[放弃(U)]:
```

要求选择想要修改的文本,同时光标变为拾取框。用拾取框点击对象,如果选取的文本是用 Text 命令创建的单行文本,则深显该文本,可对其进行修改。如果选取的文本是用 Mtext 命令创建的多行文本,选取后则打开"多行文字编辑器",可根据前面的介绍对各项设置或内容进行修改。

实例演示　液压系统图的文字编辑过程,原图如图 6-11 所示

(1)创建新文字样式,新样式名称为"工程文字",与其相连的字体文件是 gbeitc. shx 和 gbcbig. shx。

(2)选择菜单【修改】→【对象】→【文字】→【编辑】命令,启动 Ddedit 命令。用该命令修改"蓄能器"、"行程开关"等单行文字的内容。

(3)用 Ddedit 命令修改"技术要求"等多行文字的内容,并使其采用 gbeitc、gbcbig 字体。编辑后的文字如图 6-12 所示。

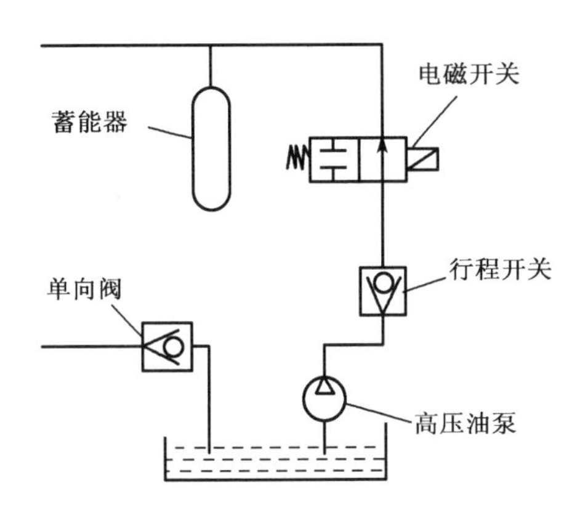

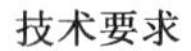

1. 油管弯曲半径 R≈3d。
2. 全部安装完毕后,进行油压实验。

图 6-11　液压系统原图

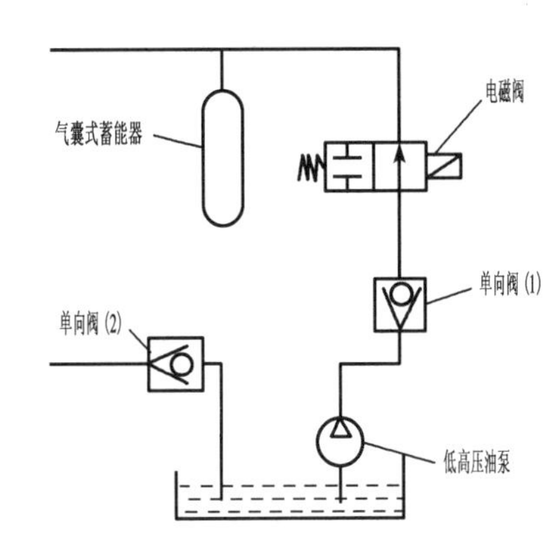

技术要求

1. 油管弯曲半径 R≥3d。
2. 全部安装完毕后,进行油压实验,压力为 $5kg/cm^2$。

图 6-12　编辑后的液压系统图

6.2 创建表格对象

使用 AutocAD 提供的"表格"功能,用户可以直接插入设置好样式的表格,而不用绘制由单独的图线组成的栅格。

6.2.1　定义表格样式

表格样式是用来控制表格基本形状和间距的一组设置。与文字样式一样,所有 AutoCAD

图形中的表格都有与其相对应的表格样式。当插入表格对象时,AutoCAD 使用当前设置的表格样式。模板文件 Acad. dwt 和 AcadISO. dwt 中定义了名叫 Standard 的默认表格样式。

1)命令执行方法

工具栏:点击“样式”工具栏→“表格样式”按钮。

菜单:选择【格式】→【表格样式】命令。

命令行:在命令行输入 Tablestyle 后回车。

2)操作步骤

命令:Tablestyle	(回车)

执行上述操作后,AutoCAD 将打开“表格样式”对话框,如图 6-13 所示。

3)选项说明

单击 新建(N)... 按钮,系统打开“创建新的表格样式”对话框,如图 6-14 所示。

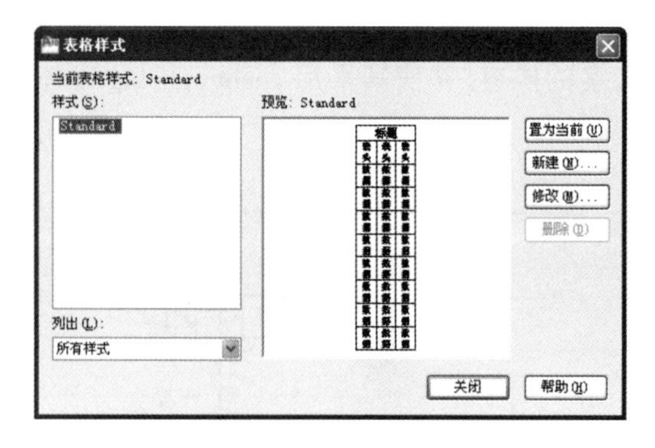

图 6-13 “表格样式”对话框

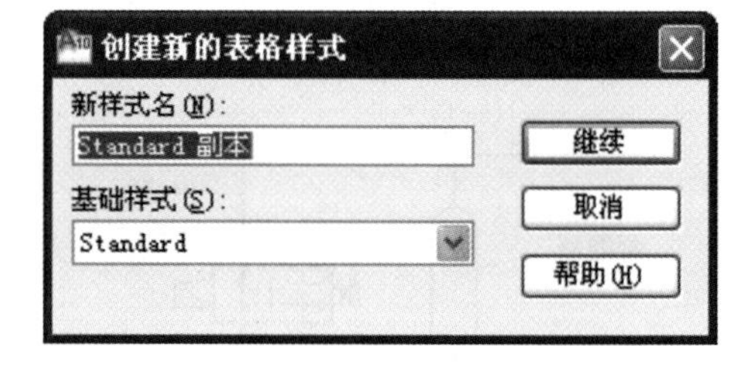

图 6-14 “创建新的表格样式”对话框

输入新的表格样式名后,单击 继续 按钮,系统打开“新建表格样式”对话框,如图 6-15 所示,从中可以定义新的表格样式。

“新建表格样式”对话框中有 3 个选项卡:【常规】、【文字】和【边框】,分别控制表格中数据、表头和标题的有关参数。

(1)【常规】选项卡(图 6-15)

①【特性】选项组:

【填充颜色】:指定填充颜色。

【对齐】:为单元内容指定一种对齐方式。

【格式】:设置表格中各行的数据类型和格式。

【类型】:将单元样式指定为标签或数据。该选项在包含起始表格的表格样式中插入默认文字时使用。也用于在工具选项板上创建表格工具的情况。

②【页边距】选项组:

【水平】:设置单元中的文字或块与左右单元边界之间的距离。

【垂直】:设置单元中的文字或块与上下单元边界之间的距离。

【创建行/列时合并单元】:将使用当前单元样式创建的所有新行或列合并到一个单元中。

(2)【文字】选项卡(图6-16)

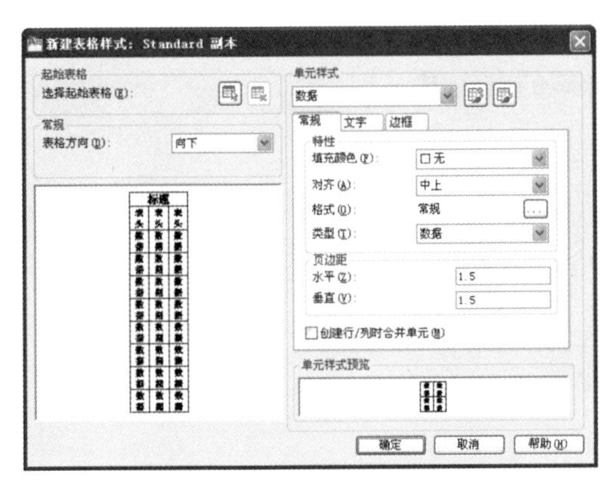

图6-15　新建表格样式

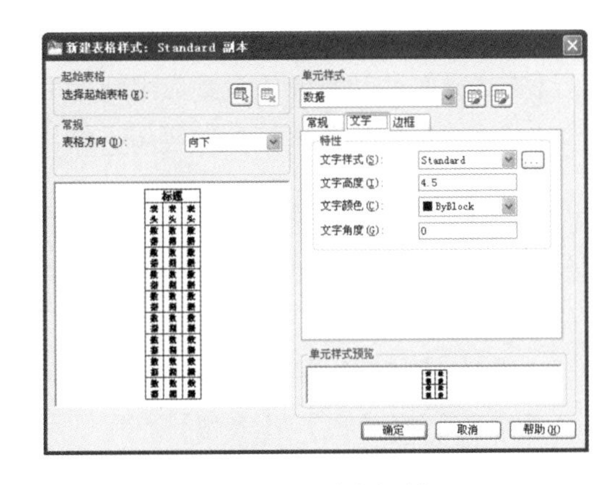

图6-16　【文字】选项卡

【文字样式】:指定文字样式。

【文字高度】:指定文字高度。

【文字颜色】:指定文字颜色。

【文字角度】:设置文字角度。

(3)【边框】选项卡(图6-17)

①【特性】选项组:

【线宽】:设置要用于显示边界的线宽。

【线型】:通过单击边框按钮,设置线型以应用于指定边框。

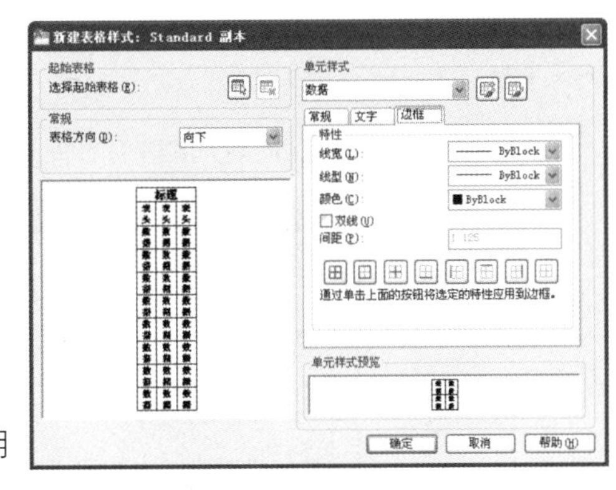

图6-17　【边框】选项卡

【颜色】:指定颜色以应用于显示的边界。

【双线】:指定选定的边框为双线型。

【间距】:确定双线边界的间距。默认间距为0.1800。

②"边界按钮"控制单元边界的外观。边框特性包括栅格线的线宽和颜色,如图6-18所示。

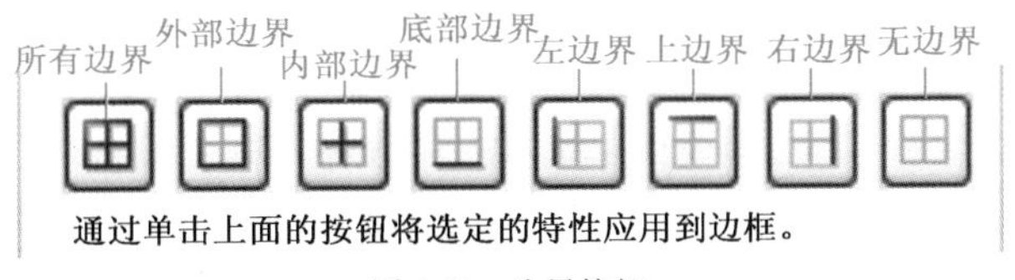

图6-18　边界按钮

【所有边界】:将边界特性设置应用到指定单元样式的所有边界。

【外部边界】:将边界特性设置应用到指定单元样式的外部边界。

【内部边界】:将边界特性设置应用到指定单元样式的内部边界。

【底部边界】:将边界特性设置应用到指定单元样式的底部边界。

【左边界】:将边界特性设置应用到指定单元样式的左边界。

【上边界】:将边界特性设置应用到指定单元样式的上边界。

【右边界】:将边界特性设置应用到指定单元样式的右边界。

【无边界】:隐藏指定单元样式的边界。

6.2.2 创建表格

在设置好表格样式后,用户可以调用 Table 命令创建表格。

1)命令执行方法

工具栏:点击“绘图”工具栏→“创建表格”按钮。

菜单:选择【绘图】→【表格】命令。

命令行:在命令行输入 Table 后回车。

2)操作步骤

命令:Table	(回车)

调用该命令后,AutoCAD 将打开“插入表格”对话框,如图 6-19 所示。

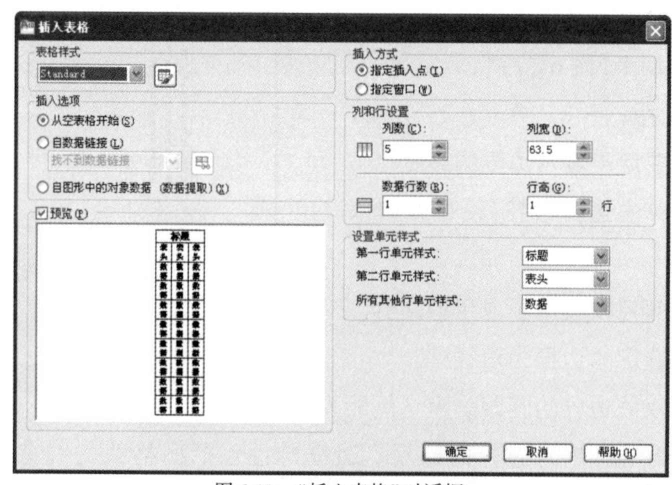

图 6-19 “插入表格”对话框

3)选项说明

(1)【表格样式】选项组

可以在“表格样式名称”下拉列表框中选择一种表格样式,也可以单击后面的按钮新建或修改表格样式。

(2)【插入方式】选项组

①【指定插入点】:指定表格左上角的位置。可以使用定点设备,也可以在命令行中输入坐标值。如果表格样式将表的方向设置为由下而上读取,则插入点位于表的左下角。

②【指定窗口】:指定表格的大小和位置。可以使用定点设备,也可以在命令行输入坐标值。选定此选项时,行数、列数、列宽和行高取决于窗口的大小以及列和行的设置。

(3)【列和行设置】选项组

该选项组用来指定列和行的数目以及列宽与行高。

在"插入表格"对话框中进行相应的设置后,单击[确定]按钮,系统在指定的插入点或窗口自动插入一个空表格,并显示多行文字编辑器,用户可以逐行、逐列输入相应的文字或数据,如图 6-20 所示。

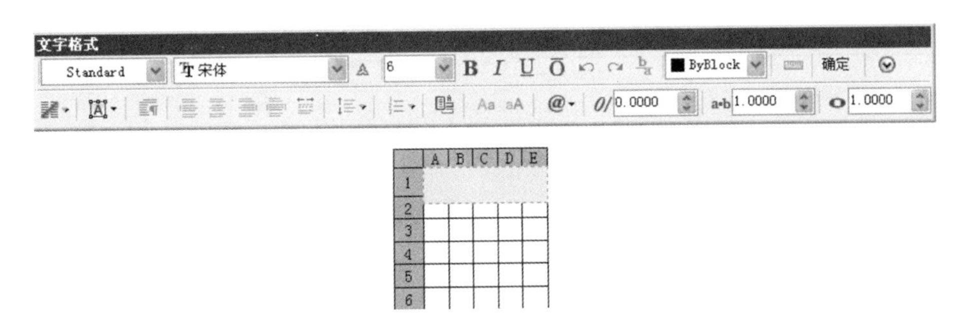

图 6-20　空表格和多行文字编辑器

实例演示　创建空白表格,如图 6-21 所示

(1)单击"注释"面板上的按钮,打开"插入表格"对话框,在该对话框中输入创建表格的参数,如图 6-22 所示。

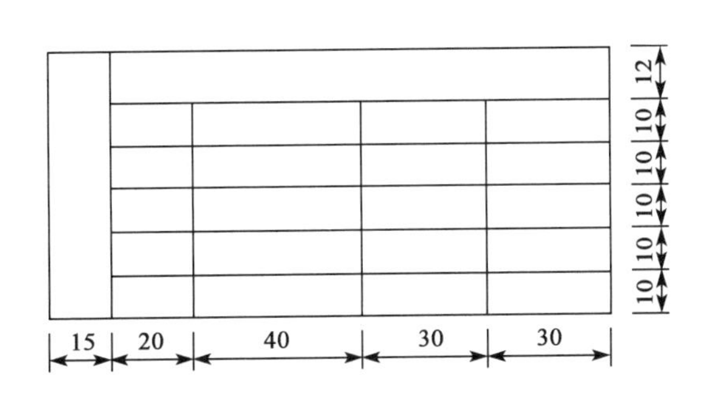

图 6-21　空白表格

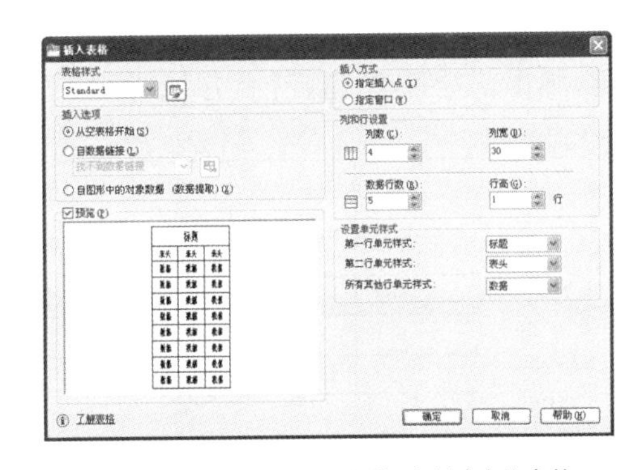

图 6-22　在"插入表格"对话框中创建表格参数

(2)单击[确定]按钮,关闭文字编辑器,创建的预先表格如图 6-23 所示。

(3)删除"行"。在表格内按住鼠标左键并拖动鼠标光标,选中第一、二行,弹出【表格】选项卡,单击选项卡中"行数"面板上的按钮,删除选中的两行,结果如图 6-24 所示。

(4)插入"列"。选中第一列的任一单元,单击鼠标右键,弹出快捷菜单,选择【列】→【在左侧插入】选项,插入新的一列,结果如图 6-25 所示。

(5)插入“行”。选中第一行的任一单元,单击鼠标右键,弹出快捷菜单,选择【行】→【在上方插入】选项,插入新的一行,结果如图6-26所示。

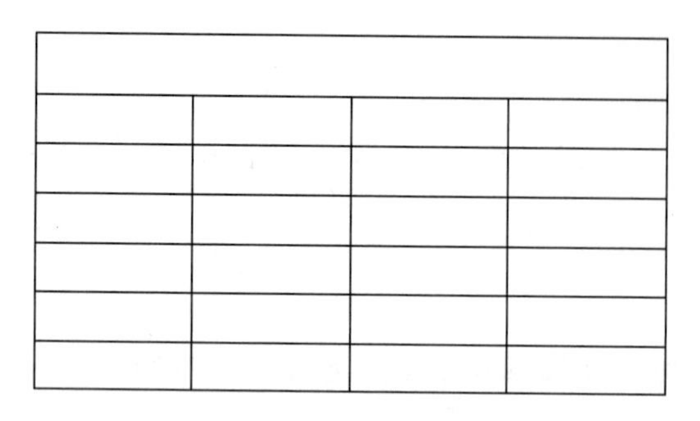

图6-23　预先表格

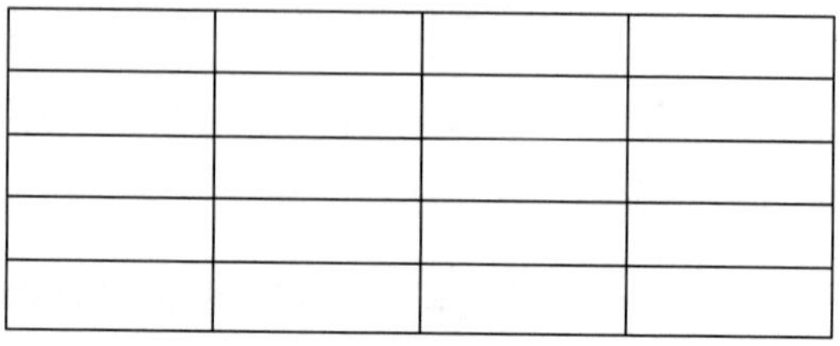

图6-24　删除行

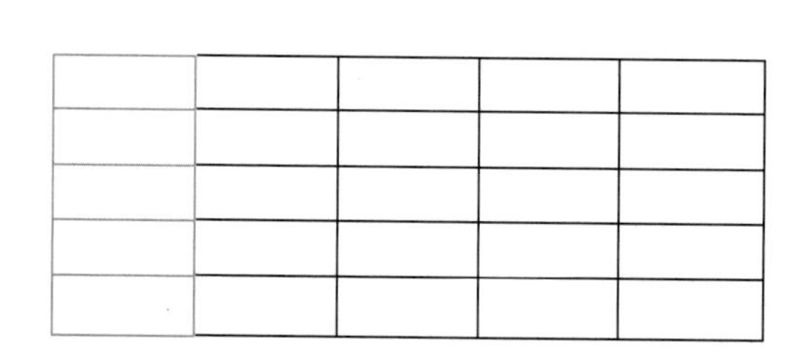

图6-25　插入一列

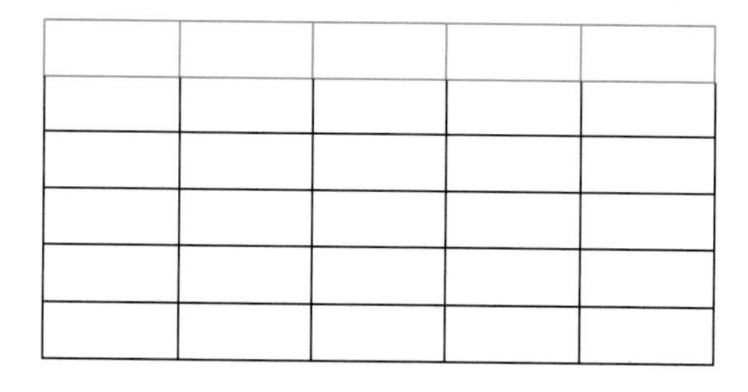

图6-26　插入一行

(6)合并“列”。按住鼠标左键并拖动鼠标光标,选中第一列的所有单元,然后单击鼠标右键,弹出快捷菜单,选择【合并】→【全部】选项,结果如图6-27所示 。

(7)合并“行”。按住鼠标左键并拖动鼠标光标,选中第一行的所有单元,然后单击鼠标右键,弹出快捷菜单,选择【合并】→【全部】选项,结果如图6-28所示。

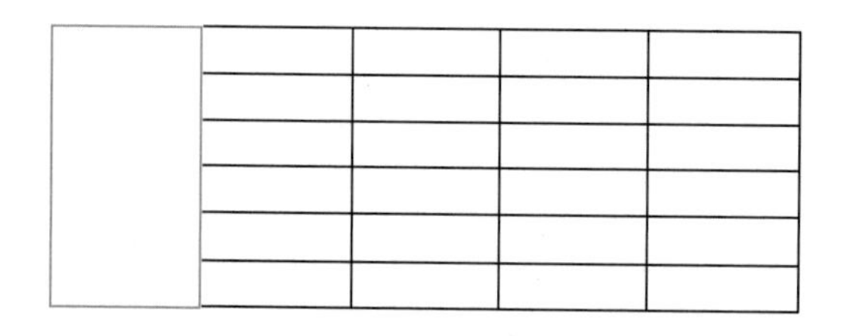

图6-27　合并一列

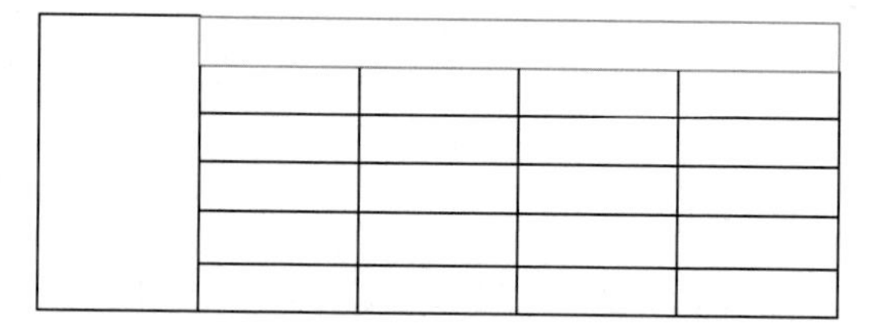

图6-28　合并一行

(8)调整单元格“尺寸”。分别选中单元A、B,然后利用关键点拉伸方式调整单元的尺寸,结果如图6-29所示。

(9)设置单元格“宽度”和“高度”。选中单元C,单击鼠标右键,选择【特性】选项,打开“特性”对话框,在“单元宽度”及“单元高度”文本框中分别输入数值20、10,结果如图6-30所示。

(10)用类似的方法修改表格的其余尺寸。

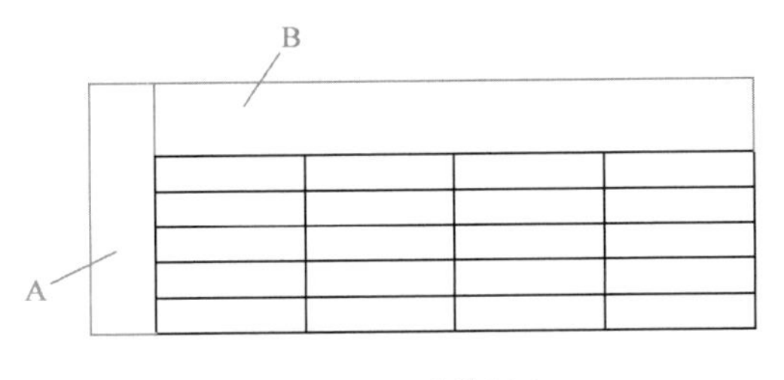

图 6-29　调整表格尺寸

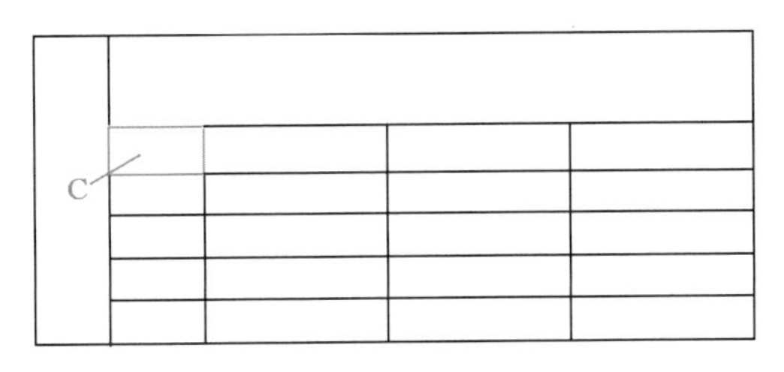

图 6-30　输入表格尺寸

6.3 尺寸标注

尺寸标注是绘图设计工作中的一项重要内容，因为绘制图形的根本目的是反映对象的形状，而图形的大小和各部分的相对位置则以图形中的尺寸为依据。

6.3.1　尺寸标注的组成和规则

1）尺寸标注的组成

一个完整的尺寸标注由尺寸界线、尺寸线、箭头和标注文字等各部分组成。下面分别介绍尺寸标注的各组成部分及其含义。

（1）尺寸线：用于表示标注尺寸的方向和范围。尺寸线一般由一条两端带箭头的线段组成。

（2）尺寸界线：它是尺寸标注的边界。

（3）箭头：在尺寸线两端，用以表明尺寸线的起始和终止位置。

（4）标注文字：表示测量值和标注类型的数字、参数和特殊符号，还可以包含前缀、后缀和公差。

2）尺寸标注的规则

在 AutoCAD 2010 中，进行尺寸标注时应遵循以下规则：

（1）对象的真实大小应以图样上所标注的尺寸数值为依据，与图形的大小以及绘图的准确性无关。

（2）图形中的尺寸以毫米（mm）为单位时，不需要标注计量单位的代号或名称。

（3）对象的每一尺寸一般只标注一次，并应标注在反映该结构最清晰的图形上。

（4）标注文字中的字体必须按照国家标准规定进行书写。

6.3.2　设置标注样式

在进行标注之前，该样式有时不能满足专业绘图的需求，因此，需要创建满足需求的尺寸标注样式。

1）新建标注样式

（1）命令执行方法

工具栏:点击“标注”工具栏→“标注样式”按钮。

菜单:选择【格式】→【标注样式】命令。

命令行:在命令行中输入Dimstyle(简写:D)后回车。

(2)操作步骤

执行上述任意一种操作后,都将打开“标注样式管理器”对话框,如图6-31所示。

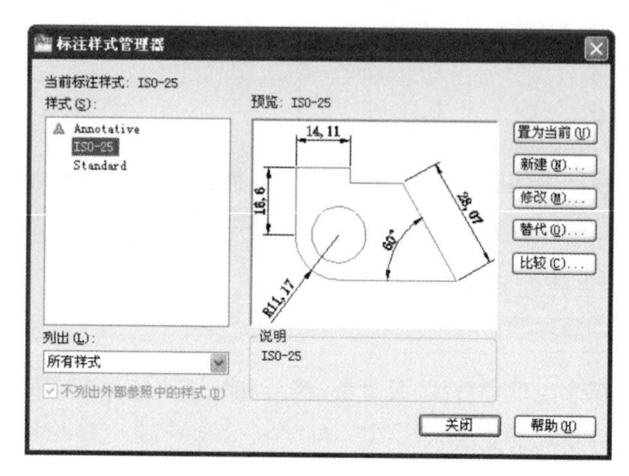

图6-31 “标注样式管理器”对话框

(3)选项说明

①【置为当前】:显示当前正在使用的标注样式。

②【新建】:用于创建新的标注样式。

③【修改】:利用该对话框可以修改当前的标注样式。

④【代替】:用于设置在“样式”列表中选定的标注样式的临时代替。

⑤【比较】:利用该对话框可以比较两种标注样式的特性。

在“标注样式管理器”对话框中单击新建(N)...按钮,弹出“创建新标注样式”对话框,在“新样式名”文本框中输入名称,单击继续按钮,然后在弹出的“新建标注样式”对话框中设置标注样式,设置完毕后单击确定按钮即可创建新标注样式,如图6-32所示。

2)【线】选项卡

在“新建标注样式”对话框中,第一个选项卡就是【线】选项卡(图6-33),该选项卡用于设置尺寸线和延伸线的样式。

(1)【尺寸线】:在选项区域中,可以设置尺寸线的颜色、线宽、超出标记和基线间距等属性,其中各选项的含义如下。

①【颜色】:用于设置尺寸线的颜色。

②【线型】:用于设置尺寸线的线型。

③【线宽】:用于设置尺寸线的宽度。

④【超出标记】:设置尺寸线超出尺寸界线的长度,如果是箭头形式的尺寸线,则该选项不可用。

⑤【基线间距】:设置基线标注中各尺寸线之间的间距。

⑥【隐藏】:确定是否隐藏尺寸线及相应的箭头。

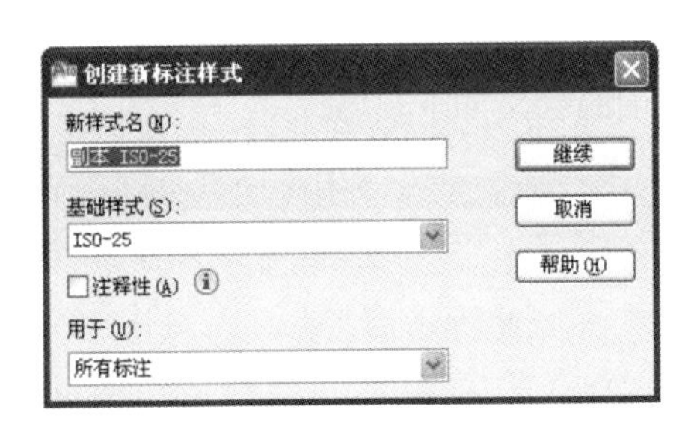

图 6-32　“创建新标注样式”对话框

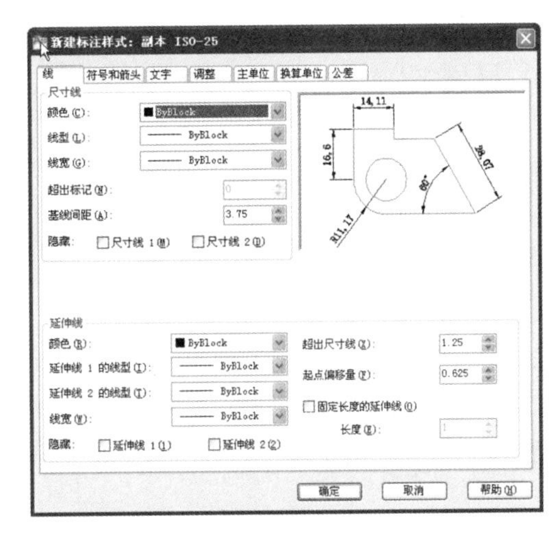

图 6-33　【线】选项卡

(2)【延伸线】:在该选项区域中,可以设置延伸线的颜色、线宽、超出尺寸线的长度和起点偏移量等属性,其中各选项的含义如下。

①【颜色】:用于设置延伸线的颜色。

②【延伸线 1 的线型】:用于设置第一条延伸线的线型。

③【延伸线 2 的线型】:用于设置第二条延伸线的线型。

④【线宽】:用于设置延伸线的线宽。

⑤【超出尺寸线】:用于设置尺寸界线超出尺寸线的距离。

⑥【起点偏移量】:用于设置尺寸延伸线的实际起始点相对于指定尺寸延伸线起始点的偏移量。

⑦【隐藏】:确定是否隐藏尺寸延伸线。

⑧【固定长度的延伸线】:勾选该复选框,可以使用具有特定长度的延伸线标注图形,其中在“长度”文本框中可以输入延伸线的数值。

3)【符号和箭头】选项卡

在“新建标注样式”对话框中,第二个选项卡就是【符号和箭头】选项卡(图 6-34),该选项卡用于设置箭头、圆心标记、弧长符号和半径折弯标注的形式和特性,其中各选项的含义如下。

(1)【箭头】:用于设置箭头的形式。

(2)【半径折弯标注】:用于设置标注圆弧半径时标注线的折弯角度大小。

(3)【圆心标记】:用于设置圆或圆弧的圆心标记类型。

(4)【弧长符号】:用于设置弧长符号显示的位置。

(5)【折断标注】:用于设置标注折断时标注线的长度大小。

(6)【线性折弯标注】:用于设置折弯标注打断时折弯线高度大小。

4)【文字】选项卡

在"新建标注样式"对话框中,第三个选项卡就是【文字】选项卡(图6-35),该选项卡用于设置尺寸文本文字的形式、布置对齐方式等,其中各选项的含义如下。

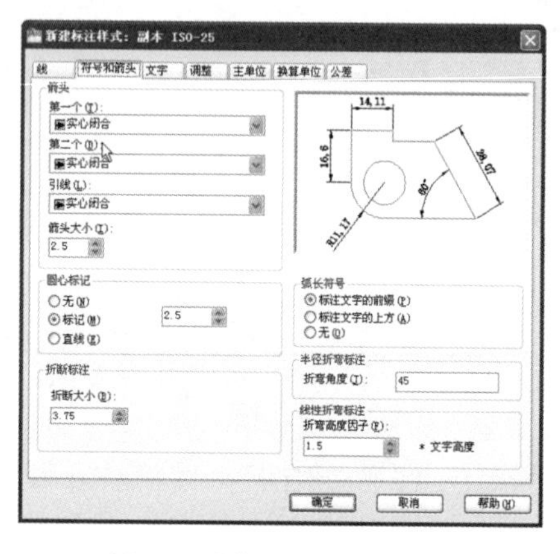

图6-34 【符号和箭头】选项卡

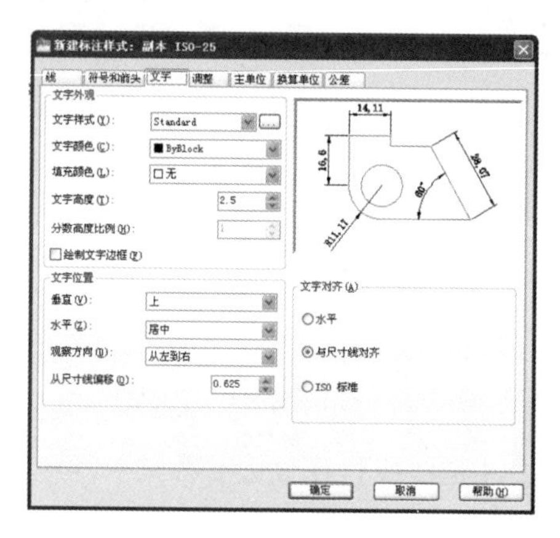

图6-35 【文字】选项卡

(1)【文字外观】:用于设置文字的样式、颜色、高度和分数高度比例,并确定是否绘制文字的边框。

(2)【文字位置】:用于设置文字的垂直、水平位置以及距尺寸线的偏移量。

(3)【文字对齐】:用于设置标注文字是保持水平还是与尺寸线平行。

5)【调整】选项卡

在"新建标注样式"对话框中,第四个选项卡就是【调整】选项卡(图6-36),该选项卡用于设置尺寸文本、尺寸箭头放置的位置,其中各选项的含义如下。

(1)【调整】:用于设置尺寸界线之间可用空间的文字和箭头的布局方式。

(2)【文字位置】:用于设置标注文字的位置。

(3)【标注特征比例】:用于设置全局标注比例或图纸空间比例。

(4)【优化】:用于设置附加的尺寸文本布局选项。

6)【主单位】选项卡

在"新建标注样式"对话框中,第五个选项卡就是【主单位】选项卡(图6-37),该选项卡用于设置尺寸标注的主单位和精度,以及为尺寸文本添加固定的前缀或后缀,其中各选项的含义如下。

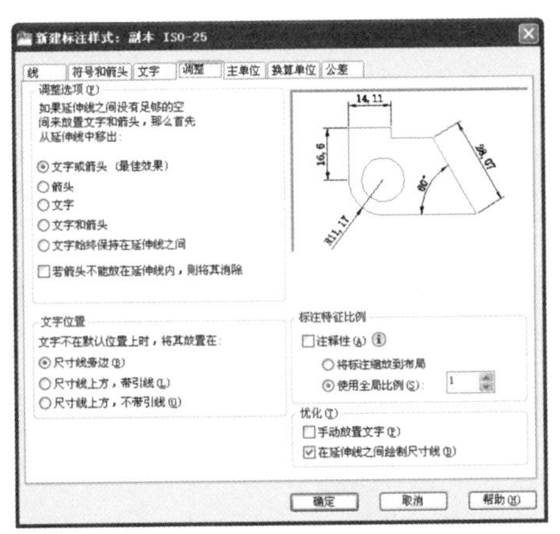

图 6-36　【调整】选项卡

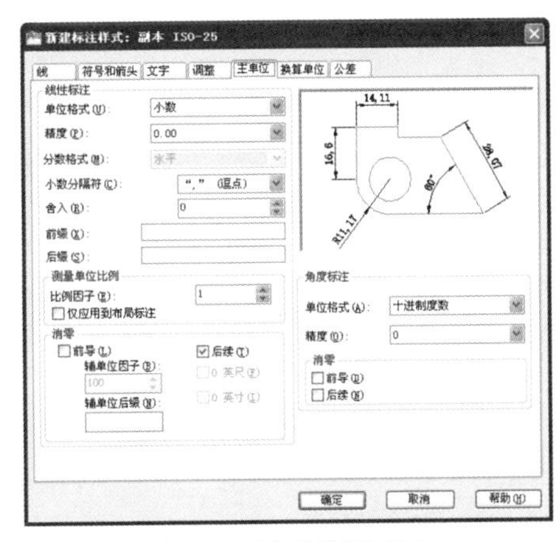

图 6-37　【主单位】选项卡

(1)【线性标注】：用于设置线性标注单位的格式和精度。

(2)【角度标注】：用于设置角度标注时的角度格式和精度。

7)【换算单位】选项卡

在"新建标注样式"对话框中，第六个选项卡就是【换算单位】选项卡(图 6-38)，该选项卡用于设置尺寸标注中换算单位的显示，以及不同单位之间的换算格式和精度，其中各选项的含义如下。

(1)【显示换算单位】：勾选此复选框，则替换单位的尺寸值也同时显示在尺寸文本上。

(2)【换算单位】：用于设置当前样式除角度之外的所有标注类型的换算单位格式和精度等特性。

(3)【位置】：用于设置换算单位的放置位置。

8)【公差】选项卡

在"新建标注样式"对话框中，第七个选项卡就是【公差】选项卡(图 6-39)，该选项卡用于设置和控制尺寸公差的格式，其中各选项的含义如下。

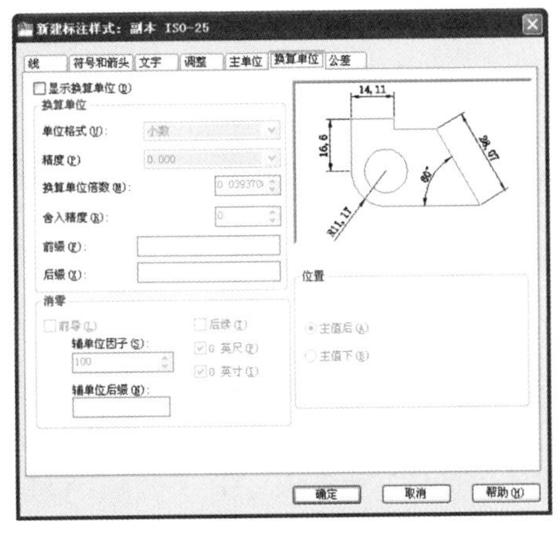

图 6-38　【换算单位】选项卡

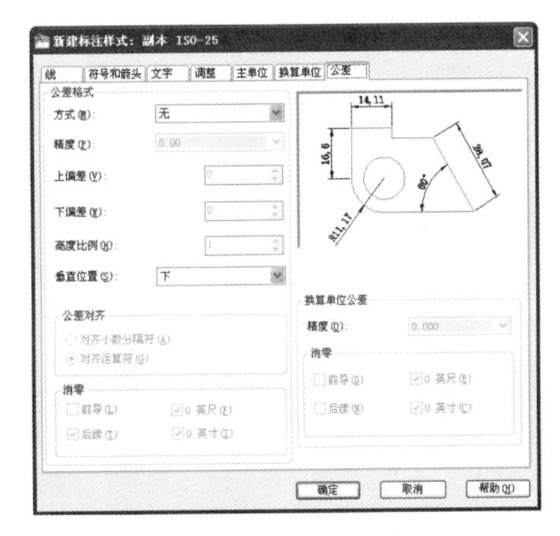

图 6-39　【公差】选项卡

(1)【公差格式】:用于设置公差的标注方式。

(2)【公差对齐】:用于在堆叠时,控制上偏差值和下偏差值的对齐。

(3)【换算单位公差】:用于设置换算单位的精度。

6.3.3 尺寸标注

创建标注样式后,就可以对图形对象进行标注了。AutoCAD 2010 针对不同类型的对象提供了不同的标注命令,下面介绍如何对各种类型的尺寸进行标注。

1)线性标注

线性标注用于标注两点间的水平或垂直距离。

(1)命令执行方法

工具栏:点击"标注"工具栏→"线性标注"按钮。

菜单:选择【标注】→【线性】命令。

命令行:在命令行输入 Dimlinear(快捷命令:Dimlin)后回车。

(2)操作步骤

执行【线性标注】命令后,命令行提示如下:

指定第一条延伸线原点或 <选择对象>: (捕捉第一条尺寸界线点)
指定第二条延伸线原点: (捕捉第二条尺寸界线点)
指定尺寸线位置或[多行文字(M)/文字(T)/角度(A)/水平(H)/垂直(V)/旋转(R)]:
(在合适的位置处用鼠标单击标注放置的位置)

(3)选项说明

①【多行文字(M)】:可修改标注文字的样式。

②【文字(T)】:可直接在命令行中输入需要标注的文字。

③【角度(A)】:可设置尺寸标注文字的旋转角度。

④【水平(H)】:用于绘制水平方向上的标注文字。

⑤【垂直(V)】:用于绘制垂直方向上的标注文字。

⑥【旋转(R)】:用于标注角度倾斜的文字。

实例演示1 使用【线性标注】命令标注如图 6-40 所示的尺寸

命令:Dimlinear (回车)
指定第一条延伸线原点或 <选择对象>: (捕捉 A 点)
指定第二条延伸线原点: (捕捉 B 点)
指定尺寸线位置或[多行文字(M)/文字(T)/角度(T)/水平(H)/垂直(V)/旋转(R)]:H (回车)
标注文字 =20

2）对齐标注

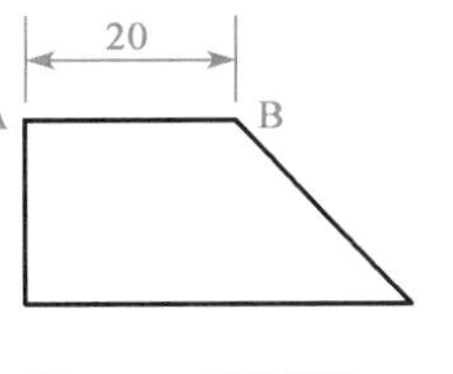

图 6-40　线性标注

对齐标注又称平行标注，因为标注的尺寸线始终与标注点的连线平行。因此，可以标注任意方向上两点间的距离。

（1）命令执行方法

工具栏：点击“标注”工具栏→“对齐标注”按钮。

菜单：选择【标注】→【对齐】命令。

命令行：在命令行中输入 Dimaligned（快捷命令：Dal）后回车。

（2）操作步骤

执行上述命令后，命令行提示如下：

指定第一条延伸线原点或 <选择对象>：（捕捉第一条尺寸界线点）
指定第二条延伸线原点：（捕捉第二条尺寸界线点）
指定尺寸线位置或［多行文字（M）/文字（T）/角度（A）］：（指定尺寸标注的放置位置）

实例演示 2　使用【对齐标注】命令标注如图 6-41 所示的尺寸

命令：Dimligned（回车）
指定第一条延伸线原点或 <选择对象>：（捕捉 A 点）
指定第二条延伸线原点：（捕捉 B 点）
指定尺寸线位置或［多行文字（M）/文字（T）/角度（T）］：（确定尺寸线的位置）
标注文字 =24

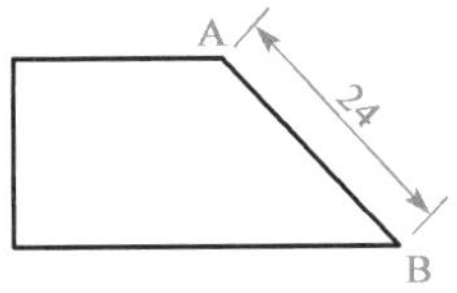

图 6-41　对齐标注

3）角度标注

角度标注用于标注圆、圆弧、两条非平行直线及三个点之间的角度。

（1）命令执行方法

工具栏：点击“标注”工具栏→“角度标注”按钮。

菜单：选择【标注】→【角度】命令。

命令行：在命令行输入 Dimangular（快捷命令：Dimang）后回车。

（2）操作步骤

执行上述命令后，命令行提示如下：

选择圆弧、圆、直线或〈指定顶点〉：

（3）选项说明

①如果选择的对象是直线，则通过指定的两条直线来标注其角度，如图 6-42a）所示。

②如果选择的对象是圆弧，则以圆弧中心作为角度的顶点、以圆弧的两个端点作为角度的

端点来标注弧的交角,如图6-42b)所示。

③如果选择的对象是圆,则以圆心作为角度的顶点、以圆周上指定的两个点作为角度的端点来标注弧的交角,如图6-42c)所示。

④如果选择的对象是三个点,则先以第一个点为角度的顶点,再以另外两点作为角度的端点来标注弧的交角,如图6-42d)所示。

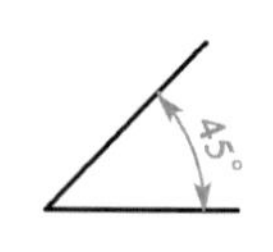

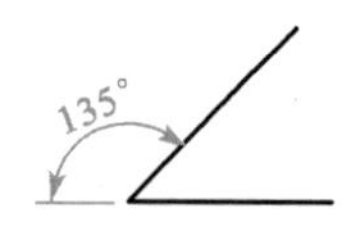

a)标注两直线的夹角

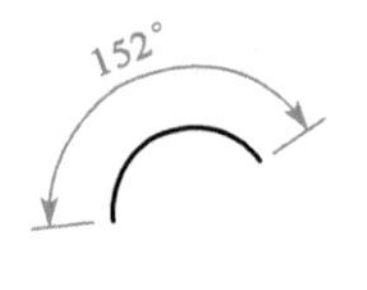

b)标注圆弧角度

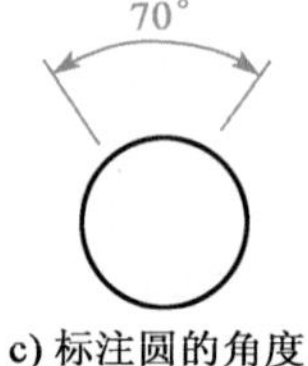

c)标注圆的角度

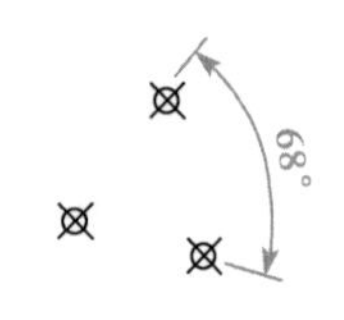

d)指定三点确定的角度

图 6-42

4)半径标注

半径标注用于标注圆或圆弧的半径尺寸。

(1)命令执行方法

在【功能区】选项板中切换到【注释】选项卡,在“标注”面板中单击“半径”按钮。

菜单:选择【标注】→【半径】命令。

命令行:在命令行输入 Dimradius(快捷命令:Dimad)后回车。

(2)操作步骤

执行上述命令后,命令行提示如下:

选择圆弧或圆:	(选择要标注半径的圆弧或圆)
指定尺寸线位置或[多行文字(M)/文字(T)/角度(A)]:	(确定尺寸线的位置)

用户可以选择【多行文字】、【文字】或【角度】选项来输入、编辑尺寸文本或确定尺寸文本的倾斜角度,也可以直接确定尺寸线的位置,标注出指定圆或圆弧的半径。

5)直径标注

(1)命令执行方法

工具栏:点击“标注”工具栏→“直径标注”按钮。

菜单:选择【标注】→【直径】命令。

命令行:在命令行中输入 Dimangular(快捷命令:Dimang)后回车。

(2)操作步骤

执行上述命令后,命令行提示如下:

选择圆弧或圆:	(选择要标注半径的圆弧或圆)
指定尺寸线位置或[多行文字(M)/文字(T)/角度(A)]:	(确定尺寸线的位置)

6) 基线标注

基线标注是在已有线性标注的基础上,再对其他的图形对象进行的基准标注。

(1) 命令执行方法

工具栏:点击“标注”工具栏→“基线标注”按钮。

菜单:选择【标注】→【基线】命令。

命令行:在命令行输入 Dimbaseline(快捷命令:Dimbase)后回车。

(2) 操作步骤

执行上述命令后,命令行提示如下:

选择基准标注:	(在该提示下选择基准标注)
指定第二条延伸线原点或[放弃(U)/选择(S)]<选择>:	(捕捉第二条尺寸界线的原点)

实例演示 3　使用【基准标注】命令标注如图 6-43 所示的尺寸

命令:Dimbaseline	(回车)
选择基准标注:	(选择基准标注 AB)
指定第二条延伸线原点或[放弃(U)/选择(S)] <选择>:	(捕捉 C 点)
标注文字 =38	
指定第二条延伸线原点或[放弃(U)/选择(S)] <选择>:	(捕捉 D 点)
标注文字 =48	
指定第二条延伸线原点或[放弃(U)/选择(S)] <选择>:	(在该提示下直接回车结束基线标注)

7) 连续标注

(1) 命令执行方法

工具栏:点击“标注”工具栏→“连续标注”按钮。

菜单:选择【标注】→【连续】命令。

命令行:在命令行输入 Dimcontinue(快捷命令:Dimcont)按回车键。

(2) 操作步骤

执行上述命令后,命令行提示如下:

选择连续标注:	(选择已有的线性标注)
指定第二条延伸线原点或[放弃(U)/选择(S)]〈选择〉:	(捕捉第二条尺寸界线的原点)

实例演示4 使用【连续标注】命令标注如图6-44所示的尺寸

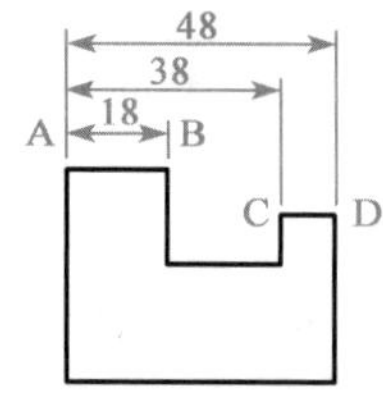

图6-43 基线标注

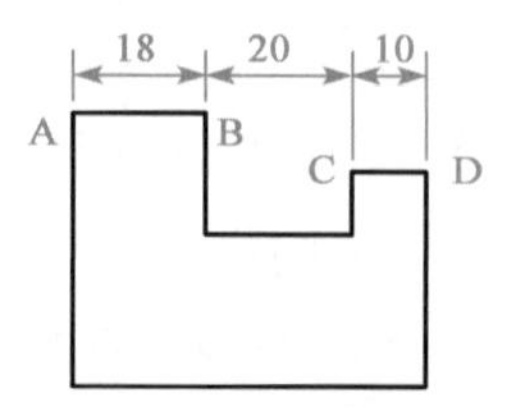

图6-44 连续标注

命令:Dimcontinue	(回车)
选择连续标注:	(选择基准标注AB)
指定第二条延伸线原点或[放弃(U)/选择(S)] <选择>:	(捕捉C点)
标注文字=20	
指定第二条延伸线原点或[放弃(U)/选择(S)] <选择>:	(捕捉D点)
标注文字=10	
指定第二条延伸线原点或[放弃(U)/选择(S)] <选择>:	(在该提示下直接回车结束连续标注)

8)快速标注

快速标注可以快速创建出多种形式的标注。

(1)命令执行方法

工具栏:点击"标注"工具栏→"快速标注"按钮。

菜单:选择【标注】→【快速标注】命令。

命令行:在命令行输入Qdin后回车。

(2)操作步骤

执行上述命令后,命令行提示如下:

选择要标注的几何图形:	(选择要标注尺寸的图形对象)
指定尺寸线位置或[连续(C)/并列(S)/基线(B)/坐标(O)/半径(R)/直径(D)/基准点(P)/编辑(E)/设置(T)]<连续>:	

(3)选项说明

①【连续(C)】:用于一系列标注连续尺寸。

②【并列(S)】:用于一系列标注并列尺寸。

③【基线(B)】:用于一系列标注基线尺寸。

④【坐标(O)】:用于一系列标注坐标尺寸。

⑤【半径(R)】:用于一系列标注半径尺寸。

⑥【直径(D)】:用于一系列标注直径尺寸。

9)弧长标注

(1)命令执行方法

工具栏:点击"标注"工具栏→"弧长标注"按钮。

菜单:选择【标注】→【弧长】命令。

命令行:在命令行输入 Dimarc 后回车。

(2)操作步骤

执行弧长标注命令后,命令行提示如下:

选择弧线段或多线段圆弧:	(选择需要标注的圆弧)
指定弧长标注位置或[多行文字(M)/文字(T)/角度(A)]:	

10)折弯标注

(1)执行命令方法

工具栏:点击"标注"工具栏→"折弯标注"按钮。

菜单:选择【标注】→【折弯】命令。

命令行:在命令行输入 Dimjogged 后回车。

(2)操作步骤

执行上述命令后,命令行提示如下:

选择圆弧或圆:	(选择需要标注的圆弧或圆)
指定图示中心位置:	(指定尺寸线的中心位置)
标注文字=	
指定尺寸线位置或[多行文字(M)/文字(T)/角度(A)]:	(指定一点或选择某一选项)
指定折弯位置:	(指定折弯位置)

11)圆心标记

圆心标记是对圆或圆弧的圆心进行标注。

(1)命令执行方法

工具栏:点击"标注"工具栏→"圆心标记"按钮。

菜单:选择【标注】→【圆心标记】命令。

命令行:在命令行输入 Dimcenter 后回车。

(2)操作步骤

执行上述命令后,命令行提示如下:

选择圆弧或圆:	(选择需要标注的圆弧或圆)

6.3.4 多重引线标注

多重引线标注用于对图形中的某些特定对象进行说明,使图形表达得更清楚。

1)创建多重引线标注

创建多重引线标注可通过创建多重引线标注样式的方法来改变其样式,创建多重引线标注样式是在"多重引线样式管理器"对话框中完成的,打开"多重引线样式管理器"主要有以下三种方法。

菜单:选择【格式】→【多重引线样式】命令。

命令行:在命令行输入 Mleaderstle 后回车。

在【功能区】选项板中切换到【注释】选项卡,在"引线"面板中单击多重引线样式管理器相应按钮,如图6-45所示。

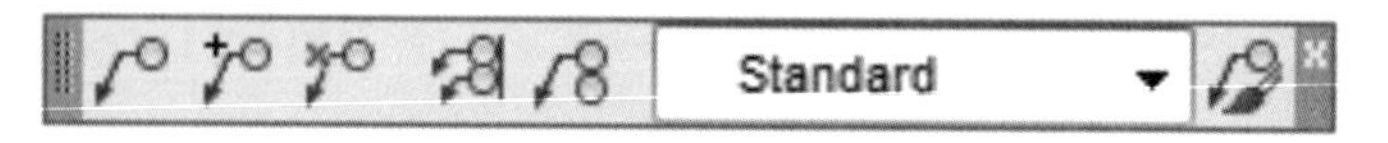

图6-45 多重引线样式管理器

执行任意一种操作后,将弹出"多重引线样式管理器"对话框,如图6-46所示。

在"多重引线样式管理器"对话框中,单击按钮,弹出打开"创建新多重引线样式"对话框,如图6-47所示。

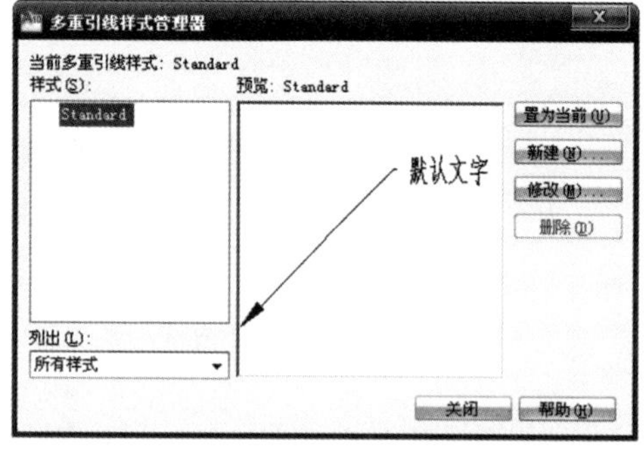

图6-46 "多重引线样式管理器"对话框

图6-47 "创建新多重引线样式"对话框

在该对话框中设置新样式的名称和基础样式后,单击 继续 按钮,弹出"修改多重引线样式"对话框,如图6-48所示。

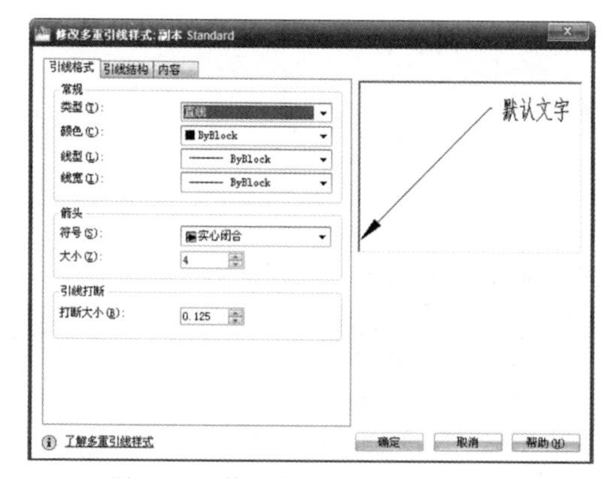

图6-48 "修改多重引线样式"对话框

在“修改多重引线样式”对话框中可以对引线格式、引线结构和内容三方面进行设置。

2) 多重引线标注

(1) 命令执行方法

在【功能区】选项板中切换到【注释】选项卡，在“引线”面板中单击“多重引线” 按钮。

菜单：选择【标注】→【多重引线】命令。

命令行：在命令行输入 Mleader 后回车。

(2) 操作步骤

执行上述命令后，命令行提示如下：

指定引线箭头的位置或[引线基线优先(L)/内容优先(C)/选项(O)]<选项>：	(选择“选项”)
输入选项[引线类型(L)/引线基线(A)/内容类型(C)/最大节点数(M)/第一个角度(F)/第二个角度(S)/退出选项(X)]<退出选项>：M	(选择“最大节点数”)
输入引线的最大节点数<2>：	(设置引线段的数量)
输入选项[引线类型(L)/引线基线(A)/内容类型(C)/最大节点数(M)/第一个角度(F)/第二个角度(S)/退出选项(X)]<最大节点数>：X	(选择“退出选项”)
指定引线箭头的位置或[引线基线优先(L)/内容优先(C)/选项(O)]<选项>：	(在绘图区域中指定引线箭头的位置)
指定引线基线的位置：	

(3) 选项说明

①【引线基线优先(L)】：创建引线标注时将首先要求指定引线基线的位置，再指定引线箭头的位置，最后输入文字内容。

②【内容优先(C)】：创建引线标注时将首先要求指定文字内容的放置位置，再指定引线箭头的位置，最后输入文字内容。

③【选项(O)】：可以对多重引线的各组成部分进行详细的设置。

④【引线类型(L)】：设置引线的类型为直线还是样条曲线或无引线。

⑤【引线基线(A)】：设置多重引线标注中是否包含引线基线，默认为包含，如果设为“否”，则不出现引线基线。

⑥【内容类型(C)】：设置文字内容的类型为单行文字还是多行文字。

⑦【最大节点数(M)】：设置引线的最大节点数。

⑧【第一个角度(F)】、【第二个角度(S)】：设置引线中的第一个点和第二个点的角度。

6.3.5　形位公差

公差标注是机械绘图特有的标注，用于说明机械零件允许的误差范围，是加工生产和装配零件必须具有的标注。

1) 命令执行方法

在【功能区】选项板中切换到【注释】选项卡,在“标注”面板中单击“公差”按钮。

菜单:选择【标注】→【公差】命令。

命令行:在命令行输入 Tolerance 后回车。

2)操作步骤

执行上述命令后,系统打开如图 6-49 所示的“形位公差”对话框,在该对话框中对形位公差标注进行设置。

3)选项说明

(1)【符号】:该栏用于设定或改变公差代号。单击下面的黑块,系统打开如图 6-50 所示的“特征符号”列表框,可从中选择需要的公差代号。

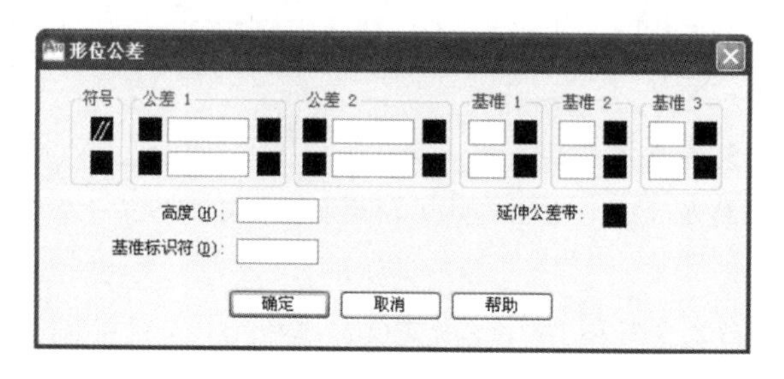

图 6-49 “形位公差”对话框

(2)【公差】:该栏中包含 3 个图标框,左边为“直径”图标框,单击该框将在形位公差前面加注直径符号,再单击则又消失。中间为“数值”文本框,用于输入形位公差值。右边为“包容条件”图标框,单击该图框将打开如图 6-51 所示的“附加符号”对话框,用户可从中选择所需符号。

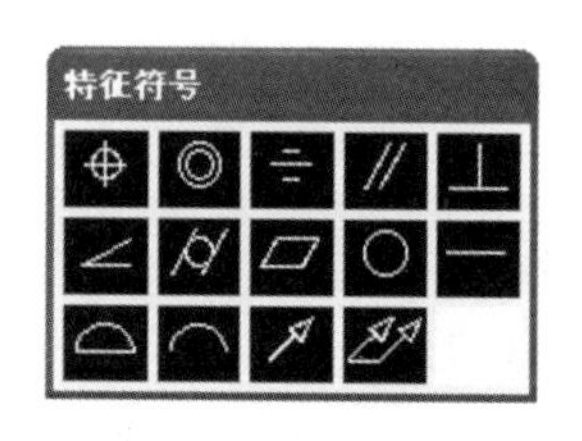

图 6-50 “特征符号”列表框图

图 6-51 “附加符号”对话框

(3)【基准】:该栏中设置了 3 个参数,用于确定基准代号及材料状态符号。在白色文本框里输入一个基准代号。单击右侧的黑块,系统打开“包容条件”列表框,用户可从中选择所需的“包容条件”符号。

(4)【高度】:用于确定投影公差带的高度值。

(5)【延伸公差带】:单击此黑块,用于在延伸公差带值后插入延伸公差带符号。

(6)【基准标识符】:用于确定基准标识符,一般由参照字母组成。用户可以在其中输入相应的字母。

6.3.6 编辑图形的尺寸

在图形中创建尺寸标注后，根据需要对尺寸标注进行编辑，如改变标注文字的位置和内容。另外，对于已经完成的标注，可以用尺寸编辑命令对它们进行修改。

1）编辑尺寸标注

【编辑标注】命令用于修改一个或多个尺寸标注对象上的文字内容、方向、位置以及倾斜尺寸界线。

（1）命令执行方法

工具栏：选择“标注”工具栏→【编辑标注】选项。

菜单：选择【标注】→【对齐文字】→【默认】命令。

命令行：在命令行输入 Dimedit（快捷命令：Ded）后回车。

（2）操作步骤

执行上述命令后，命令行提示如下：

命令：Dimedit	（回车）
输入标注编辑类型［默认（H）/新建（N）/旋转（R）/倾斜（O）］<默认>：	

（3）选项说明

①【默认（H）】：该选项使选择尺寸对象按默认位置和方向放置尺寸文字。

②【新建（N）】：该选项可打开多行文字编辑器，可利用此编辑器对尺寸文本进行修改。

③【旋转（R）】：该选项可改变尺寸文本行的倾斜角度。

④【倾斜（O）】：该选项可调整尺寸界线的角度。

2）折弯线性标注

折弯线性标注可以将已有的线性标注的尺寸线进行折弯。

（1）命令执行方法

菜单：选择【标注】→【折弯线性】命令。

命令行：在命令行输入 Dimjogline 后回车。

（2）操作步骤

执行上述命令后，命令行提示如下：

命令：Dimjogline	
选择要添加折弯的标注或［删除（R）］：	（选择需要添加折弯的标注）
指定折弯位置（或按 ENTER 键）：	（指定折弯位置）

3）折断标注

当有其他对象与标注的尺寸线相交时，使用【折断标注】命令可以将该标注的尺寸线从与另一对象的相交处打断一定的距离。

(1)命令执行方法

在【功能区】选项板中切换到【注释】选项卡,在“标注”面板中单击“折断标注”按钮。

菜单:选择【标注】→【标注打断】命令。

命令行:在命令行输入 Dimbreak 后回车。

(2)操作步骤

执行上述命令后,命令行提示如下:

```
命令:Dimbreak                                                        (回车)
选择要添加/删除折断的标注或[多个(M)]:                        (选择需要折断的标注)
选择要折断标注的对象或[自动(A)/手动(M)/删除(R)] <自动>:               (回车)
```

(3)选项说明

①【多个(M)】:该项可用于同时选择多个要打断的标注。

②【自动(A)】:该项可用于自动将打断标注放置在与选定标注相交的对象的所有交点处。

③【手动(M)】:该项可用于将手动为打断位置指定标注或尺寸界线上的两点。

④【删除(R)】:该项可用于从选定的标注中删除所有打断的标注。

4)更新标注

更新标注是对已用过的标注样式进行修改,并用更新的标注命令对这些标注尺寸进行更新。

(1)命令执行方法

在【功能区】选项板中切换到【注释】选项卡,在“标注”面板中单击“更新”按钮。

菜单:选择【标注】→【更新】命令。

命令行:在命令行输入 Dimstyle 后回车。

(2)操作步骤

执行上述命令后,命令行提示如下:

```
当前标注样式:ISO-25 注释性:否                  (显示当前默认的标注样式名称和注释性)
输入标注样式选项[注释性(AN)/保存(S)/恢复(R)/状态(ST)/变量(V)/应用(A)/?] <恢复>:A
                                                                  (选择应用选项)
选择对象:                                                (选择需要更新的标注对象)
选择对象:                                      (继续选择更新对象或回车表明选择结束)
```

5)调整标注间距

【调整标注间距】命令用于指定两个或多个尺寸标注设置间距,但这些尺寸标注必须是平行的线性标注或角度标注。

(1)命令执行方法

在【功能区】选项板中切换到【注释】选项卡，在“标注”面板中单击“调整间距”按钮。

菜单：选择【标注】→【标注间距】命令。

命令行：在命令行输入 Dimspace 后回车。

(2)操作步骤

执行上述命令后，命令行提示如下：

选择基准标注：	(选择设置间距的一组标注中位置不需改变的标注)
选择要产生间距的标注：	(选择要改变其与基准标注之间的间距的标注)
选择要产生间距的标注：	(继续选择要与基准标注间产生间距的标注，完成后回车)
输入值或：[自动(A)]<自动>：	(输入间距值并回车)

单元 7 轴测投影图的绘制

轴测投影图是一种用二维图形来模拟三维对象的图形。绘制轴测投影图比绘制三维实体模型简单,并且具有较强的三维立体感,因而在机械、工程制图中比较常用。轴测投影图可以更清楚地表达对象的结构。AutoCAD 提供了轴测投影模式,可以方便地绘制对象的轴测投影图。

7.1 轴测投影图的基本概念

轴测投影图是利用平行投影法将物体连同确定其空间位置的坐标系按选定的投射方向一并投射到选定平面上所得到的图形,并且投射方向不平行于任何一个坐标平面。这样绘制出的图形就具有较强的立体感。同时,由于有直角坐标一起投影,轴测图有较好的度量性。

空间直角坐标系在轴测图中的投影称为轴测轴,分别为 X 轴、Y 轴和 Z 轴,与之平行的线称为轴测线,每两个轴测线定义一个轴测面,共形成三个轴测面。

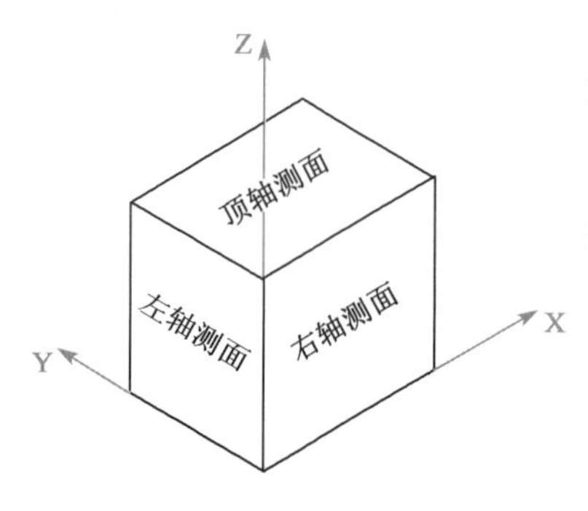

图 7-1 轴测模式

轴测投影图有正等轴测图、正二测图和斜二测图,其中最常用的是正等轴测图,通常称为等轴测图。

如图 7-1 所示,X 轴与水平线的夹角是 30°,Y 轴与水平线的夹角是 150°,Z 轴与水平线夹角是 90°。

左轴测面:Y 轴测线与 Z 轴测线定义的平面。

右轴测面:X 轴测线与 Z 轴测线定义的平面。

顶轴测面:X 轴测线与 Y 轴测线定义的平面。

7.2 轴测投影图的模式设置

AutoCAD 专门提供了二维交互绘制正等轴测图的绘图辅助模式,由系统自动建立轴测轴及轴测平面。当打开模式后,捕捉、栅格和十字光标都会调整到与当前轴测图一致的方向上,使用户能够准确地绘制轴测图。

如图 7-2 所示,选择菜单【工具】→【草图设置】命令,在"草图设置"对话框中单击【捕捉和栅格】选项卡,在【捕捉类型】选项区选择"等轴测捕捉"单选框,单击 确定 按钮,即可打开绘制正等轴测图的绘图辅助模式,系统变为轴测投影图的绘图模式,十字光标会跟随轴测面发生相应的变化。

每次只能在一个轴测面上绘制图形,若需要在某个轴测面上绘图,则必须使其成为当前绘图面。可以通过按 Ctrl + E 或 F5 键实现顺时针切换轴测面，即按左→上→右→左的顺序进行切换，如图 7-3 所示。

如果需要在三个轴测面内绘图，但此时的坐标系并未改变，在输入点的坐标时，其测量方向沿当前轴测平面的轴测轴，因此最好使用相对坐标。

7.3 绘制轴测投影图

轴测投影图只是模拟三维空间，它实质上仍然是二维平面图形。可以利用基本二维绘图命令来绘制直线、圆、椭圆等图形对象，还可以对轴测投影图进行尺寸标注和添加文本等。只要掌握了绘制这些图形的基本方法，就可以绘制各种复杂的轴测图。

7.3.1 绘制直线

在轴测图中，水平和垂直的投影将变成倾斜线。在捕捉点时可以利用栅格捕捉、对象捕捉、正交模式以及相对坐标等来帮助确定点的位置。

在轴测模式下最好使用相对坐标。如果绘制的直线与 X 轴平行，那么输入极坐标角度为 30°或 210°；如果绘制的直线与 Y 轴平行，那么输入的极坐标角度为 150°或 −30°；如果绘制的直线与 Z 轴平行，那么输入的极坐标角度为 90°或 −90°。

(1) 建立一个新文件，打开等轴测模式，按 F5 键将轴测面切换到顶平面。

(2) 用相对坐标绘制直线，选择画直线工具，在绘图区域内拾取 A 点，用相对坐标取@ 80 < 30、@ 150 < −30、@ 80 <210 三点，然后输入字母“C”并回车，使图形闭合，如图7-4所示。

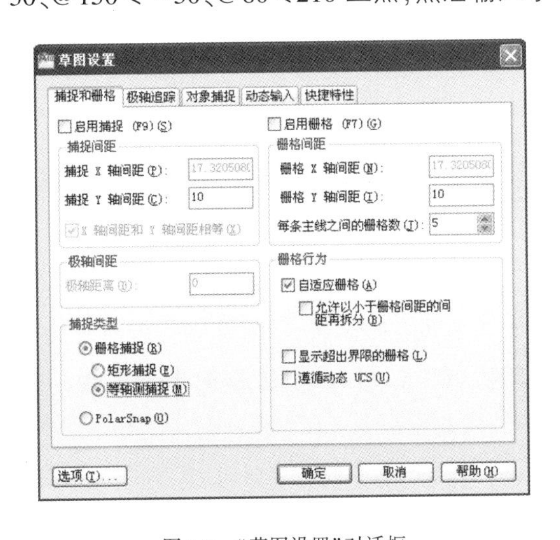

图 7-2　“草图设置”对话框

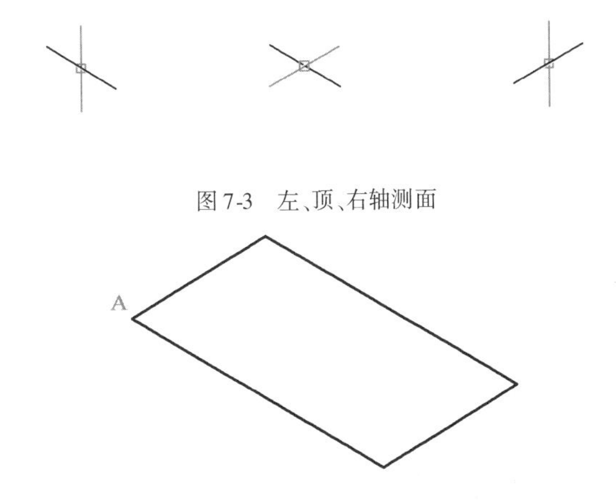

图 7-3　左、顶、右轴测面

图 7-4　使用相对坐标绘制直线

7.3.2 在正交模式下绘制直线

在轴测模式下打开正交模式，所绘制的直线会自动与当前轴测面的某一轴测轴方向平行。如果此时要绘制与轴测轴平行的直线，只需输入该线段的长度即可。

实例演示 绘制轴测图

(1)打开图7-4,按F5键将轴测面切换到右轴测平面。

(2)设置自动捕捉模式为“端点”捕捉模式。

(3)在正交模式下绘制直线,选择“绘图”工具栏→“直线”工具,在绘图区域内拾取B点,向下移动光标,输入“20”并回车;向左下移动光标输入“80”并回车;向上移动光标,输入“20”并回车;最后输入字母“C”并回车,使图形封闭,如图7-5所示。

(4)按F5键将轴测面切换到左轴测平面。

(5)在轴测模式下绘制直线,选择“绘图”工具栏→“直线”工具,在绘图区域内拾取C点,向左移动光标,输入“150”并回车;向左上移动光标输入“20”并回车;最后输入字母“C”并回车,使图形封闭,如图7-6所示。

(6)保存图形文件。

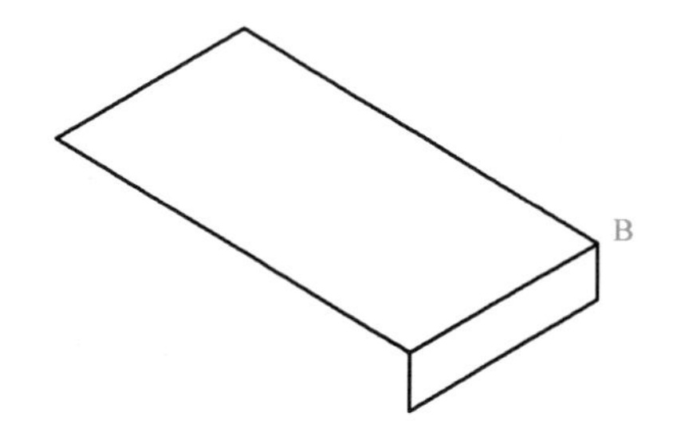

图7-5 在正交模式下绘制直线

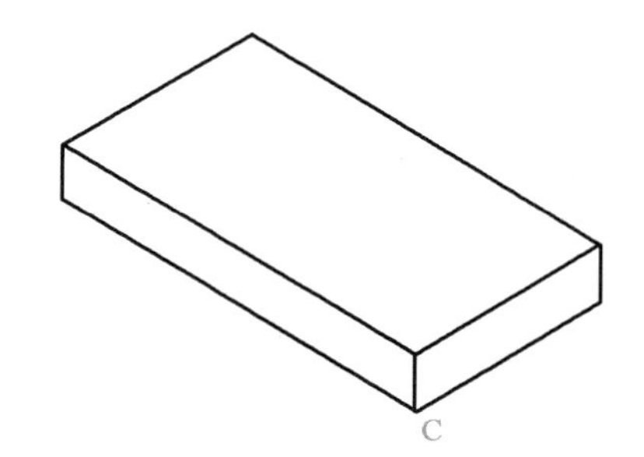

图7-6 在轴测模式下绘制直线

7.3.3 绘制圆

标准模式中的圆在轴测投影中将变成椭圆,所以若在轴测投影面绘制圆,则必须将之绘制成椭圆。在等轴测模式下绘制椭圆时,会在提示中出现等轴测圆选项,可以通过选择该选项很方便地绘制椭圆。

在轴测图中,经常需要确定所绘制的图形相对于已知图形的位置,这时就可以打开自动捕捉和自动追踪功能来辅助定位。在下面即将绘制的椭圆中,可使用以上功能来确定圆心的位置。

实例演示 继续用前面的例子来说明轴测图中圆的绘制方法

(1)打开前例所绘制的图形文件。

(2)设置自动捕捉模式为“中点”捕捉,打开“对象捕捉”和“对象捕捉追踪”模式。

(3)按F5键切换轴测面为顶面。

(4)单击“绘图”工具栏→“椭圆”按钮。

(5)选择【等轴测圆】选项,该选项只在等轴测模式下存在。选择该选项(键入“I”)并回车。

(6)移动光标到直线 AB 上,这时直线 AB 出现中点符号,向右下移动光标,这时在直线 AB 中点符号处又出现一个小“ + ”符号,如图 7-7 所示。

(7)确定圆心位置,输入“30”并回车。

(8)指定圆的半径,输入“20”并回车。

(9)完成绘制,保存图形文件,如图 7-8 所示。

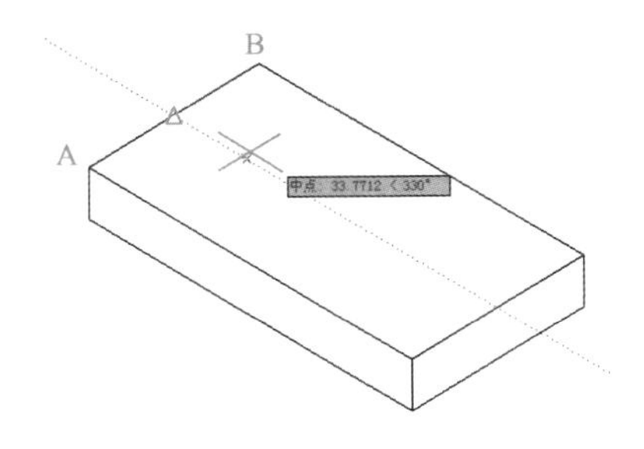

图 7-7　使用对象捕捉和追踪功能

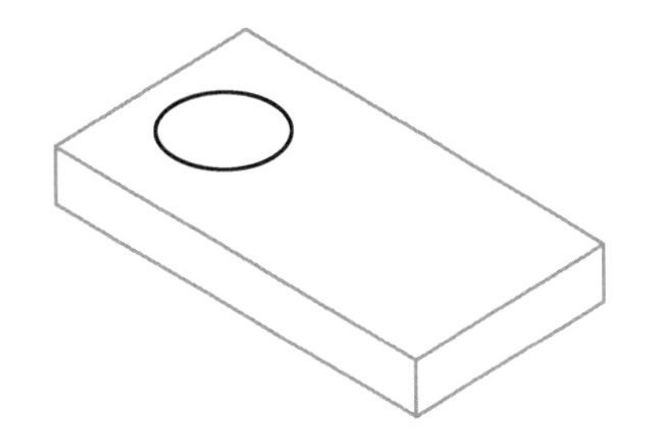

图 7-8　绘制圆的轴测投影

注意:在轴测模式下绘制椭圆时,要将圆所在的平面与所选择的轴测面对应起来,否则,绘制的椭圆形状与周围的图形不匹配。

7.3.4　复制对象

由于轴测模式下,在非轴测方向上定位点要借助许多辅助工具,非常不方便。因此,如果准备绘制的对象与图形中已有图形对象一样,只是位置不同时,就可以对图形对象进行复制,以简化绘制过程。

【复制】命令是轴测图中经常使用的工具,它还经常替代【偏移】命令来绘制平行线。在轴测图中执行【复制】命令时,指定的距离是平移后两对象垂直方向的距离,而不是轴测线方向的距离。

实例演示　继续用前面的例子完成圆柱的绘制

(1)打开前例所绘制的图形文件。

(2)单击“绘图”工具栏→“复制”按钮,选择图上椭圆并回车,捕捉圆心为基点,指定第二点的位移为 50(@50 <90)回车,如图 7-9 所示。

(3)选择“绘图”工具栏→“直线”按钮。

(4)选择“对象捕捉”工具栏→“象限点捕捉”按钮,分别捕捉上下两椭圆的象限点,绘制直线如图 7-10 所示。

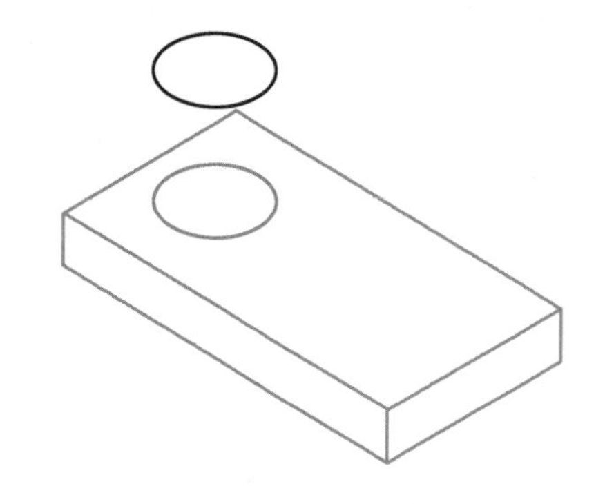

图 7-9　复制对象

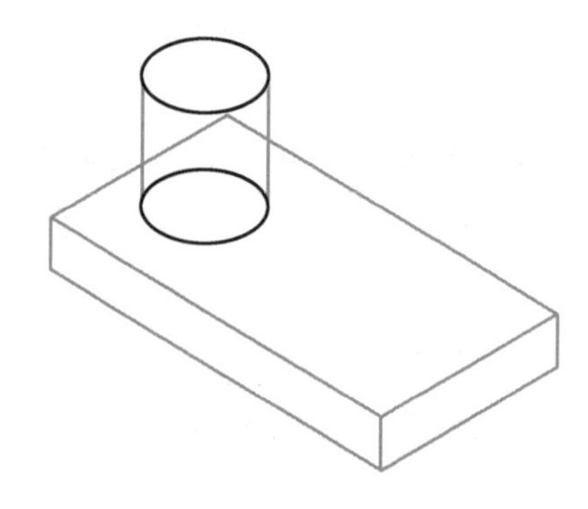

图 7-10　绘制直线

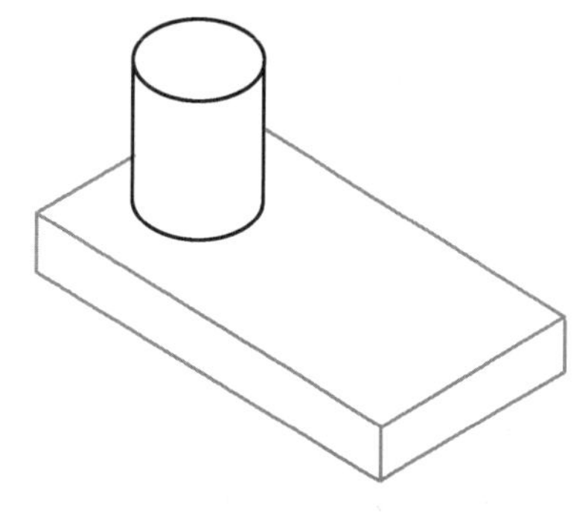

图 7-11　修剪后的图形

(5)选择“绘图”工具栏→“修剪”按钮-/--,修剪图中不可见的部分,如图 7-11 所示。

(6)保存绘制完的图形。

7.3.5　添加文本

在轴测图中添加文本,为使文本外观与轴测图协调,更具有立体感,通常使文本倾斜一定的角度,并且使文本旋转一定的角度,使基线平行于轴测线。

一般情况下,文本在各个轴测面的倾斜和旋转角度是:

(1)左轴测面:文本倾斜 -30°,旋转 -30°。

(2)右轴测面:文本倾斜 30°,旋转 30°。

(3)顶轴测面:当文本平行于 X 轴时,文本倾斜 -30°,旋转 30°。

(4)顶轴测面:当文本平行于 Y 轴时,文本倾斜 30°,旋转 -30°。

实例演示　为上例添加文本

(1)打开前例所绘制的图形文件。

(2)选择菜单中的【格式】→【文字样式】命令,打开“文字样式”对话框,单击“新建”按钮,建立一个名为“样式 1”的文字样式,设置各项参数,如图 7-12 所示。用同样的方法建立倾斜角为 -30°的文字样式“样式 2”。

(3)按 F5 键切换轴测面为顶平面。

(4)选择“样式 1”为当前文字样式,选择 “绘图”工具栏→“文字”按钮A,在顶轴测面上选择适当的位置为起始点,指定文字高度为 10,文字旋转角度为 -30,回车,输入文字“顶轴测面”并回车,结果如图 7-13 所示。

(5)保存图形文件。

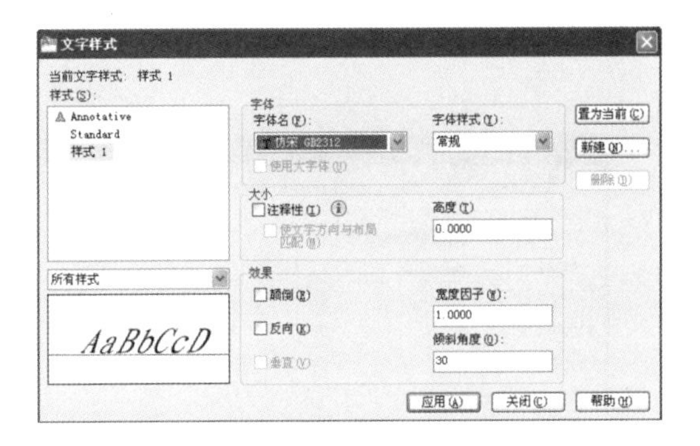

图 7-12　“文字样式”对话框

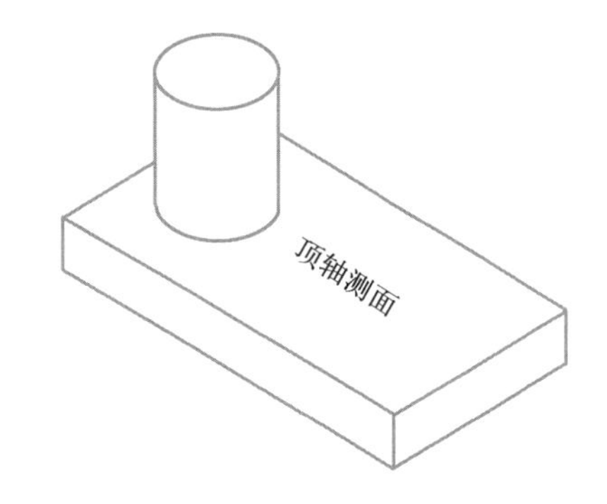

图 7-13　向轴测图中添加文本

7.3.6　尺寸标注

与在轴测图中添加文本一样，为了使尺寸标注与轴测图协调，通常使尺寸文本、尺寸线和尺寸界限倾斜一定的角度。

一般情况下，尺寸文本在各个轴测面倾斜的角度是：

(1) 右轴测面：当尺寸线与 X 轴平行时，尺寸文本倾斜 30°；当尺寸线与 Z 轴平行时，尺寸文本倾斜 -30°。

(2) 左轴测面：当尺寸线与 Y 轴平行时，尺寸文本倾斜 -30°；当尺寸线与 Z 轴平行时，尺寸文本倾斜 30°。

(3) 顶轴测面：当尺寸线与 X 轴平行时，尺寸文本倾斜 -30°；当尺寸线与 Y 轴平行时，尺寸文本倾斜 30°。

实例演示　继续用前面的例子，对图形进行尺寸标注

(1) 打开前例所绘制的图形文件。

(2) 单击“标注”工具栏→“标注样式”按钮，打开“标注样式管理器”对话框，如图 7-14 所示。在该对话框中建立两种标注样式：“轴测图标注 1”和“轴测图标注 2”，其中“轴测图标注 1”的文字样式为“样式 1”，“轴测图标注 2”的文字样式为“样式 2”，如图 7-15 所示。

(3) 设置“轴测图标注 2”为当前尺寸标注样式。

(4) 单击“标注”工具栏→“对齐标注”按钮，对图中的对象进行标注，如图 7-16 所示。在轴测图中，只有沿着轴测线方向测量的值才是真实值，所以在轴测图中标注尺寸时，一般应使用【对齐标注】命令。

(5) 在菜单处选择【标注】→【倾斜】命令，输入标注编辑类型为“倾斜(O)”，选择尺寸为“80”的标注并回车，输入倾斜角度“ -90”，回车。

(6) 在菜单处选择【标注】→【倾斜】命令，输入标注编辑类型为“倾斜(O)”，选择尺寸为“20”的标注并回车，输入倾斜角度“30”，回车。

(7)按上述方法,完成倾斜尺寸为150、倾斜角度为90°的标注。

结果如图7-17所示。

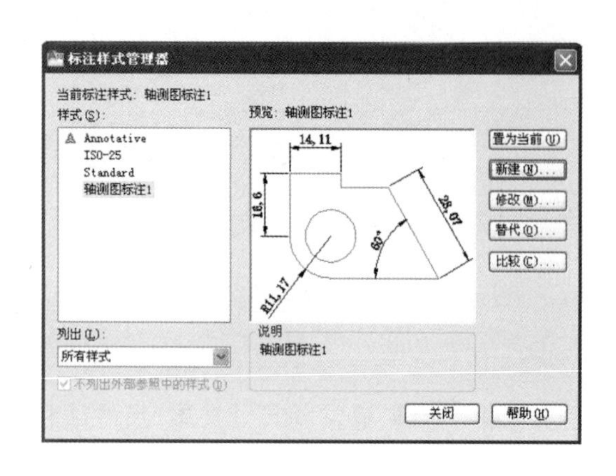

图7-14 “标注样式管理器”对话框

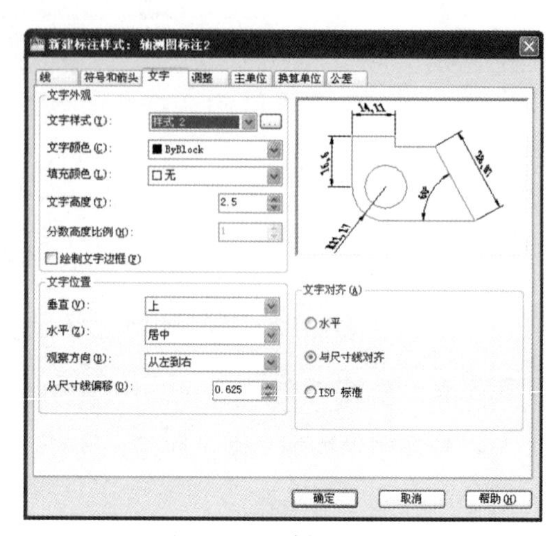

图7-15 新建标注样式

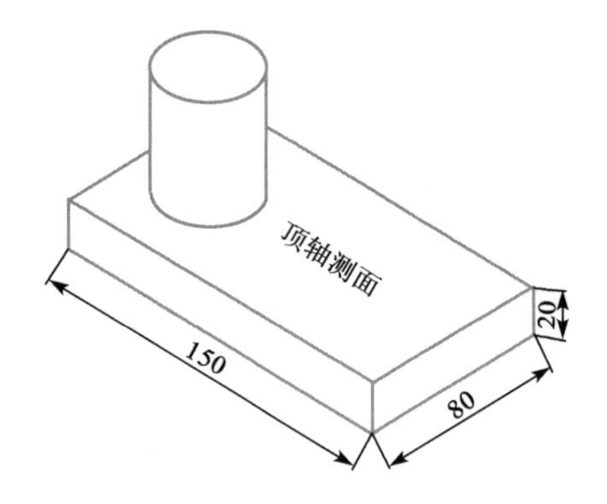

图7-16 使用【对齐标注】命令标注尺寸

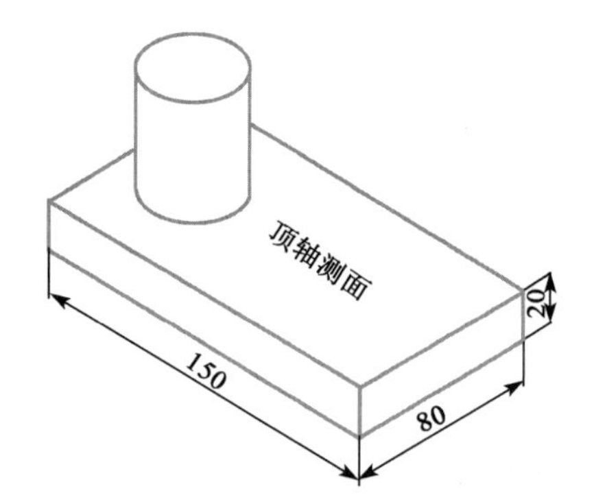

图7-17 修改尺寸标注

单元 8 图纸的打印与输出

AutoCAD 2010 中提供了图纸空间、布局、视口、打印样式等与打印输出有关的功能，恰当地应用这些功能，有助于精确控制打印输出效果。

8.1 AutoCAD 2010 的工作空间

8.1.1 模型空间与图纸空间

模型空间是设计和绘图时所使用的工作空间，在模型空间中建立的二维或三维图形对象都可以统一视为"模型"。

图纸空间是用来创建打印布局的工作空间，图纸空间显示的图形效果是"所见即所得"的打印效果。

8.1.2 空间的转换

在 AutoCAD 2010 中，模型空间和图纸空间的转换方法有以下 4 种：

(1)单击绘制区域下方的【模型】标签或【布局】标签，如图 8-1 所示。

(2)单击命令行下方的"模型"按钮模型或"图纸"按钮图纸，如图 8-1 所示。

(3)输入命令名：激活【布局】选项卡，在命令行输入或动态输入 Mspace 命令并回车，进入模型空间；输入 Pspace 命令并回车，进入图纸空间。

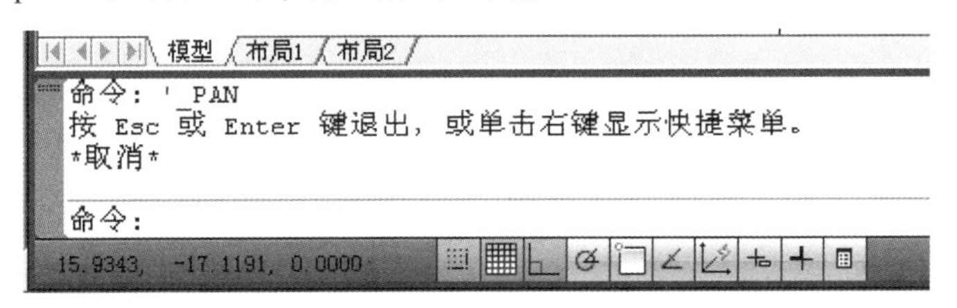

图 8-1 模型空间与图纸空间的转换

(4)修改系统变量：在命令行输入或动态输入 Tilemode 命令并回车，命令行提示当前 Tilemode 的默认值并询问是否设置 Tilemode 的新值。当该变量为 0 时是图纸空间，为 1 时是模型空间。

8.2 创建布局

在模型空间绘制完图形以后，需要创建一个图形布局，用来保存与打印相关的一些设置参数。

实例演示 创建布局的过程

(1)绘制或打开一图形文件。

(2)选择菜单【插入】→【布局】→【创建布局向导】命令,打开"创建布局—开始"对话框,如图8-2所示。

(3)输入新的布局名称"打印布局",单击[下一步(N) >]按钮继续。

(4)在"打印机"界面列出了当前已安装的所有打印机和输出设备,从列表中选择打印机,如图8-3所示,单击[下一步(N) >]按钮继续。

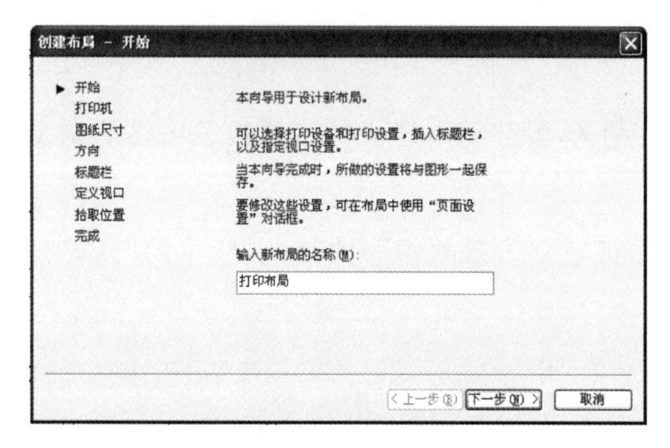

图8-2 "创建布局—开始"对话框

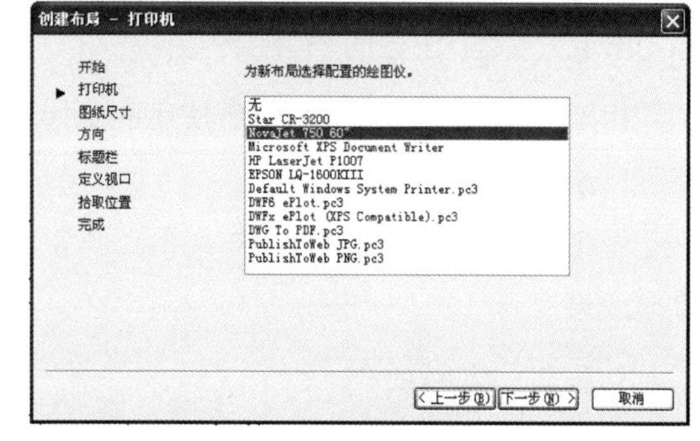

图8-3 选择打印机

(5)选择图纸尺寸"ISOA1",并选择图形单位为毫米,如图8-4所示。

(6)选择图形在图纸上的方向,如图8-5所示。因为A1图纸的尺寸是841mm×594mm,所以如果打印机所用纸卷的宽度是841mm,就选择纵向,如果纸卷的宽度是594mm,就应选择横向。

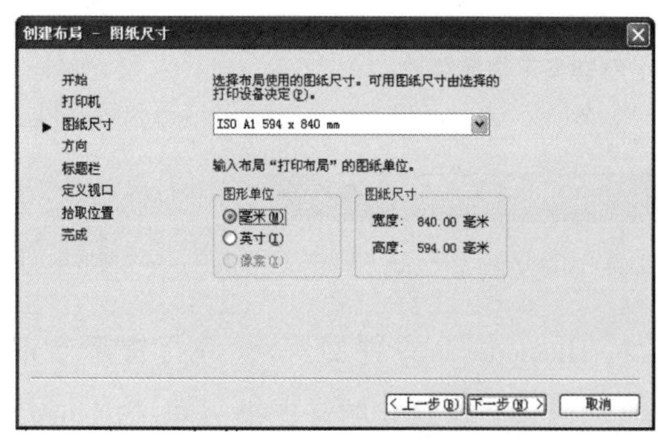

图8-4 选择图纸尺寸

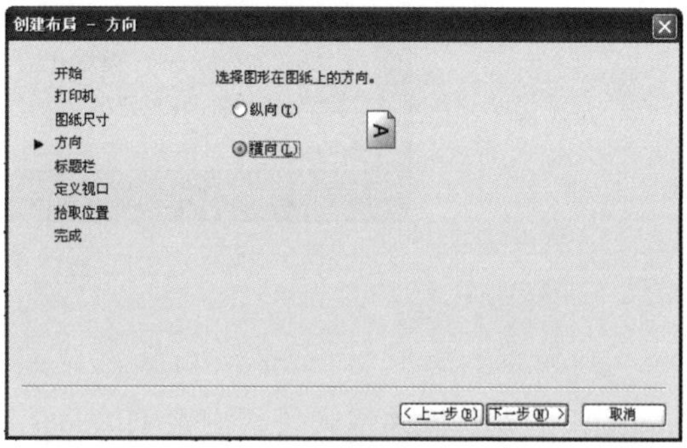

图8-5 选择图纸方向

(7)选择图纸标题栏,如图8-6所示。图中已经列出了定义好的标题栏,也就是图框,根据需要选择一个标题栏。

(8)选择视口个数和比例,如图8-7所示。视口是在图纸空间中查看图形的窗口,相当于在图纸空间上打开一个窗口来观察模型空间。

(9) 拾取位置，单击[选择位置(L) <]按钮，在图纸空间中选择视口的范围，如图 8-8 所示。

(10) 单击[完成]按钮完成创建，效果如图 8-9 所示。

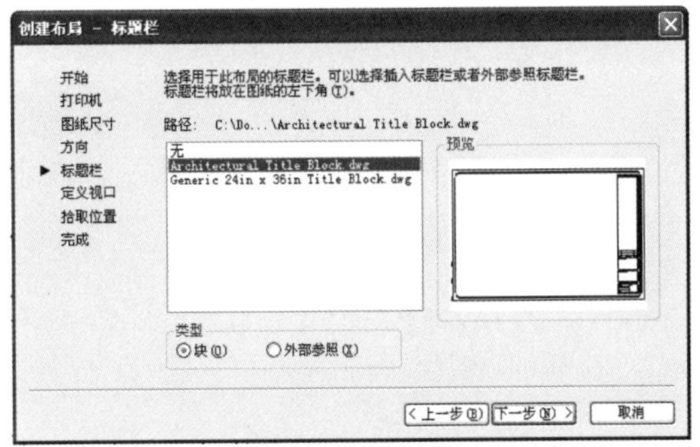

图 8-6　选择标题栏

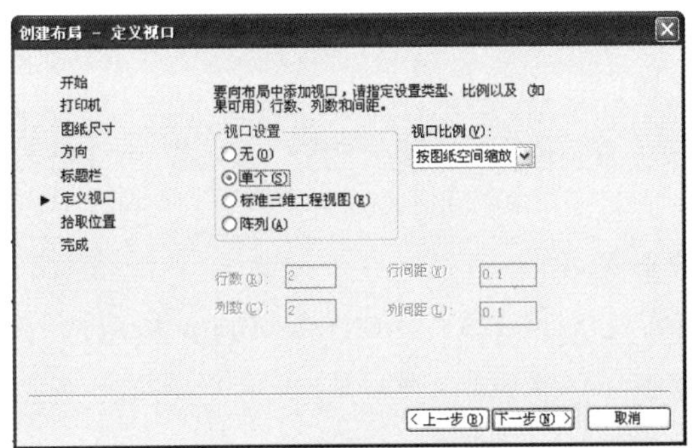

图 8-7　选择视口个数和比例

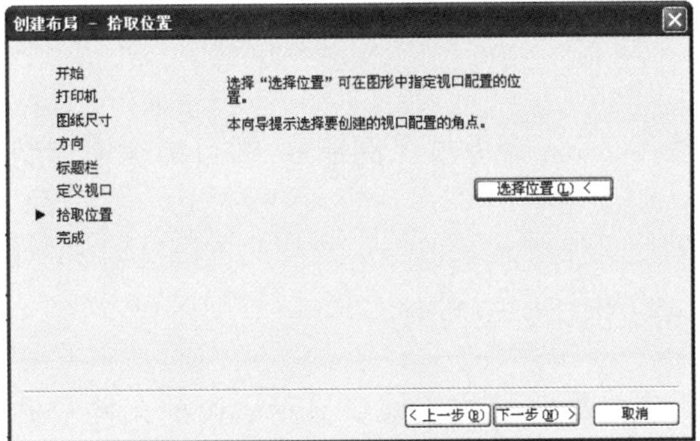

图 8-8　选择视口位置

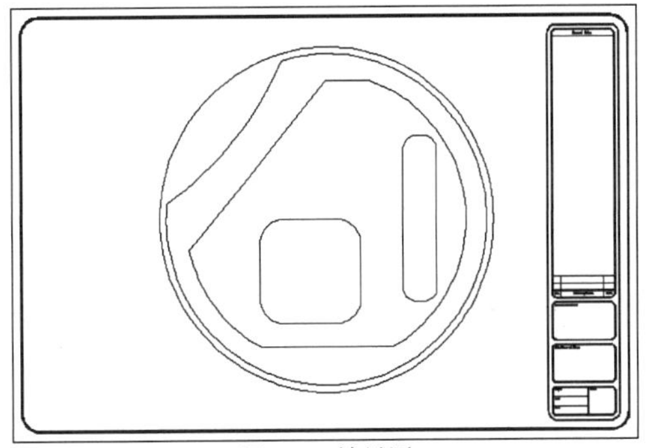

图 8-9　效果图

8.3 浮动视口

8.3.1　视口

在 AutoCAD 2010 中可以建立很多窗口，从窗口中以不同的方向、角度、比例观察模型空间中的图形对象，这样的窗口就叫做"视口"，如图 8-10 所示。

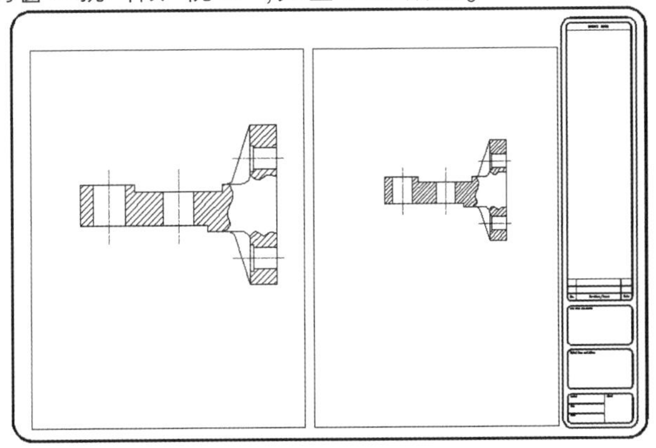

图 8-10　图纸空间的视口

模型空间中的视口称为"平铺视口"。图纸空间的视口称为"浮动视口"。

视口的创建方法如下:

(1)选择菜单【视图】→【视口】→【新建视口】命令,直接创建一个或若干个视口。

(2)在图纸空间中选择【视图】→【视口】→【对象】命令,将绘制好的边框转换为视口边框。

(3)在命令行输入命令 Vporst。命令行提示如下:

```
命令:Vporst
指定视口的角点或[开(ON)/关(OFF)/布满(F)/着色打印(S)/锁定(L)/对象(O)/多边形(P)/恢复(R)/图层(LA)/2/3/4]<布满>:
指定对角点:正在重生成模型
```

8.3.2 用浮动视口控制图形比例

在图纸空间中创建浮动视口,然后在视口中使用 Zoom 命令按比例缩放,即可精确地控制布局中图形的比例。

实例演示 用浮动视口将图纸空间中图形的出图比例设为 1:4

绘制或打开一图形文件,如图 8-11 所示,布局中由默认建立的视口显示了当前文件中的所有图形。

(1)在视口框内双击,将该视口切换到模型空间,如图 8-12 所示。

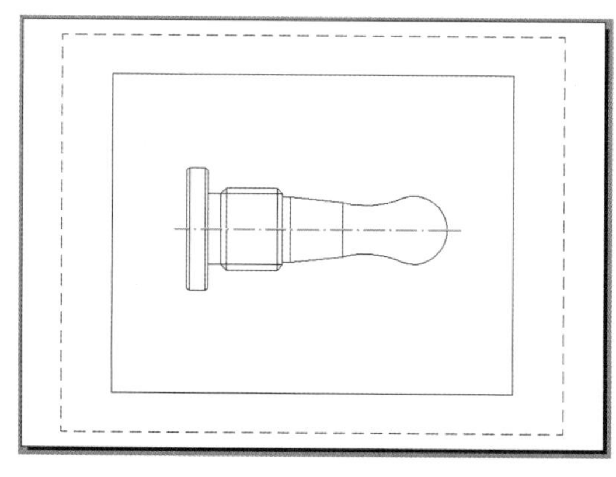

图 8-11 默认视口

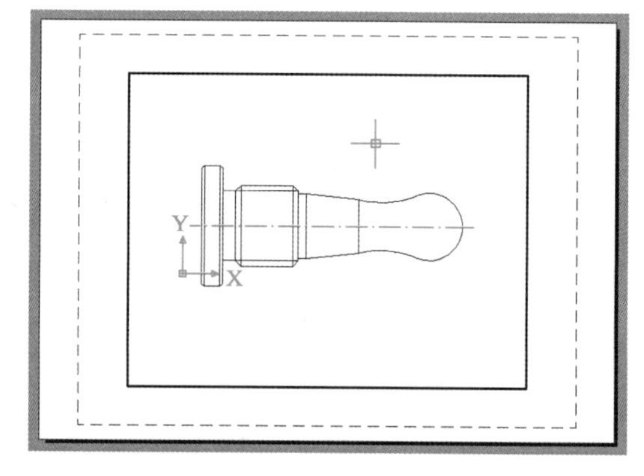

图 8-12 切换视口到模型空间

(2)在命令行输入 Zoom 命令,在提示下选择比例(S)缩放到 1:4,效果如图 8-13 所示。

(3)在视口框外双击,切换回图纸空间,如图 8-14 所示。

(4)单击视口边框并选中其右下角,拖动鼠标调整至合适大小,如图 8-15 所示。

(5)以相同的方法创建其他部分的视口。

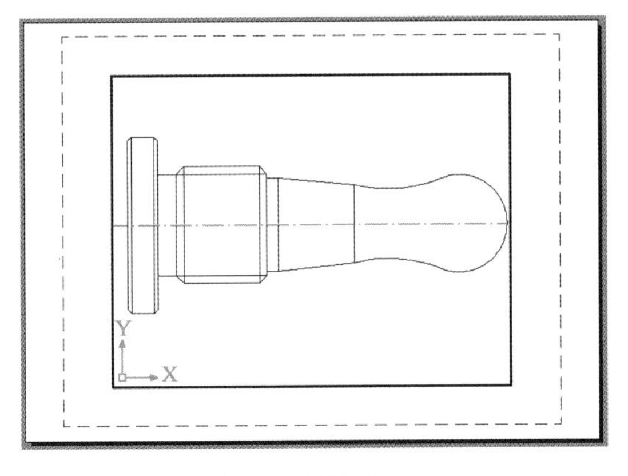

图 8-13　缩放到 1∶4

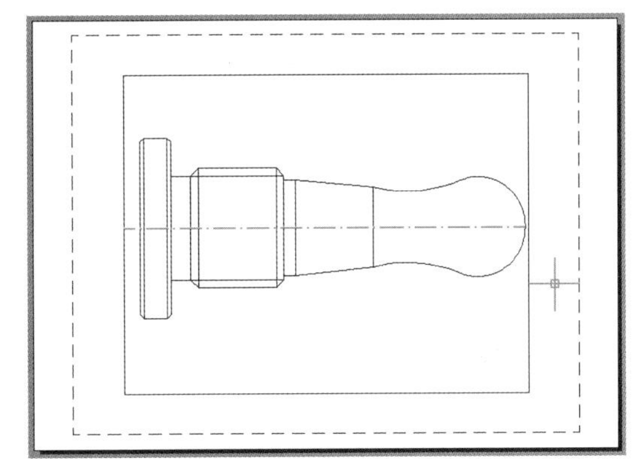

图 8-14　在视口外双击鼠标

将视口边框所在图层设定为不打印，最后的打印效果如图 8-16 所示。

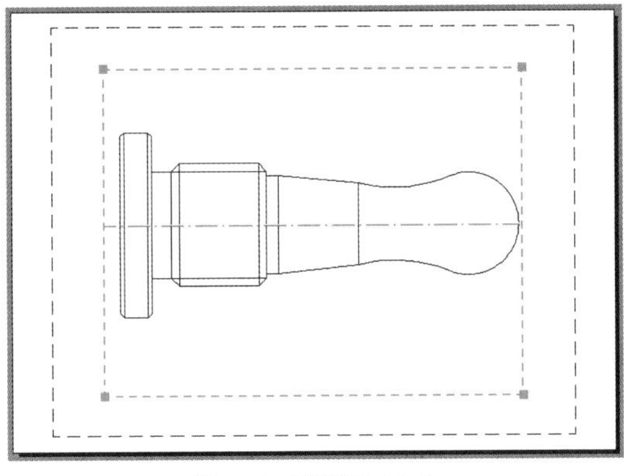

图 8-15　调整视口大小

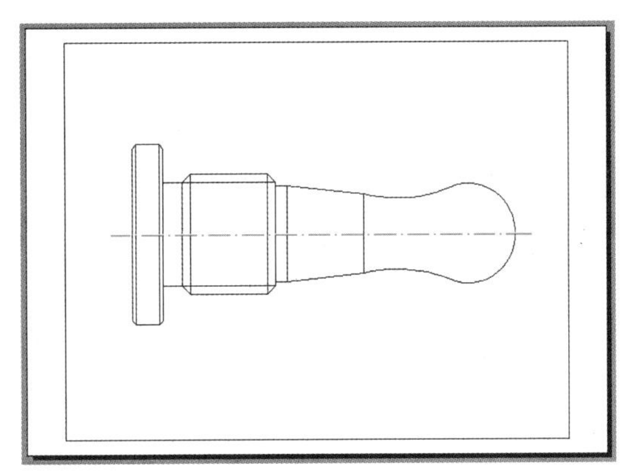

图 8-16　打印效果图

8.4　打印输出图纸

8.4.1　打印样式表

1）打印样式表的概念

在打印输出时，需要将所有的图形打印成黑色，但是又不想破坏绘制时的颜色，就需要单独为打印设置颜色。另外绘制的图形如果指定了线条宽度，打印时会因打印比例变化而影响实际打印宽度，所以需要在打印时指定线条宽度。这些内容的设置就需要使用打印样式表。

打印样式表是配置打印时绘图仪中各个绘图笔的参数表，用于修改打印图形的外观，包括对象的颜色、线型和线宽等。

2）打印样式表的使用

使用打印样式表是 AutoCAD 使用绘图仪时精确控制最终效果的一种最有效的方法。根据制图规范，图中线条粗细不同，还需要处理线条转角和端点是圆角还是方角。如图 8-17 所示为线条端点和连接方式设置示意图。

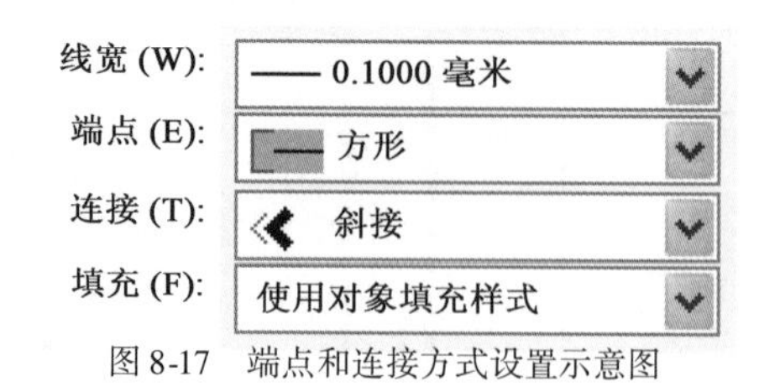

图 8-17　端点和连接方式设置示意图

实例演示　创建样式表的过程

(1)绘制或打开图形文件。选择菜单【工具】→【选项】命令,在【打印和发布】选项卡上单击 打印样式表设置(S)... 按钮,如图 8-18 所示。

(2)在"打印样式表设置"对话框中,选中"使用颜色相关打印样式"单选框,如图 8-19 所示。

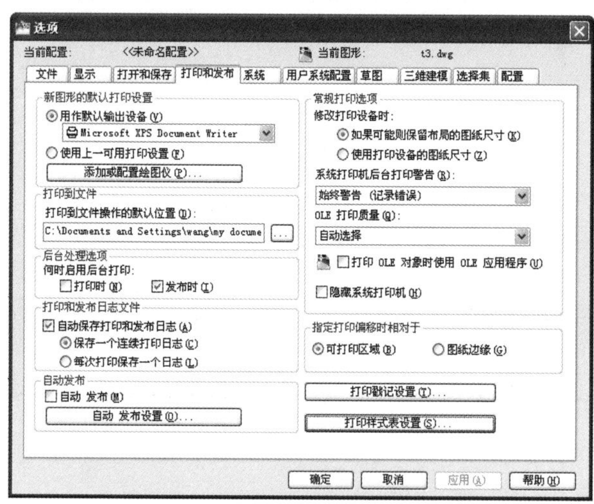

图 8-18　【打印和发布】选项卡

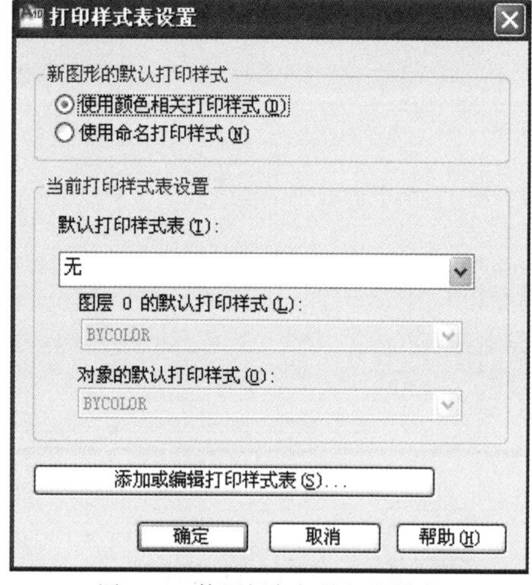

图 8-19　使用颜色相关打印样式

(3)单击 添加或编辑打印样式表(S)... 按钮,在 PlotStyles 窗口双击"添加打印样式表向导"图标,如图 8-20 所示。

(4)按照向导开始创建样式表,在"开始"页面中,选中"创建新打印样式表"单选框,单击 下一步(N) > 按钮继续,如图 8-21 所示。

图 8-20　添加打印样式表向导

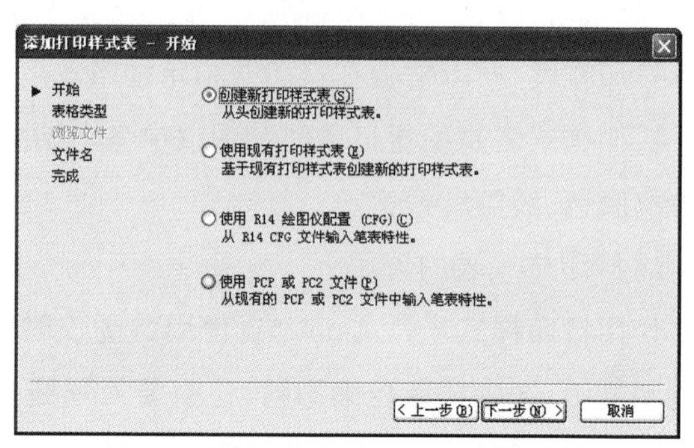

图 8-21　选中"创建新打印样式表"复选框

(5)在“表格类型”界面，选中“颜色相关打印样式表”单选框，单击[下一步(N) >]按钮继续，如图 8-22 所示。

(6)在“文件名”界面为新样式表命名，颜色相关样式表的后缀扩展名为. ctb，如图 8-23 所示，单击[下一步(N) >]继续。

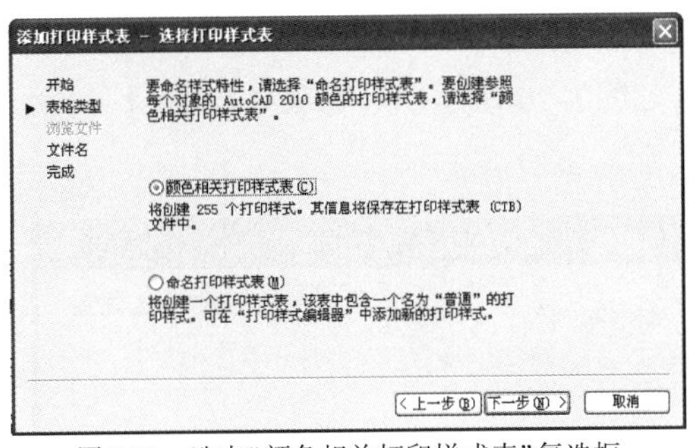

图 8-22　选中“颜色相关打印样式表”复选框

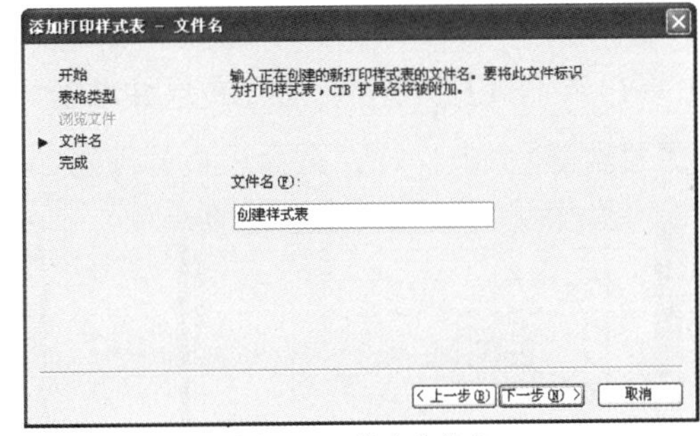

图 8-23　指定文件名

(7)在“完成”界面单击[打印样式表编辑器(S)...]按钮设置样式表明细，如图 8-24 所示。在“打印样式表编辑器”对话框中，选中所有颜色号，在【特性】选项区的“颜色”下拉列表中选择“黑色”，在“线宽”下拉列表中选择“0. 1000mm”；在"端点"下拉列表中选择“方形”；在“连接”下拉列表中选择“斜接”。选中图形中需要加深的颜色——黄色，在“线宽”下拉列表中选择“0. 4000mm”。保存并返回，完成设置。

8.4.2　页面设置管理器

“页面设置管理器”是用来保存打印相关设置的。可以在模型空间或者图纸空间中直接选择【文件】→【打印】命令，激活“打印—模型”对话框，如图 8-25 所示。

1)创建和管理页面设置

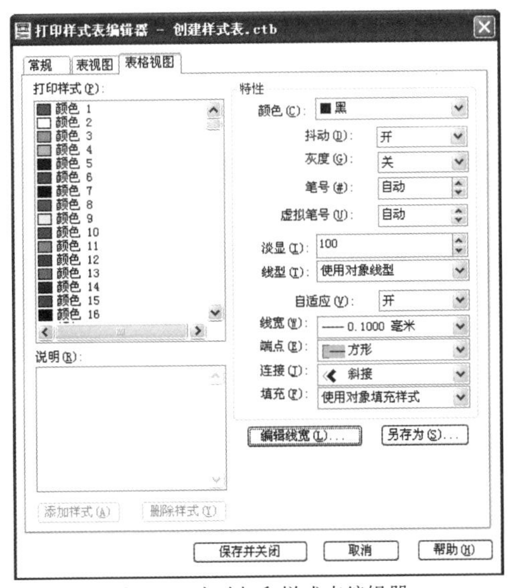

图 8-24　启动打印样式表编辑器

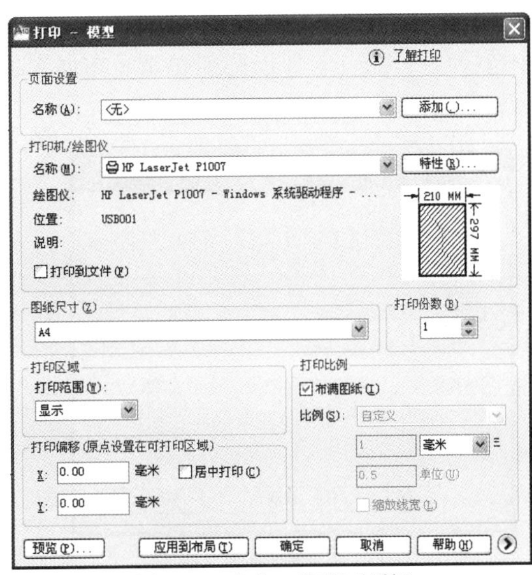

图 8-25　“打印—模型”对话框

页面设置管理器的启动方法如下:

菜单:选择【文件】→【页面设置管理器】命令。

命令行:在命令行输入 Pagesetup 后回车。

实例演示 页面管理器的新建和页面设置过程

(1)绘制或打开图形,建立布局并准备好图框,如图 8-26 所示。选择菜单【文件】→【页面设置管理器】命令,激活“页面设置管理器”对话框,如图 8-27 所示。

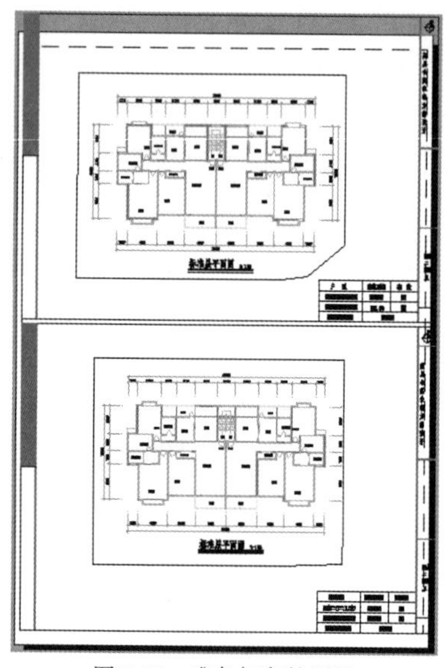

图 8-26 准备打印的图纸

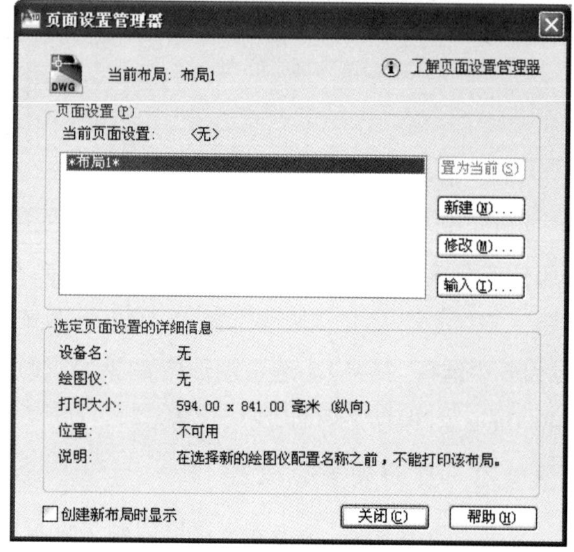

图 8-27 “页面设置管理器”对话框

(2)单击[新建(N)...]按钮,激活“新建页面设置”对话框,如图 8-28 所示。

(3)在“新页面设置名”文本框中输入新建设置的名称“打印上图”。在“基础样式”选项中选择“ * 布局 1 * ”,以此创建基于布局 1 的页面设置。单击[确定(O)]按钮继续。激活“页面设置—布局 1”对话框,如图 8-29 所示。

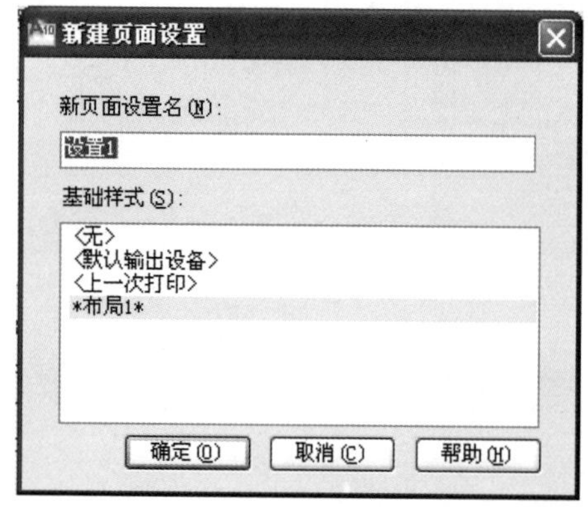

图 8-28 “新建页面设置”对话框

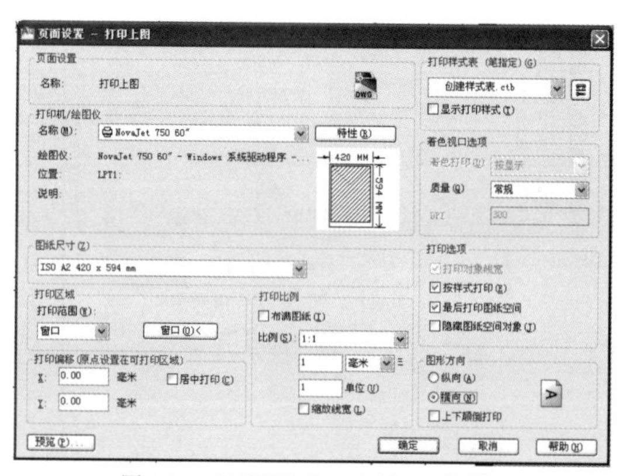

图 8-29 “页面设置—布局 1”对话框

(4)在“打印机绘图仪”下拉列表中选择打印机，将打印比例设为 1∶1，“图形方向”为横向，如图 8-29 所示。

(5)在“图纸尺寸”下拉列表中选择“ISOA2(420×594 毫米)”，在“打印区域”下拉列表中选“窗口”，如图 8-30 所示。

(6)单击[窗口(O)<]按钮，在图形中框选上面的图框。

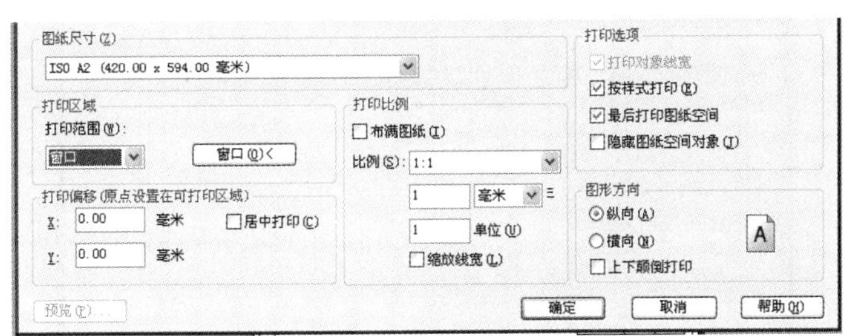

图 8-30　选择图纸尺寸

(7)单击“预览”按钮，查看当前页面设置的打印效果，如图 8-31 所示。按 Esc 键返回“页面设置”对话框。

(8)单击[确定(O)]按钮返回“页面设置管理器”对话框，如图 8-32 所示。

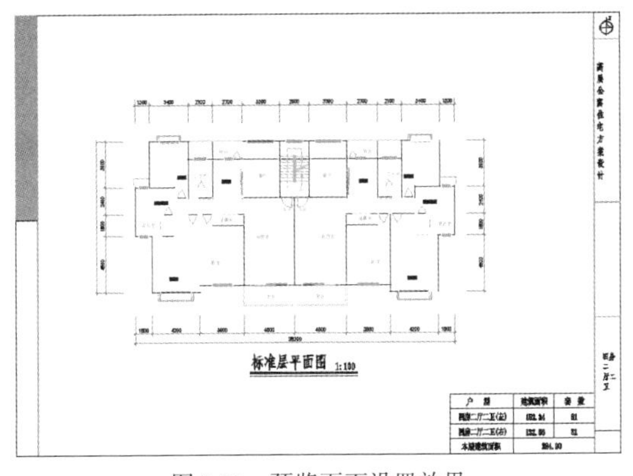

图 8-31　预览页面设置效果

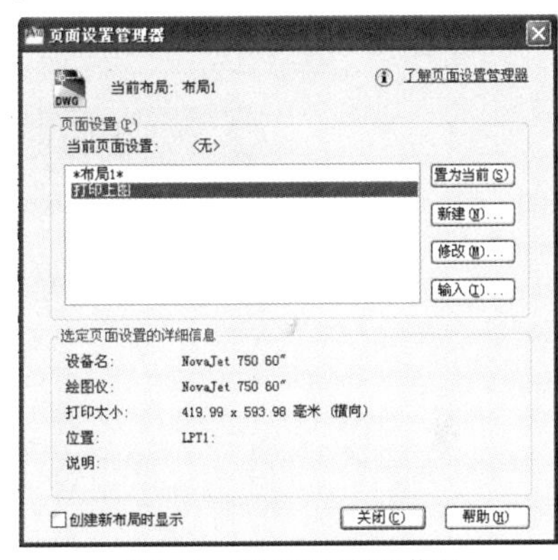

图 8-32　页面设置详细信息

2)选择打印设备

选择菜单【文件】→【打印】命令，在“打印”对话框中单击展开“打印机/绘图仪”中的“名称”下拉列表，显示当前可用的所有打印机和绘图仪，如图 8-33 所示。

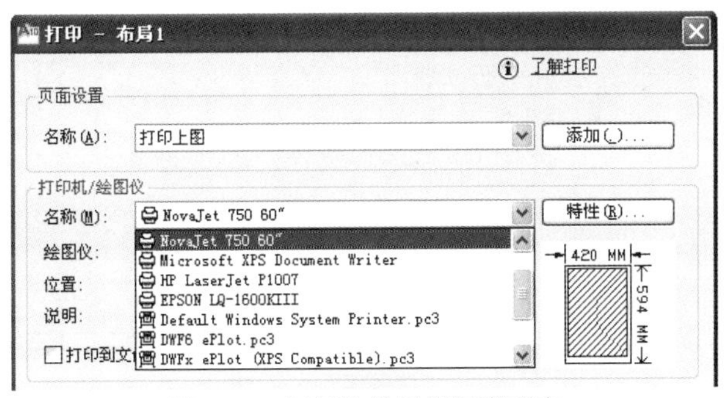

图 8-33　“打印机/绘图仪”下拉列表

在“开始”菜单中选择【打印机和传真机】命令,可以看到当前计算机上安装的全部打印设备,如图8-34所示。

图8-34　系统打印机

3)设置图纸尺寸

(1)单击[自定义特性(C)...]按钮,弹出绘图仪属性对话框,如图8-35所示。

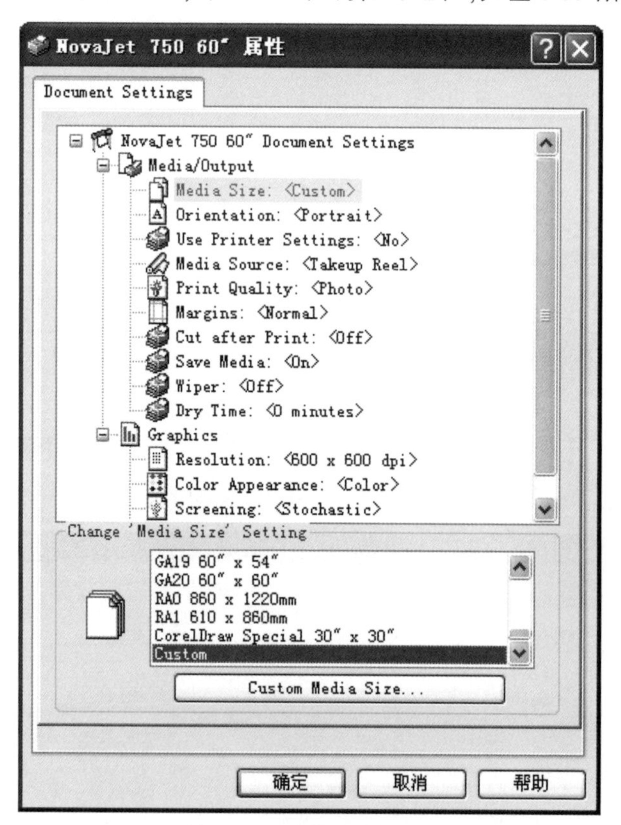

图8-35　绘图仪属性对话框

(2)在绘图仪属性对话框上部的列表框中选择【MediaSize:】选项,在下部的列表框中选择【Custom】选项,单击[Custom Media Size...]按钮,弹出自定义纸张尺寸对话框,如图8-36所示。选中"Millimeter"单选框,设置单位为公制(毫米),设置纸张尺寸为742mm×420mm,单击[OK]按钮返回。

4)设置打印区域

在AutoCAD 2010中设置打印区域的方式有4种,如图8-37所示。

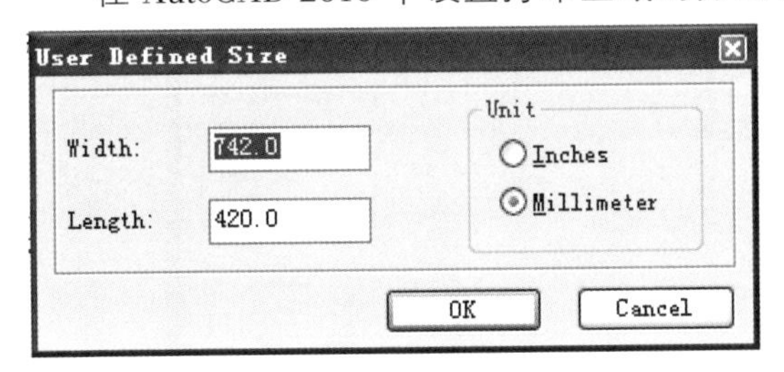

图8-36 设置纸张大小

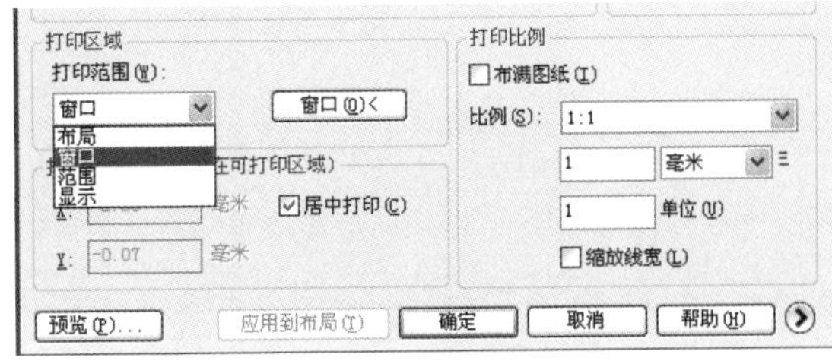

图8-37 打印区域选项

最准确的打印区域设置方式是窗口,无论是直接使用Print命令还是在页面设置中,都可以使用【窗口】选项精确地框选打印区域。其他3种分别是【布局】、【范围】和【显示】,这里不再赘述。

5)设置打印位置

打印位置是指所选择的打印区域打印在纸张上的位置。在AutoCAD2010中,"打印"对话框和"页面设置"对话框的"打印偏移"区域如图8-38所示。

通常情况下,打印的图形合乎纸张大小一致,不需要修改设置。选中"居中打印"复选框,则图形居中打印,如图8-39所示。

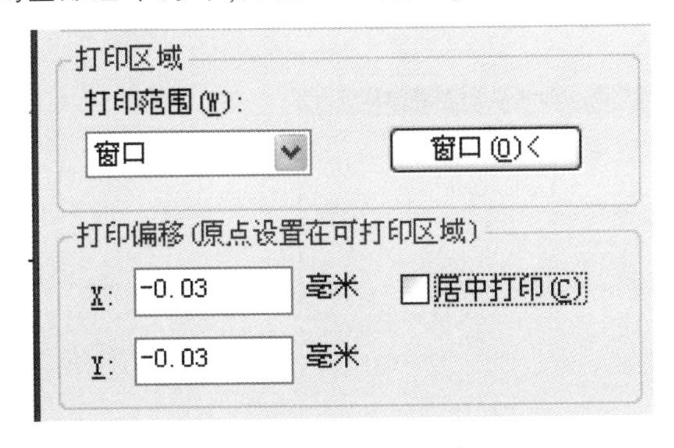

图8-38 打印偏移区域

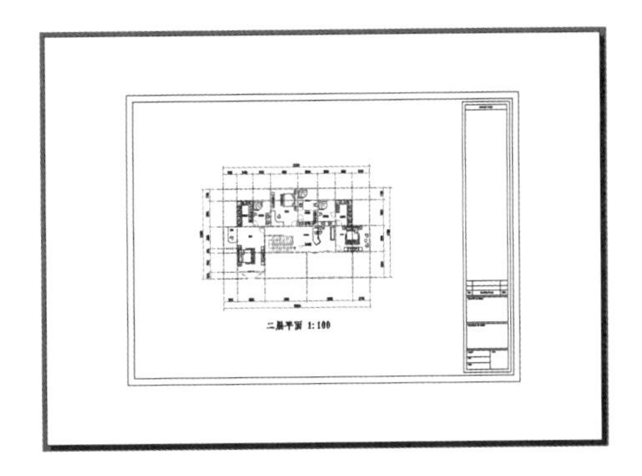

图8-39 居中打印

6)设置打印比例

工程制图对于图纸比例有比较严格的要求,AutoCAD 2010中有两种方式可以控制打印出图比例:第一种方式是在打印设置或页面设置的"打印比例"处直接设置比例,如图8-40所示;第二种方式是在图纸空间中使用视口控制比例,然后按照1:1比例打印,如图8-41所示。

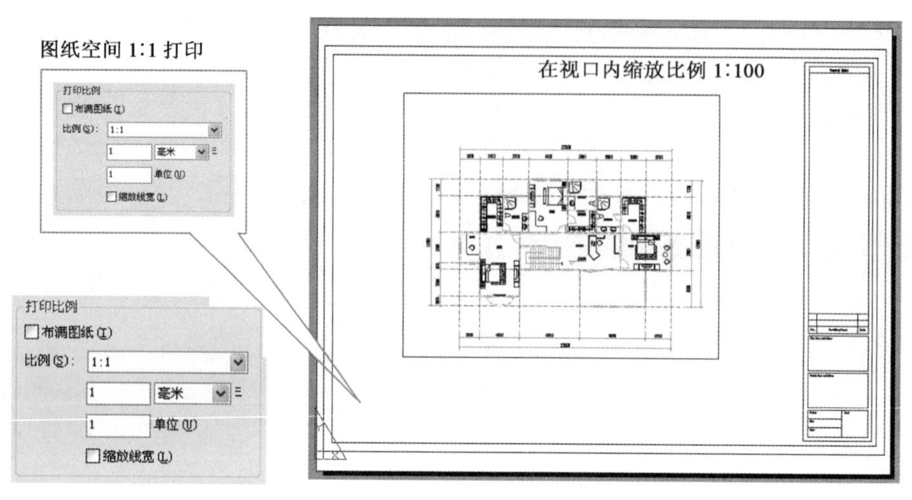

图 8-40　直接设置比例　　　　图 8-41　用视口控制比例

注意:在模型空间出图时,设置打印比例为需要的比例;在图纸空间出图时,设置比例为1:1,而在视口中控制图形比例。在模型空间中按比例打印时,文字和图框也会相应地按比例缩放,有可能造成文字过小而看不清楚。在图纸空间按1:1打印时,直接控制一个真实大小的图框,使用真实大小的文字,不论视口中设置的比例为多少,文字和外围项目都不会改变尺寸。

7)设置打印方向

打印方向包含两方面的问题:①是横宽还是竖长;②图形与纸张的方向关系,是顺着出纸方向还是垂直于出纸方向。在"图形方向"处可以看到小示意图 A ,在"图形方向"处选中"横向"单选框,如图 8-42 所示。

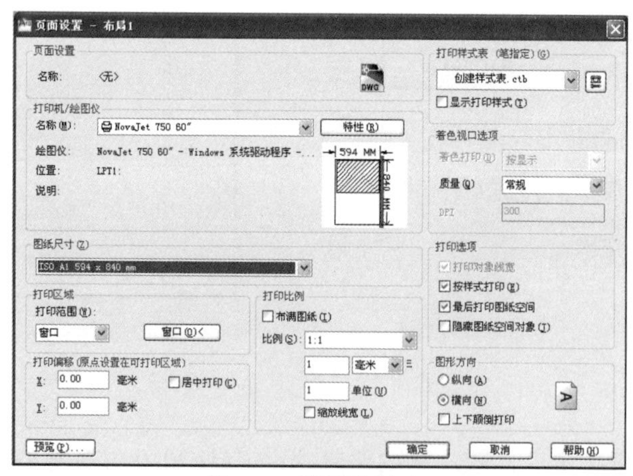

图 8-42　设置图纸方向

8)预览

在 AutoCAD 中完成页面设置后,发送到打印机之前,对要打印的图形进行预览,以便发现和调整错误。在预览状态下不能编辑图形和修改页面设置，但可以缩放、平移页面，可以使用搜索、通信中心、收藏夹。如图 8-43 所示。

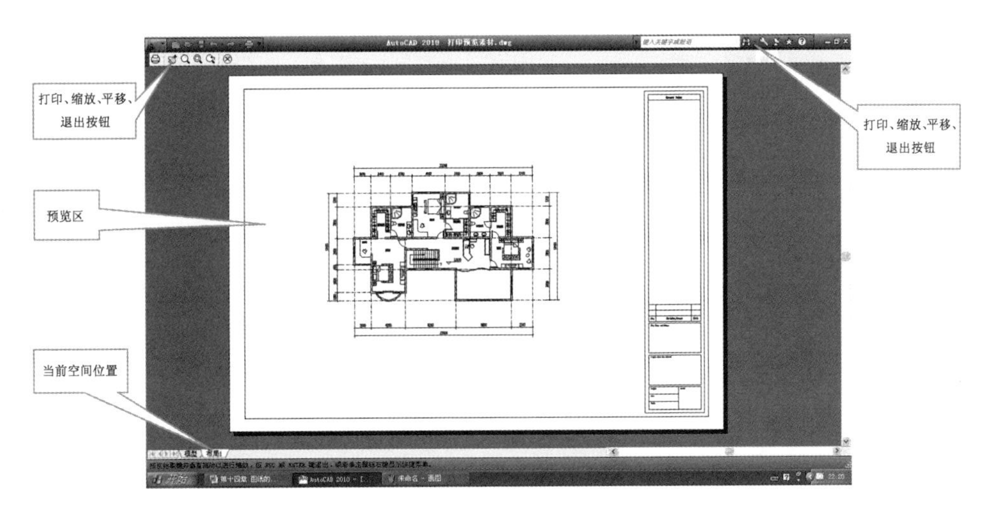

图 8-43　预览窗口

单元9　三 维 绘 图

9.1 三维模型基础

前面各章中创建的都是二维图形，但当绘制对象在空间结构上相当复杂，或者用户要求对产品的设计效果进行全局考察时，就需要创建相应的三维图形，以便对设计进行观察和修改。AutoCAD 实际上已经将三维功能和二维功能有机地结合在一起，可以说三维设计已经成为AutoCAD 的核心设计手段。

9.1.1　三维模型概述

AutoCAD 2010 创建的三维模型分为 3 种类型：

(1)线性模型：用来描述三维对象的轮廓。线性模型没有表面，由描述轮廓的点、线、面组成，如图 9-1 所示。由于线性模型没有面和体的特征，因而不能进行消隐和渲染等处理。

(2)表面模型：用面来描述三维对象。由于表面模型具有面的特征，因此可以对它进行物理计算，以及进行渲染和着色的操作。

(3)实体模型：不仅具有线和面的特征，而且还具有实体的特征，如体积、重心和惯性矩等。实体模型示例如图 9-2 所示。

在 AutoCAD 中，不仅可以建立基本的三维实体，对它进行剖切、装配、干涉、检查等操作，还可以对实体进行布尔运算，以构造复杂的三维实体。此外，由于消隐和渲染技术的运用，可以使实体具有很好的可视性，因而实体模型广泛应用于广告设计和三维动画等领域。本单元仅对实体进行介绍。

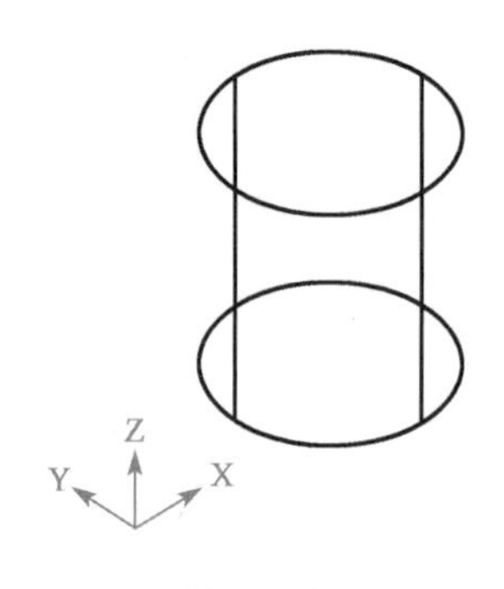

图 9-1　线性模型

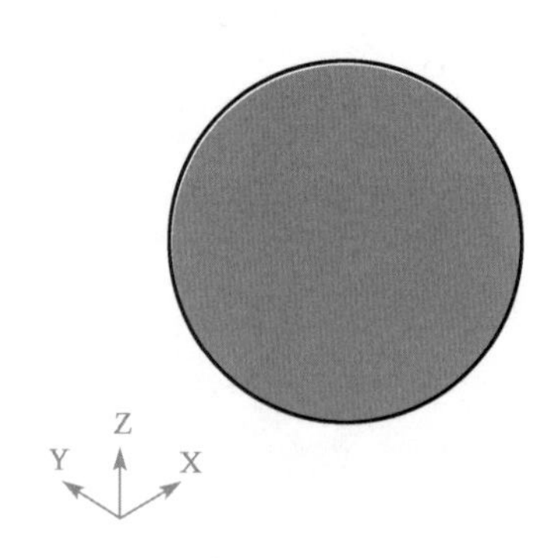

图 9-2　实体模型

9.1.2 在三维空间中精确定位

在实际的绘图工作中，AutoCAD 2010 提供了多种对点进行选择和定位的方法。

1) 直接输入点的坐标

在三维空间中，对点进行选择和定位的第一个方法，就是在命令中直接输入点的坐标，具体的坐标值又可采用相对坐标和绝对坐标，用这种方式可得到准确的图形。

2) 使用对象捕捉

在绘图过程中，许多对象上点的位置比较特殊，比如圆的圆心、直线的始点和终点等。用户在制图时，常需要捕捉这样的点来提高绘图效率。可通过选择菜单【工具】→【草图设置】→【对象捕捉】命令来设置这些位置点，使用鼠标捕捉即可。

9.1.3 建立 UCS 坐标系

在三维制图过程中，通过改变原点 $O(0,0,0)$ 的位置，正确地建立用户坐标系是建立三维模型的关键。

1) 命令执行方法

工具栏：点击"坐标"工具栏→"新建 UCS"按钮。

菜单：选择【工具】→【新建 UCS(W)】命令。

命令行：在命令行中输入 UCS 后回车。

2) 操作步骤

```
命令：UCS
当前 UCS 名称：*没有名称*
指定 UCS 的原点或[面(F)/命名(NA)/对象(OB)/上一个(P)/视图(V)/世界(W)/X/Y/Z/Z 轴(ZA)]
<世界>：3
```

3) 选项说明

(1)【指定 UCS 的原点】：选择该菜单项，可以设置坐标原点。新坐标系将平行于原 UCS，坐标轴的方向不变，接受原 *XY* 平面。坐标原点如图 9-3 所示。

(2)【面(F)】：指定三维实体的一个面，使 UCS 与之对齐。可通过在面的边界内或面所在的边上单击以选择三维实体的一个面，亮显被选中的面。UCS 的 *X* 轴将与选择的第一个面上的选择点最近的边对齐。如图 9-4 所示。

(3)【视图(V)】：选择该菜单项，可以设置当前的 UCS 平行于当前视图，原点不变，如图 9-5所示。

(4)【世界(W)】：选择该菜单项，可以从当前的用户坐标系恢复到世界坐标系。如图 9-6 所示。

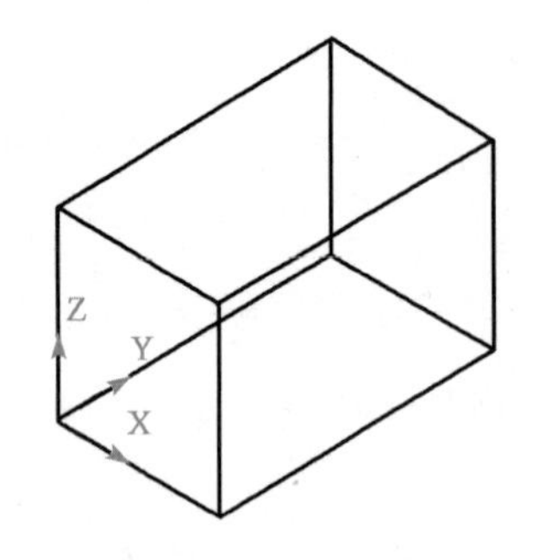

图 9-3　原点坐标系

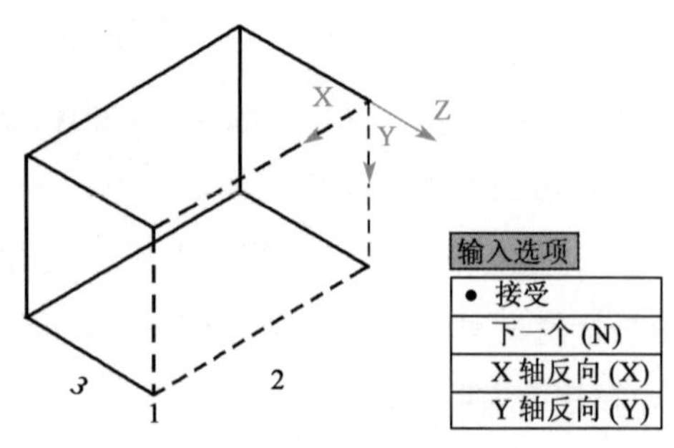

图 9-4　指定面创建坐标

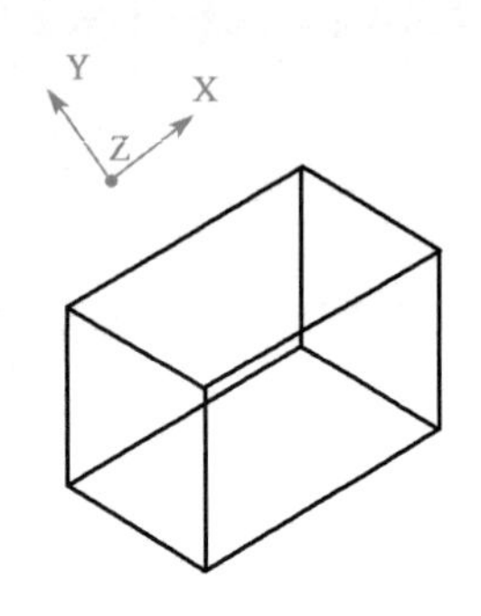

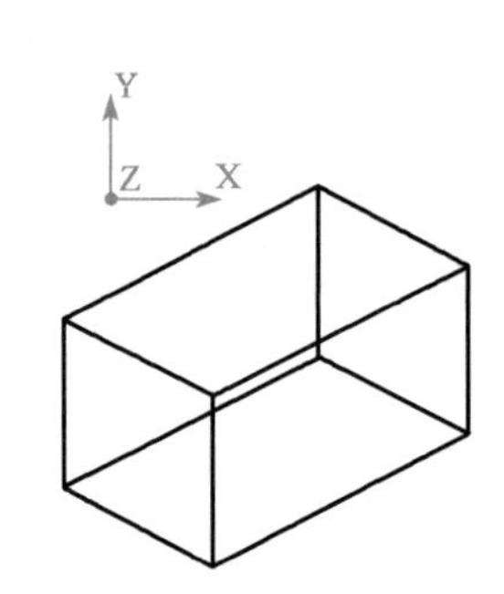

图 9-5　采用【视图(V)】创建坐标系

(5)【X/Y/Z】:选择这个菜单项,可以将当前 UCS 坐标系按指定的角度绕 X、Y、Z 轴旋转,以便建立新的 UCS 坐标系,如图 9-7 所示。

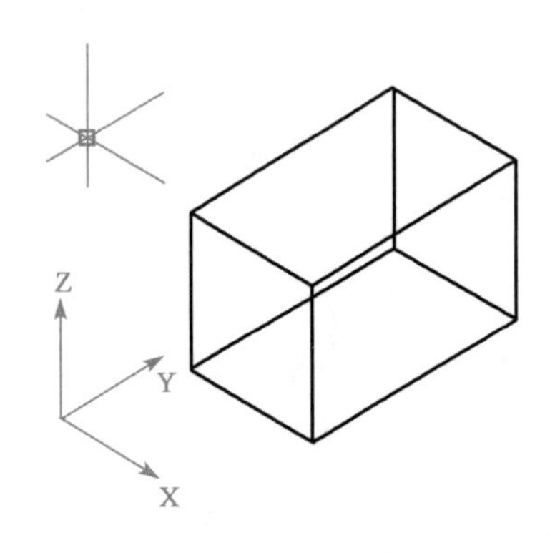

图 9-6　世界坐标系

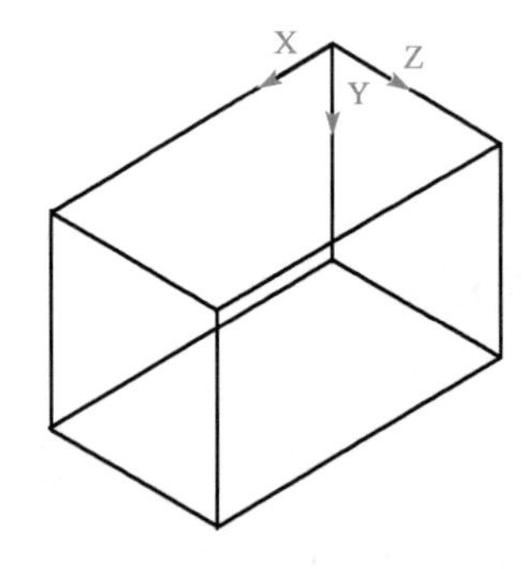

9-7　采用【X/Y/Z】轴创建坐标系

(6)【Z 轴(ZA)】:选择该菜单项,可以通过定义 Z 轴的正向来设置当前 XY 平面。这时需要选择两点,第一点被作为新的坐标系原点,第二点决定 Z 轴的正向,XY 平面垂直于新的 Z 轴,如图 9-8 所示。

(7)创建三点坐标系:选择该菜单项,可以通过在三维空间的任意位置指定三点来定义坐标系,其中第一点定义了坐标系原点,第二点定义了 X 轴正向,第三点定义了 Y 轴正向。如图 9-9 所示创建三点坐标系。

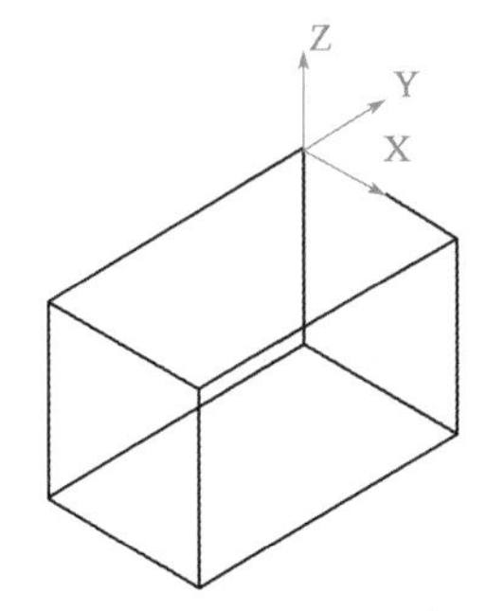

图9-8 采用【Z轴(ZA)】创建坐标系

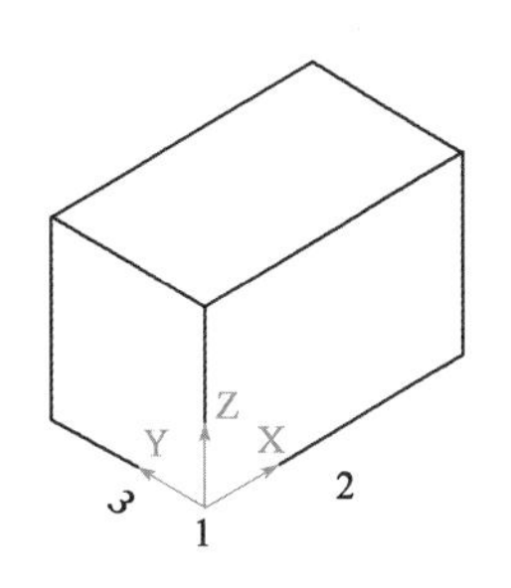

图9-9 创建三点坐标系

实例演示 利用动态UCS功能,在楔体斜面上绘制一个圆柱体

使用"动态UCS"按钮,临时将UCS的*XY*平面与三维实体的平面对齐,这样用户即无需手动更改UCS的方向。

具体操作方法:设置东南等轴测,点击状态栏上的"UCS"按钮。在执行命令的过程中,光标移动到斜面的上方时,斜面呈现出虚线,表示选中此面。选中斜面的中心后,作一圆柱体放在斜面上,动态UCS会临时将UCS的*XY*平面与三维实体的平整面对齐,如图9-10所示。

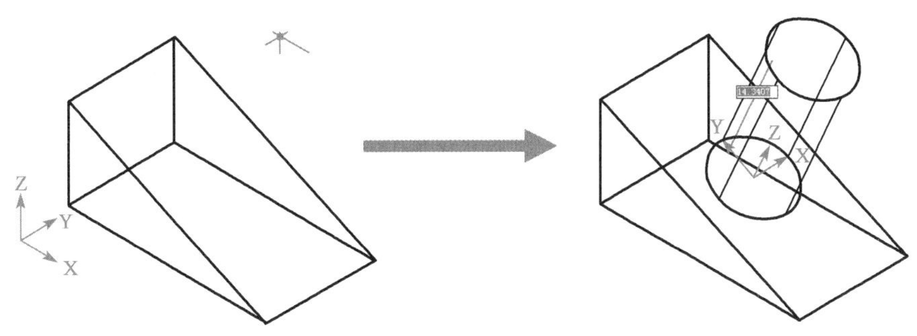

图9-10 动态UCS视图

9.2 三维视图观察

9.2.1 平面视图与三维视图

在AutoCAD中,从不同角度观察三维对象,可以得到不同的观察效果。因此,要想绘制好三维图形,必须首先学会观察三维视图。

在二维平面中绘制球体,此时*Z*轴垂直于屏幕,指向用户。视点位于屏幕正前方,此时看到球体在*XY*平面上的投影,即平面视图,如图9-11所示。在菜单栏选择【视图】→【三维视图】→【西南等轴测】命令,这时将看到一个三维球体,即三维视图,如图9-12所示。

在AutoCAD中用10个视点去观察即得到10个标准的视图,这10个视图分两大类,即平面视图和三维视图。

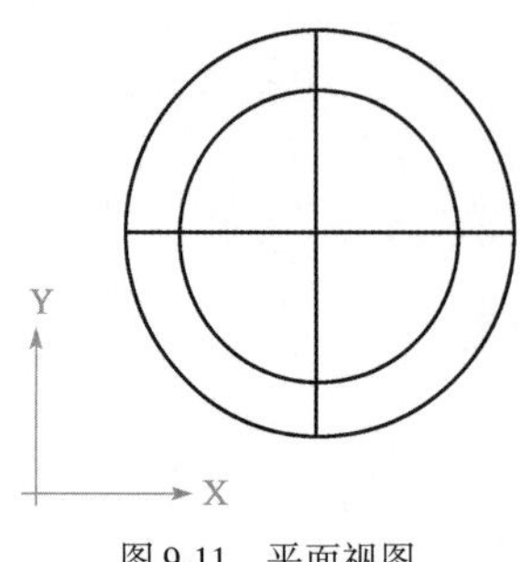

图9-11　平面视图

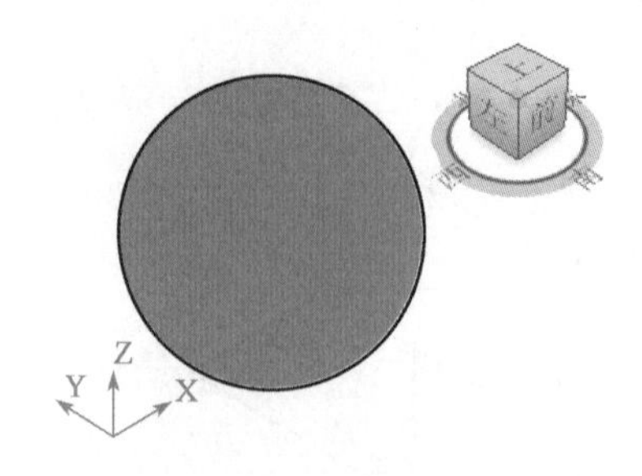

图9-12　三维视图

选择菜单【视图】→【三维视图】命令,即有正投影视图的6种平面视图(图9-13)和4种等轴测视图(图9-14)。

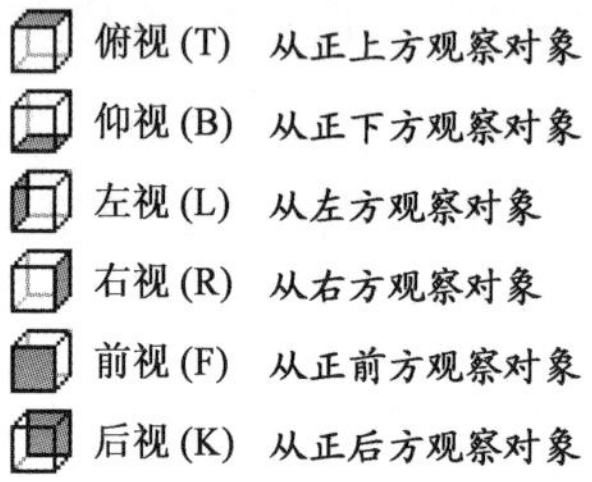

俯视(T)　从正上方观察对象
仰视(B)　从正下方观察对象
左视(L)　从左方观察对象
右视(R)　从右方观察对象
前视(F)　从正前方观察对象
后视(K)　从正后方观察对象

图9-13　6种平面视图

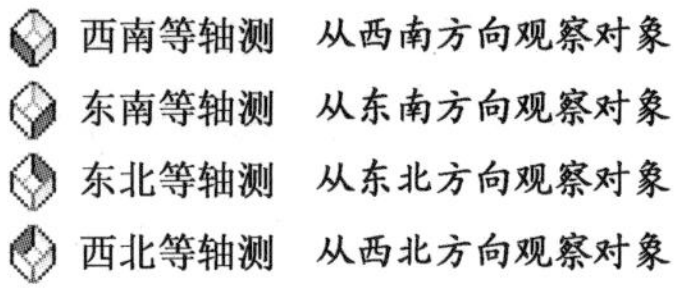

西南等轴测　从西南方向观察对象
东南等轴测　从东南方向观察对象
东北等轴测　从东北方向观察对象
西北等轴测　从西北方向观察对象

图9-14　4种等轴测视图

三维视图的4种等轴测观察图如图9-15和图9-16所示。

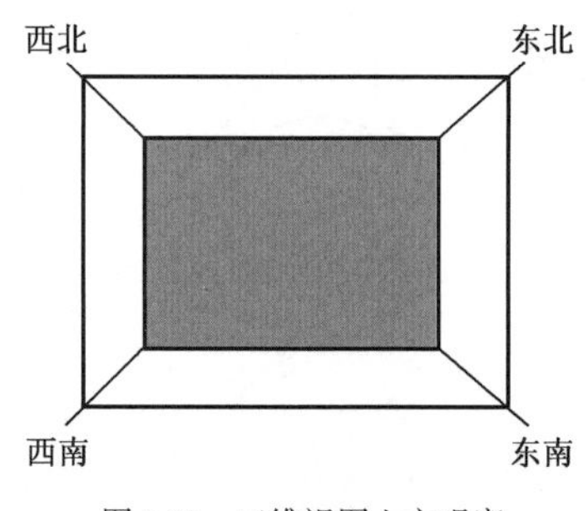

图9-15　三维视图上方观察

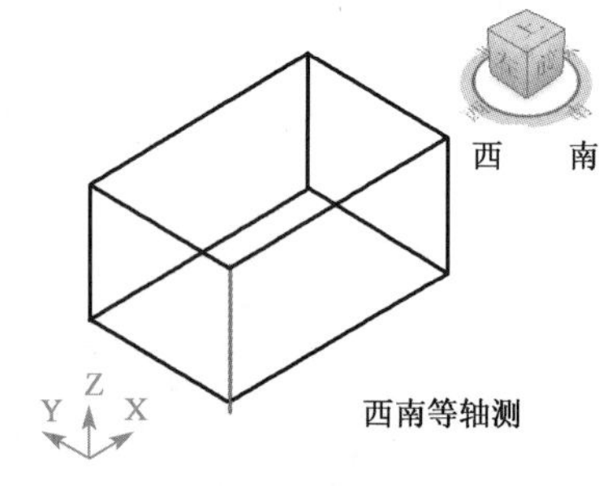

图9-16　三维视图观察

9.2.2　“动态观察器”查看三维视图

AutoCAD提供了具有交互控制功能的三维动态观察器,可使用户同时从 X、Y、Z 三个方向动态观察对象。

1)命令执行方法

工具栏:点击“三维动态观察器”工具栏→“三维动态观察”按钮。

菜单:选择【视图】→【三维动态观察器(B)】命令。

命令行:在命令行输入3Dorbit后回车。

2)操作步骤利用上述方法,进入三维动态观察模式,控制在三维空间交互查看对象。

“自由动态观察”按钮:不参照平面,在任意方向上进行动态观察。视图中出现一个绿色转盘(被4个小圆平分的一个大圆),如图9-17所示。

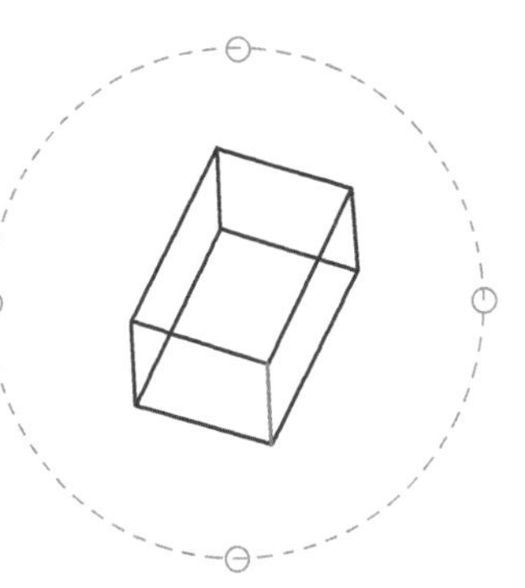

图9-17 自由动态观察

9.2.3 改变视觉样式显示三维实体

为了能够看到三维模型的边和着色的显示效果,系统提供了叫做视觉样式的5种设置,可根据需要自由选择,如图9-18所示。

命令执行方法:

工具栏:点击“视图”工具栏→“视觉样式”按钮。

菜单:选择【视图】→【视觉样式】命令。

命令行:在命令行输入Visualstyles后回车。

图9-18 三维视觉样式

选择任意一种视觉样式名称,即可改变当前视图的模型显示效果,如图9-19所示。

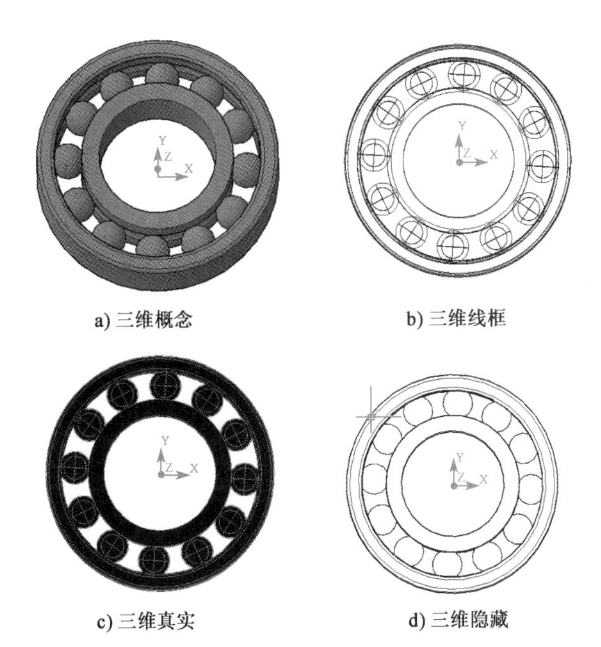

a) 三维概念　b) 三维线框

c) 三维真实　d) 三维隐藏

图9-19 轴承三维视觉样式效果

9.3 三维实体建模

任何一个实体都是由多个基本体组成的,AutoCAD 工具栏提供了几种常见几何体的创建命令。常用实体工具栏如图 9-20 所示。

选择菜单【绘图】→【建模】命令,在弹出的子菜单中包含多段体、长方体、楔体、圆锥体、球体、圆柱体、圆环体和棱锥体等命令,如图 9-21 所示。

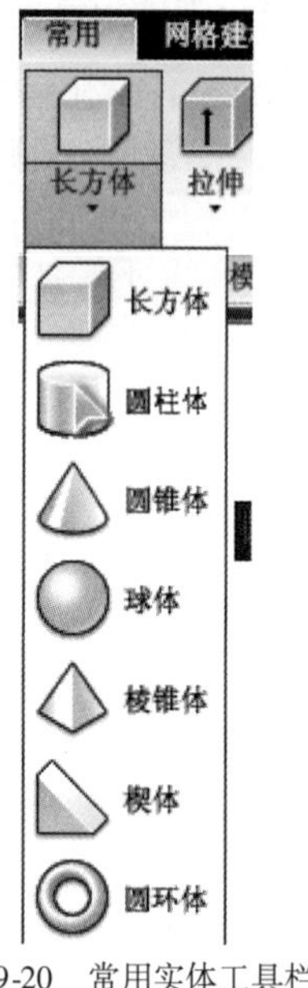

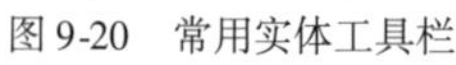
图 9-20　常用实体工具栏

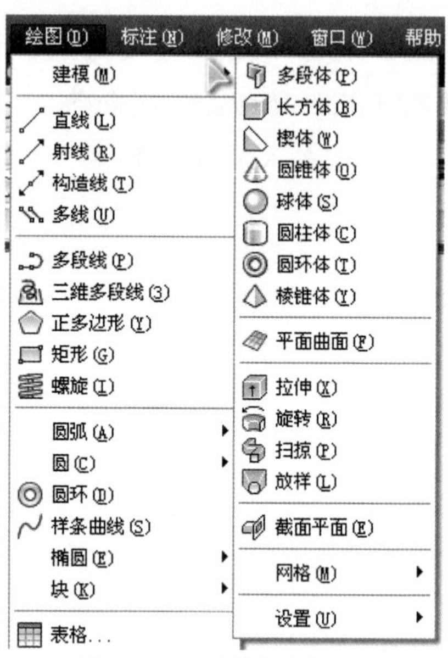

图 9-21　基本实体菜单命令栏

选择菜单命令【工具】→【工具栏】→AutoCAD 子菜单,提供了所有工具栏,建模基本实体工具栏如图 9-22 所示。

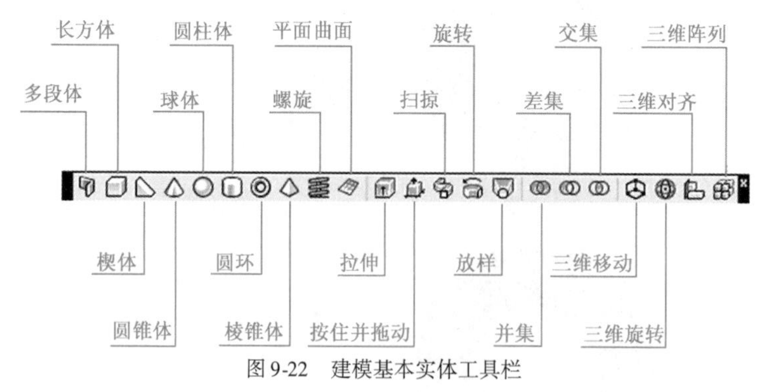

图 9-22　建模基本实体工具栏

9.3.1　多段体

1) 命令执行方法

工具栏:点击“建模”工具栏→“多段体”按钮。

菜单:选择【绘图】→【建模】→【多段体(P)】命令。

命令行：在命令行输入 Polysolid 后回车。

2）操作步骤

使用【多段体】命令绘制直角和曲线墙壁，如图 9-23 所示。

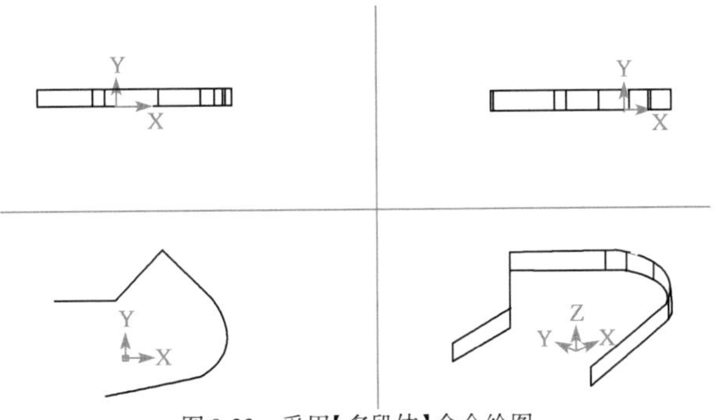

图 9-23 采用【多段体】命令绘图

命令：Polysolid	
高度 = 80.0000，宽度 = 5.0000，对正 = 居中	
指定起点或[对象(O)/高度(H)/宽度(W)/对正(J)] <对象>：	（点取一点）
指定下一个点或[圆弧(A)/闭合(C)/放弃(U)]：	（绘制水平线）
指定下一个点或[圆弧(A)/闭合(C)/放弃(U)]：	（绘制向上倾斜线）
指定下一个点或[圆弧(A)/闭合(C)/放弃(U)]：	（绘制向下倾斜线）
指定下一个点[圆弧(A)/闭合(C)/放弃(U)]：a	（回车，绘制圆弧形线段）
指定圆弧的端点或[闭合(C)/方向(D)/直线(L)/第二个点(S)/放弃(U)]：	（点击一点，指定圆弧的端点绘制圆弧形线段）
指定圆弧的端点或[闭合(C)/方向(D)/直线(L)/第二个点(S)/放弃(U)]：L	（绘制直线段，回车）

3）选项说明

（1）【指定圆弧的端点】：绘制圆弧形线段。

（2）【直线(L)】：输入 L，绘制直线段。

9.3.2 长方体

1）命令执行方法

工具栏：点击"建模"→"长方体"按钮。

菜单：选择【绘图】→【建模】→【长方体(B)】命令。

命令行：在命令行输入 Box 后回车。

功能：创建三维椭长方体实体对象。

2）操作步骤

使用角点命令绘制边长均为 10 的长方体的长方体因长、宽、高均相同可视为正方体，如图 9-24 所示。

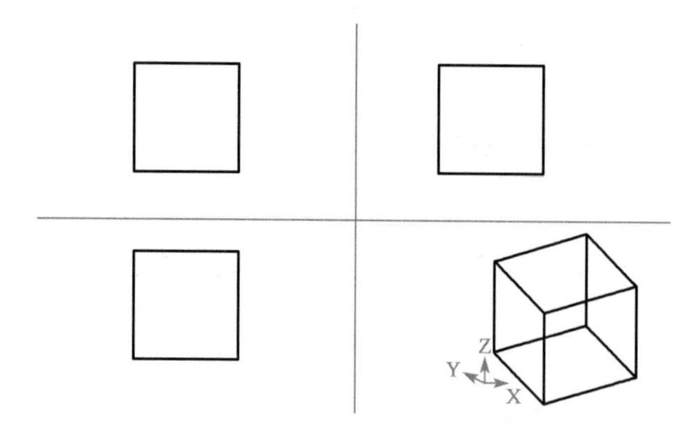

图 9-24　绘制长方体

```
命令:Box
指定第一个角点或[中心(C)]:                                  (点击一点,指定图形的一个角点)
指定其他角点或[立方体(C)/长度(L)]:10,10                       (指定 XY 平面上矩形大小)
指定高度或[两点(2P)]<10.0000>:10                             (指定高度,回车结束命令)
```

3)选项说明

(1)【指定第一个角点】:指定长方体的第一个角点。

(2)【指定其他角点】:指定长方体在 *XY* 平面上矩形大小的第二个点。

(3)【中心(C)】:通过指定长方体的中心点绘制长方体。

(4)【立方体(C)】:指定长方体的长、宽、高都为相同长度。

(5)【长度(L)】:通过指定长方体的长、宽、高来创建三维长方体。

9.3.3　楔体

1)命令执行方法

工具栏:点击"建模"工具栏→"楔体"按钮。

菜单:选择【绘图】→【建模】→【楔体(W)】命令。

命令行:在命令行输入 Wedge 后回车。

功能:创建三维楔体实体对象。

2)操作步骤

任意建立一个楔体,如图 9-25 所示。

```
命令:Wedge
指定第一个角点或[中心(C)]:                                  (点击一点,指定楔体位置)
指定其他角点或[立方体(C)/长度(L)]:                          (指定楔体底面矩形大小)
指定高度或[两点(2P)]<8.3727>:                              (点击一点,指定楔体高度,回车)
```

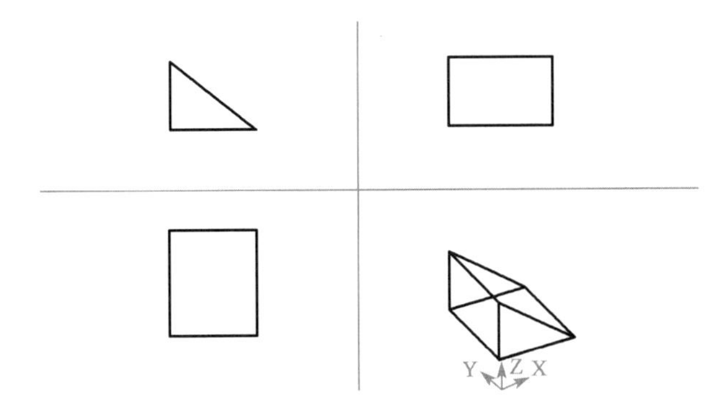

图9-25 绘制楔体

3)选项说明

(1)【指定第一个角点】:指定楔体的第一个角点。

(2)【指定其他角点】:点击一点,指定 XY 平面上底面矩形大小。

(3)【立方体(C)】:创建各条边都相等的楔体对象。

(4)【长度(L)】:分别指定楔体的长、宽、高。其中长度与 X 轴对应,宽度与 Y 轴对应,高度与 Z 轴对应。

(5)【中心点(C)】:指定楔体的中心点。

9.3.4 圆锥体和椭圆锥体、圆台体

1)绘制圆锥体

(1)命令执行方法

工具栏:点击“建模”工具栏→“圆锥体”按钮。

菜单:选择【绘图】→【建模】→【圆锥体(O)】命令。

命令行:在命令行输入 Cone 后回车。

功能:创建三维圆锥体实体对象。

(2)操作步骤

创建底面半径为10,高度为20的圆锥体,如图9-26所示。

命令:Cone	
指定圆锥体底面的中心点或[椭圆(E)]<0,0,0>:	(点取一点,指定底面圆心位置)
指定圆锥体底面半径或[直径(D)]:10	(指定底面圆半径)
指定圆锥体高度或[顶点(A)]:20	(指定高度,回车结束命令)

(3)选项说明

①【指定圆锥体底面的中心点】:指定圆锥体底面的中心点,创建三维圆锥体。

②【椭圆(E)】:创建一个底面为椭圆的三维圆锥体对象。

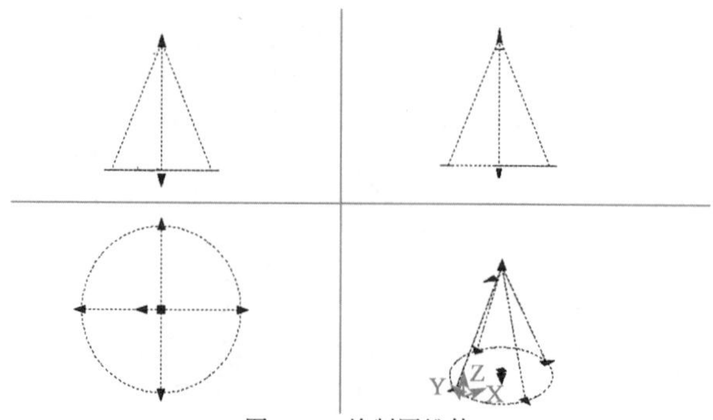

图9-26　绘制圆锥体

③【圆锥体高度】:指定圆锥体的高度。输入正值,则以当前用户坐标系统 UCS 的 Z 轴正方向绘制圆锥体;输入负值,则以 UCS 的 Z 轴负方向绘制圆锥体。

2)绘制椭圆锥体

(1)命令执行方法

工具栏:点击"建模"工具栏→"圆锥体"按钮。

菜单:选择【绘图】→【建模】→【圆锥体(O)】命令。

命令行:在命令行输入 Cone 后回车。

功能:创建三维椭圆锥体实体对象。

(2)操作步骤

绘制椭圆锥体,如图 9-27 所示。

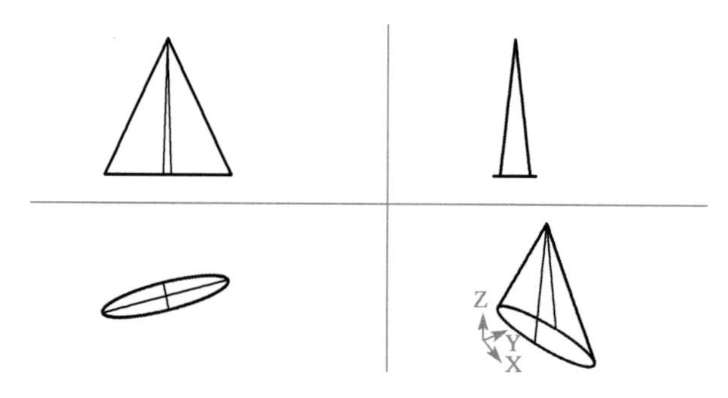

图9-27　绘制椭圆锥体

命令:Cone	
指定底面的中心点或[三点(3P)/两点(2P)/切点、切点、半径(T)/椭圆(E)]:E	(回车)
指定第一个轴的端点或[中心(C)]:	(在视图中点击,确定端点位置)
指定第一个轴的其他端点:60,0	(回车,即椭圆最大直径为60)
指定第二个轴的端点:10	(回车,即椭圆最小半径为10)
指定高度或[两点(2P)/轴端点(A)/顶面半径(T)]:90	(输入高度90,回车)

3)绘制圆台体

(1)命令执行方法

命令行:在命令行输入 Cone 后回车。

功能:创建三维圆台体实体对象。

(2)操作步骤

创建底面半径为200、顶部半径为100,高度为100的圆台体,如图9-28所示。

命令:Cone
指定底面的中心点或[三点(3P)/两点(2P)/切点、切点、半径(T)/椭圆(E)]: (点击中心)
指定底面半径或[直径(D)]<67.7106>:200
指定顶面半径<0.0000>:100
指定高度或[两点(2P)/轴端点(A)]:100

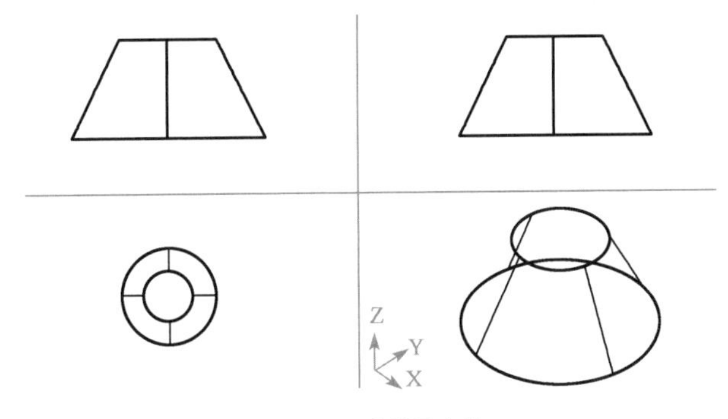

图9-28 绘制圆台体

9.3.5 球体

1)命令执行方法

工具栏:点击"建模"工具栏→"球体"按钮。

菜单:选择【绘图】→【建模】→【球体(S)】命令。

命令行:在命令行输入 Sphere 后回车。

功能:创建三维球体实体对象。

2)操作步骤

创建半径为10的球体,如图9-29所示。

命令:Sphere
指定中心点或[三点(3P)/两点(2P)/切点、切点、半径(T)]: (点击球心)
指定半径或[直径(D)]<100.0000>:100 (回车)

9.3.6 圆柱体、椭圆柱体

1)绘制圆柱体

(1)命令执行方法

工具栏:点击“建模”工具栏→“圆柱体”按钮。

菜单:选择【绘图】→【建模】→【圆柱体(C)】命令。

命令行:在命令行输入 Cylinder 后回车。

功能:创建三维圆柱体实体对象。

(2)操作步骤

创建半径为10、高度为10的圆柱体,如图9-30所示。

图9-29　圆球

命令:Cylinder	
指定底面的中心点或[三点(3P)/两点(2P)/切点、切点、半径(T)/椭圆(E)]:	(点击中心)
指定底面半径或[直径(D)] <128.9151 >:100	(输入半径100)
指定高度或[两点(2P)/轴端点(A)]:100	(输入高度100)

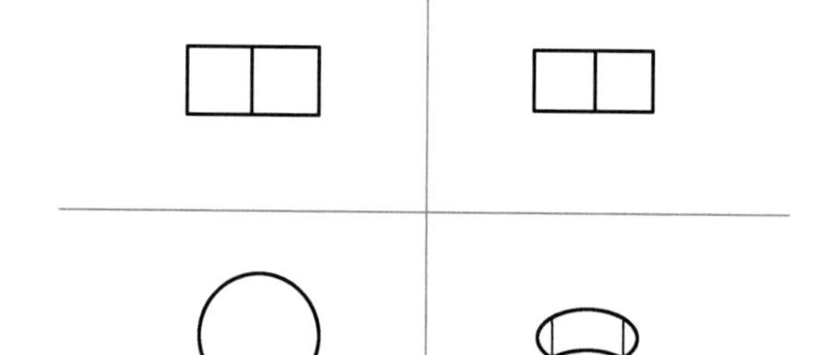

图9-30　绘制圆柱体

2)绘制椭圆柱体

(1)命令执行方法

工具栏:点击“建模”工具栏→“圆柱体”按钮。

菜单:选择【绘图】→【建模】→【圆柱体(C)】命令。

命令行:在命令行输入 Cylinder 后回车。

功能:创建三维椭圆柱体实体对象。

(2)操作步骤

创建大径为300、小径为100,高度为50的椭圆柱体,如图9-31所示。

命令:Cylinder	
指定底面的中心点或[三点(3P)/两点(2P)/切点、切点、半径(T)/椭圆(E)]:E	
指定第一个轴的端点或[中心(C)]:	(点击确定小轴第一个端点)
指定第一个轴的其他端点:50	(输入50回车,确定小轴直径100)
指定第二个轴的端点:150	(输入150回车,确定大轴半径300)
指定高度或[两点(2P)/轴端点(A)] <100.0000 >:100	(输入100确定高度)

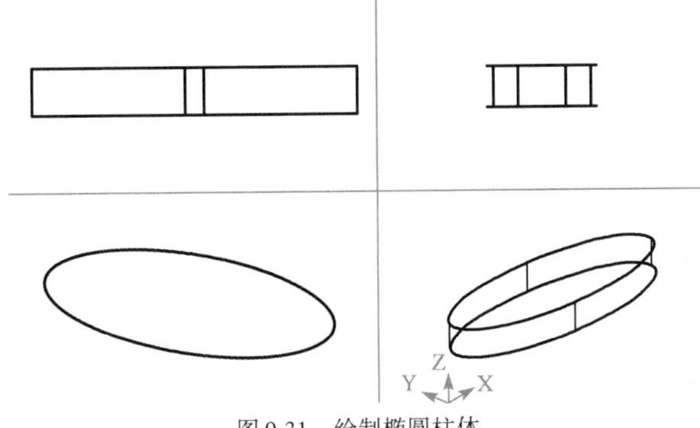

图9-31　绘制椭圆柱体

(3)选项说明

创建椭圆柱体,确定第一个轴数值为直径,第二个轴的数值为半径。

9.3.7　圆环

1)命令执行方法

工具栏:点击“建模”工具栏→“圆环体”按钮。

菜单:选择【绘图】→【建模】→【圆环体(T)】命令。

命令行:在命令行输入 Corus 后回车。

功能:创建三维圆环实体对象。

2)操作步骤

创建一个管状物半径为10,圆环半径为20的圆环,如图9-32所示。

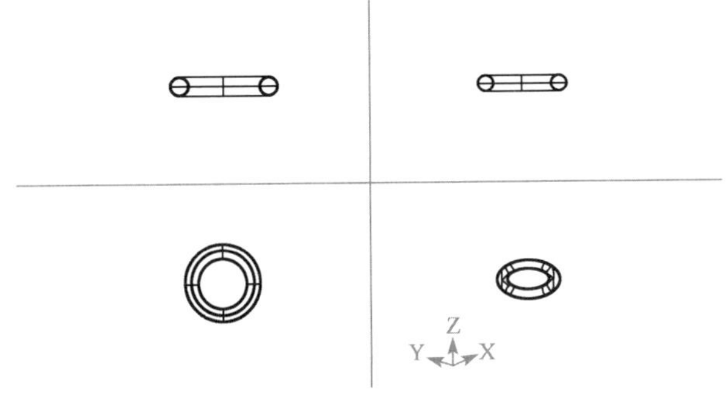

图9-32　绘制圆环体

命令:Corus
指定中心点或[三点(3P)/两点(2P)/切点、切点、半径(T)]:　　(点击圆环中心)
指定半径或[直径(D)]<100.0000>:50　　(输入圆环半径50)
指定圆管半径或[两点(2P)/直径(D)]:10　　(输入圆管半径10)

3)选项说明

(1)圆环由两个半径定义:一个是管状物的半径,另一个是圆环中心到管状物中心的距离。

(2)若指定的管状物的半径大于圆环的半径,即可绘制无中心的圆环,即自身相交的圆环。自交圆环体没有中心孔。

9.3.8 棱锥体、多面棱锥台

1)绘制棱锥体

(1)命令执行方法

工具栏:点击“建模”工具栏→“棱锥体”按钮。

菜单:选择【绘图】→【建模】→【棱锥体(P)】命令。

命令行:在命令行输入 Pyramid 后回车。

功能:创建三维棱锥体实体对象。

(2)操作步骤

创建一个虚拟底面半径为30,高为100的棱锥体,如图9-33所示。

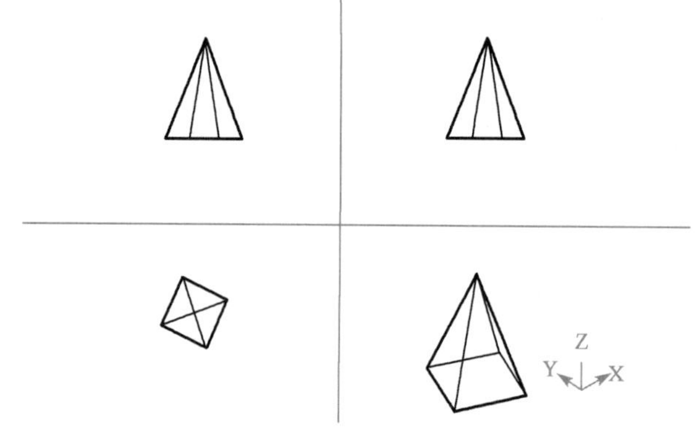

图9-33 绘制棱锥体

命令:Pyramid	
指定底面的中心点或[边(E)/侧面(S)]:	(点击确定虚拟底面中心点)
指定底面半径或[内接(I)]:30	(底面矩形内接于一个半径为30的虚拟圆)
指定高度或[两点(2P)/轴端点(A)/顶面半径(T)]:10	(高度为10)

(3)选项说明

①【边(E)】:棱锥一个边的长度。

②【侧面(S)】:根据所要求的棱锥的侧面数制作棱锥,可以输入3~32之间的数。

2)绘制多面棱锥台

(1)命令执行方法

工具栏:点击“建模”工具栏→“棱锥体”按钮。

菜单:选择【绘图】→【建模】→【棱锥体】命令。

命令行:在命令行输入 Pyramid 后回车。

功能:创建三维棱锥台实体对象。

(2)操作步骤

创建一个有12个面,虚拟下底面半径为30、顶面半径为150,高为150的多面棱锥台,如图9-34所示。

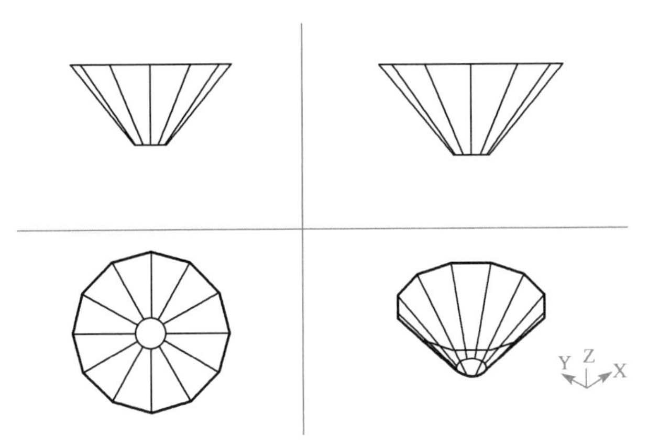

图9-34　绘制多面棱锥台

命令:Pyramid	
4个侧面　外切	
指定底面的中心点或[边(E)/侧面(S)]:S	(确定多边形棱锥)
输入侧面数 <4>:12	(12个侧面)
指定底面的中心点或[边(E)/侧面(S)]:	(点击中心)
指定底面半径或[内接(I)]:30	(输入底面半径30)
指定高度或[两点(2P)/轴端点(A)/顶面半径(T)]:T	
指定顶面半径 <0.0000>:150	(确定顶面半径150)
指定高度或[两点(2P)/轴端点(A)]:150	(输入高度150)

9.3.9　螺旋

1)命令执行方法

工具栏:点击“建模”工具栏→“螺旋”按钮。

菜单:选择【绘图】→【螺旋(I)】命令。

命令行:在命令行输入 Helix 后回车。

功能:创建二维螺旋图形或三维螺旋线。

2)操作步骤

创建一个底面半径为100、顶面半径为200,高为300的螺旋线,如图9-35所示。

```
命令:Helix
圈数=3.0000   扭曲=CCW
指定底面的中心点:
指定底面半径或[直径(D)]<74.2021>:100
指定顶面半径或[直径(D)]<100.0000>:200
指定螺旋高度或[轴端点(A)/圈数(T)/圈高(H)/扭曲(W)]:300
```

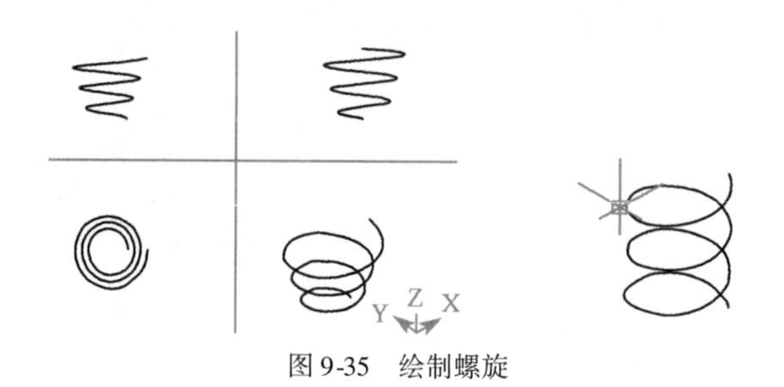

图9-35　绘制螺旋

3)选项说明

(1)如果高度为0,螺旋线不会有高度,创建的就是二维螺旋线。

(2)如果底面半径和顶面半径相当,螺旋线是圆柱形。

(3)【圈数(T)】:指定螺旋的圈数。螺旋的圈数不能超过500。圈数的默认值为3。绘制图形时,圈数的默认值始终是先前输入的圈数值。

(4)【圈高(H)】:指定螺旋内一个完整圈的高度。当指定圈高值时,螺旋中的圈数将相应地自动更新。如果已指定螺旋的圈数,则不能输入圈高的值。

(5)【扭曲(W)】:指定以顺时针(CW)方向还是以逆时针方向(CCW)绘制螺旋。螺旋旋转方向的默认值是逆时针。

9.4　通过二维图形创建三维模型

在视图中创建的弧、圆、直线、多段线、单行文字、宽线和点等二维图形,都可以创建为有厚度的三维外观的模型。

9.4.1　拉伸

1)命令执行方法

工具栏:点击“建模”工具栏→“拉伸”按钮。

菜单:选择【绘图】→【建模】→【拉伸(X)】命令。

命令行:在命令行输入Extrude后回车。

功能:通过【拉伸】命令将二维图形创建为有厚度的三维外观的模型。

2)操作步骤

对图9-36a)中的图形进行拉伸,拉伸高度为50,倾斜角为20°,结果如图9-36b)所示。

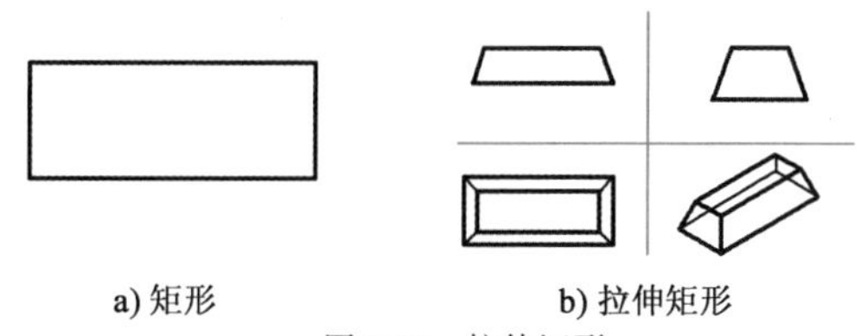

a) 矩形　　　b) 拉伸矩形

图 9-36 拉伸矩形

命令:Extrude

当前线框密度:ISOLINES = 4

选择要拉伸的对象:找到 1 个　　（在西南等轴测中选定二维矩形）

选择要拉伸的对象:　　（选定对象呈虚线后回车）

指定拉伸的高度或[方向(D)/路径(P)/倾斜角(T)]:T　　（输入倾斜角命令 T）

指定拉伸的倾斜角度 <20>:20　　（输入倾斜角 20°）

指定拉伸的高度或[方向(D)/路径(P)/倾斜角(T)]:50　　（输入拉伸高度 50,回车）

9.4.2 旋转对象

1)命令执行方法

工具栏:点击“建模”工具栏→“旋转”按钮。

菜单:选择【绘图】→【建模】→【旋转(R)】命令。

命令行:在命令行输入 Revolve 后回车。

功能:将选取的二维对象按指定的旋转轴旋转,最后形成实体。

2)操作步骤

将图 9-37a)中的图形进行旋转 360°,结果如图 9-37b)所示。

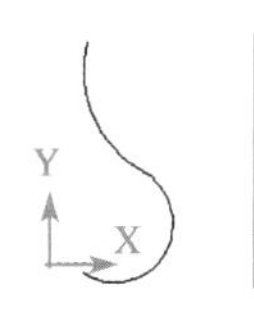

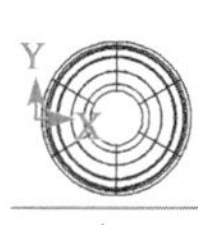

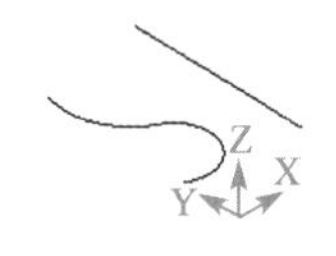

a) 平面图形　　　b) 旋转图形　　　c) 在三维图旋转图形

图 9-37 绘制旋转图形

首先在二维空间画出要旋转的对象和旋转轴。

命令:Revolve

当前线框密度:ISOLINES = 4

选择要旋转的对象:找到 1 个　　（点击曲线为旋转对象后回车）

选择要旋转的对象:

指定轴起点或根据以下选项之一定义轴[对象(O)/X/Y/Z] <对象>:　　（选直线）

指定轴端点:　　（在直线上选两个端点）

指定旋转角度或[起点角度(ST)] <360>:　　（回车,旋转 360°）

9.4.3 通过扫掠创建对象

1)命令执行方法

工具栏:点击“建模”工具栏→“扫掠”按钮。

菜单:选择【绘图】→【建模】→【扫掠(P)】命令。

命令行:在命令行输入 Sweep 后回车。

功能:将选取的二维对象沿开放或闭合的二维或三维路径扫掠成实体。

2)操作步骤

对图 9-38a)中的图形进行扫掠,结果如图 9-38b)所示。

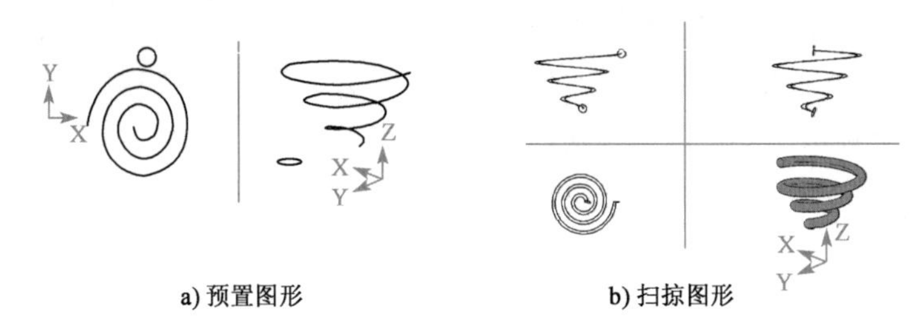

图 9-38　采用【扫掠】命令创建实体

命令:Sweep	
当前线框密度:ISOLINES = 4	
选择要扫掠的对象:找到 1 个	(选择圆形,回车)
选择要扫掠的对象:	
选择扫掠路径或[对齐(A)/基点(B)/比例(S)/扭曲(T)]:	(选择螺旋线作为路径,回车)

9.4.4 按住并拖动创建实体

1)命令执行方法

工具栏:点击“建模”工具栏→“按住并拖动”按钮。

命令行:在命令行输入 Presspull 后回车。

功能:通过拾取封闭区域,然后单击并拖动鼠标来创建实体。

2)操作步骤

按住图 9-39a)中的圆形并拖动,结果如图 9-39b)、c)所示。

在西南等轴测视图中创建一个立方体,并在侧面作一平面圆形。

命令:Presspull	(执行单击并拖动命令)
	(单击圆形以进行按住或拖动操作,点击圆形并沿 Z 轴拖动到立方体外)
已提取 1 个环:	(松开鼠标后,自动从立方体中减去圆柱孔,挖出一个洞)

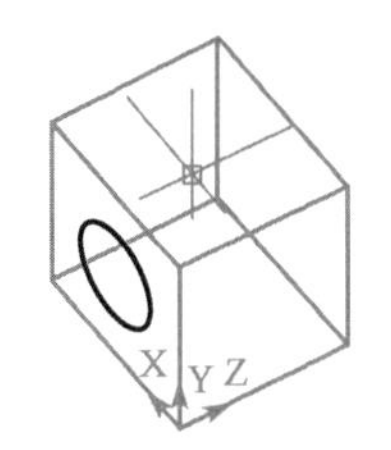

a) 绘制圆形

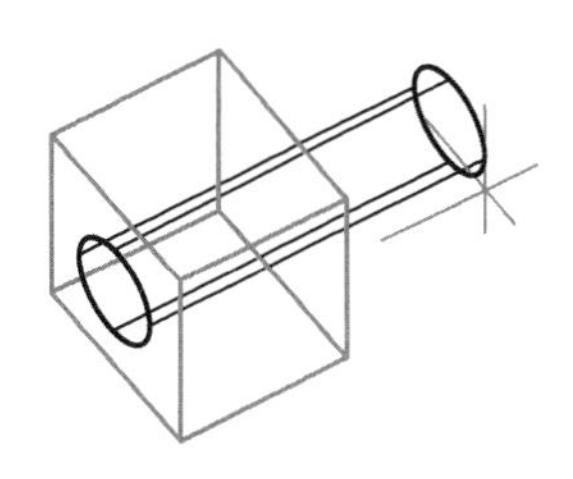

b) 按住并拖动圆形

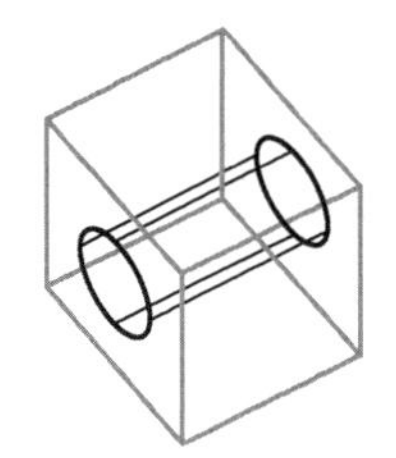

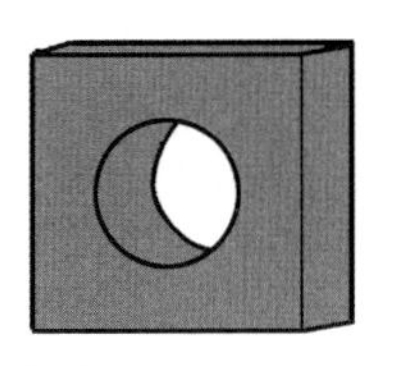

c) 圆柱孔自动被挖去

图 9-39　采用【按住并拖动】命令创建实体

9.4.5　通过放样创建实体

1) 命令执行方法

工具栏:点击“建模”工具栏→“放样”按钮。

菜单:选择【绘图】→【建模】→【放样(L)】命令。

命令行:在命令行输入 Loft 后回车。

2) 操作步骤

对图 9-40a) 中的图形选择放样,结果如图 9-40b)、c) 所示。

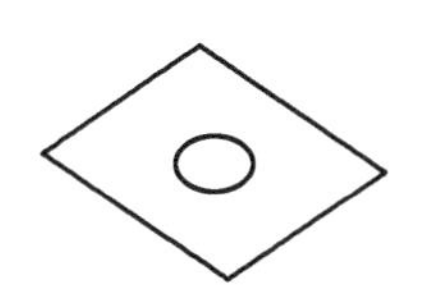

a) 作两个平面截面

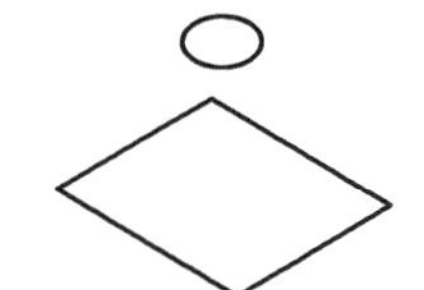

b) 圆形面移至 Z 轴正上方

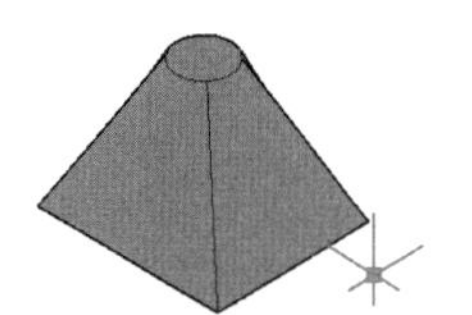

c) 放样成三维实体

图 9-40　采用【放样】命令将二维图形绘制成实体

在西南轴测图中分别作矩形和圆形二维图形,将圆形沿 Z 轴正方向上移。

命令:Loft	
按放样次序选择横截面:找到 1 个	(先选择圆形横截面)
按放样次序选择横截面:找到 1 个,总计 2 个	(后选择矩形横截面)
按放样次序选择横截面:	(回车)
输入选项[导向(G)/路径(P)/仅横截面(C)] <仅横截面>:C	(选择仅横截面,回车)

系统自动打开“放样设置”对话框,如图 9-41 所示。选择【平滑拟合】单选项,点击

确定按钮,放样效果如图9-40c)所示。

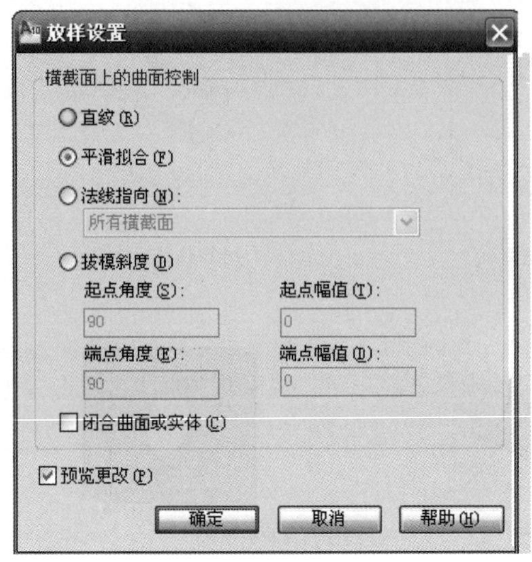

图9-41 “放样设置”对话框

9.5 创建三维实体

AutoCAD 的实体建模由 AutoCAD 提供的基本模型和用户绘制的模型组合而成,要想创建复杂实体,形体分析是关键。利用系统提供的交、并、差集组合布尔运算,阵列、移动、对齐等实体操作,最终组合成复杂实体。

9.5.1 通过布尔运算创建复杂实体

1)对象并集

(1)命令执行方法

工具栏:点击“实体编辑”工具栏→“并集”按钮。

菜单:选择【修改】→【实体编辑(N)】→【并集(U)】命令。

命令行:在命令行输入 Union 后回车。

功能:将两个实体组合为一体。

(2)操作步骤

对图9-42a)中的两个圆柱体组合求并集,结果如图9-42b)所示。

```
命令:Union
选择对象:找到1个
选择对象:总计2个                    (点击大圆柱、小圆柱,回车,将两个物体生成一体)
```

2)对象差集

(1)命令执行方法

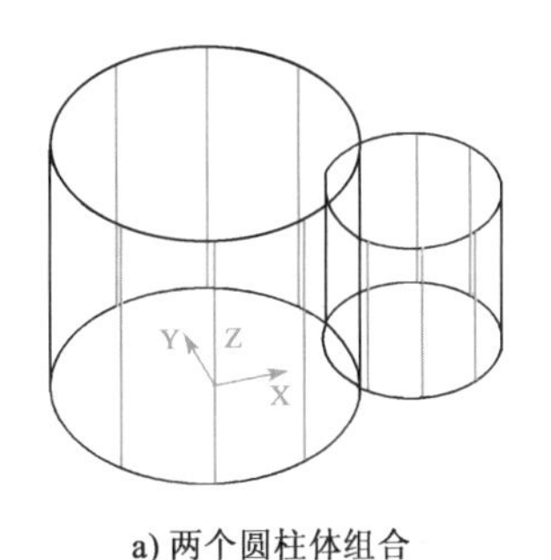

a) 两个圆柱体组合

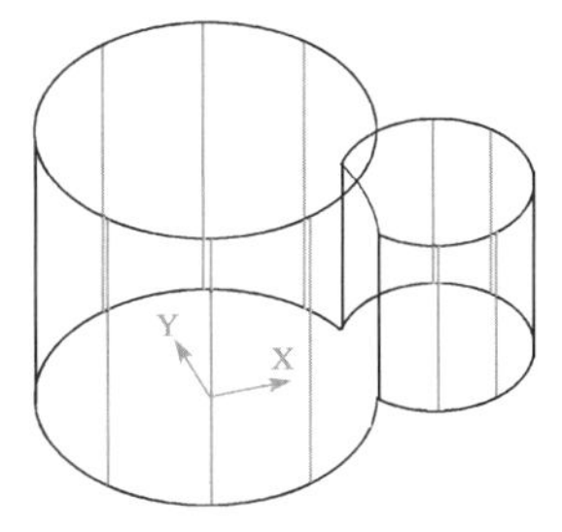

b) 除去两个圆柱体公共部分

图 9-42 对两个圆柱体执行【并集】命令

工具栏：点击“实体编辑”工具栏→“差集”按钮。

菜单：选择【修改】→【实体编辑(N)】→【差集(S)】命令。

命令行：在命令行输入 Subtract 后回车。

功能：从一个实体中减去另一个实体。

(2) 操作步骤

对图 9-43a) 中相交的大的圆柱体和小的圆柱体，利用【差集】命令，从大圆柱体上减去小圆柱体，达到在大圆柱体上打孔的效果，结果如图 9-43b) 所示。

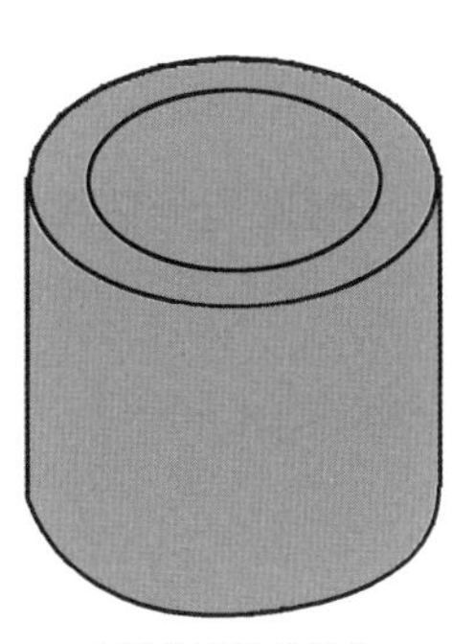
a) 两个圆柱体组合

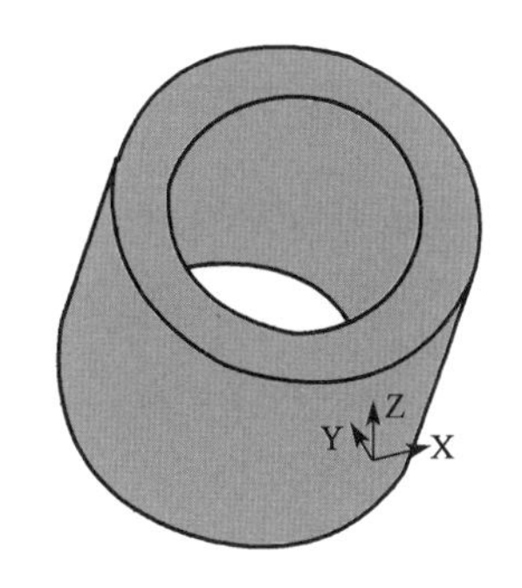

b) 对两个圆柱体相减

图 9-43 对两个圆柱体执行【差集】命令

命令：Subtract	(选择要从中减去的实体、曲面和面域)
选择对象：找到 1 个	(选择大圆柱，选择要留下的对象)
选择对象：	(选择对象数量，回车)

3) 交集

(1) 命令执行方法

工具栏：点击“实体编辑”工具栏→“交集”按钮。

菜单:选择【修改】→【实体编辑】→【交集(I)】命令。

命令行:在命令行输入 Intersect 后回车。

功能:对两个实体求公共部分。

(2)操作步骤

将图 9-44a)中两实体相交部分形成新的实体同时删除多余部分,结果如图 9-44b)所示。

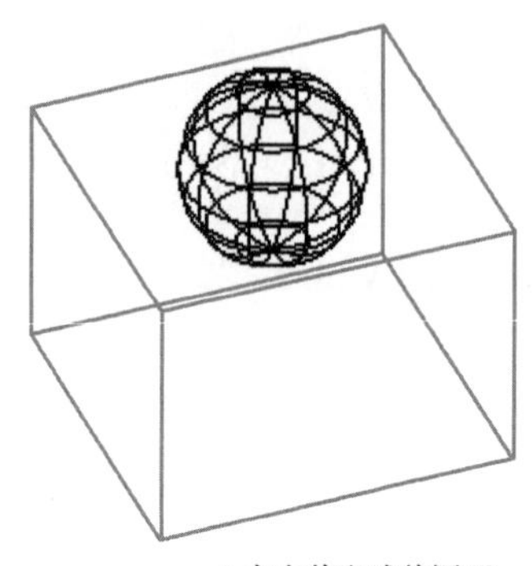

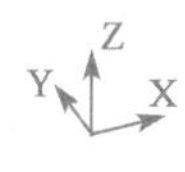

a)立方体和球体图形　　b)实体的公共部分

图 9-44　对两个实体执行交集【命令】

命令:Intersect	
选择对象:找到 1 个	(选择一个实体,选择要编辑的实体球体)
选择对象:找到 1 个,总计 2 个	(选择另一个实体,选择要编辑的实体长方体)
选择对象:	(回车)

9.5.2　实体三维操作

在三维实体操作中也可以使用"阵列",在一个平面上创建矩形阵列和环形阵列,同样也可以使用移动、旋转、对齐等进行实体三维操作。

1)三维阵列

(1)矩形阵列

执行该阵列,系统将按行、列、层复制对象。

①命令执行方法:

工具栏:点击"修改"工具栏→"三维阵列"按钮。

菜单:选择【修改】→【三维操作(3)】→【三维阵列(3)】命令。

命令行:在命令行输入 3Darray 后回车。

功能:快速复制实体对象。

②操作步骤:

将图 9-45 中的实体 A 按 3 行、3 列、3 层进行矩形阵列,结果如图 9-45 所示实体 B。

命令:3Darray	(三维阵列)
选择对象:找到 1 个	(选择要阵列的对象 A)

选择对象:　　(回车)
输入阵列类型[矩形(R)/环形(P)] <矩形>:R　　(选择矩形阵列)
输入行数(---) <1>:3　　(*Y* 轴方向行数三行)
输入列数(|||) <1>:3　　(*X* 轴方向列数三列)
输入层数(...) <1>:3　　(*Z* 轴方向层数三层)
指定行间距(---):20　　(行间距 20)
指定列间距(|||):20　　(列间距 20)
指定层间距(...):20　　(层间距 20,回车)

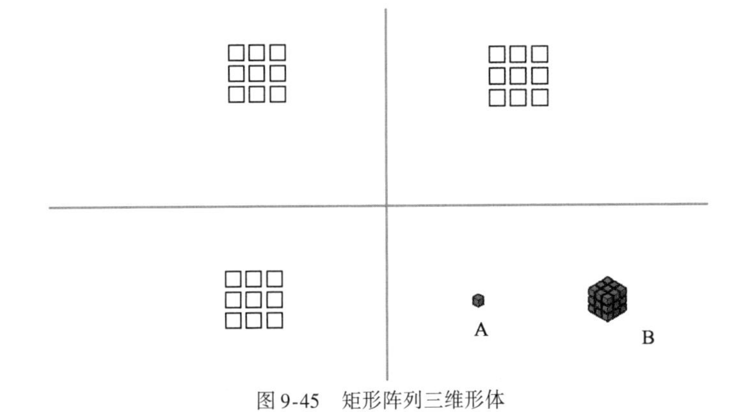

图 9-45　矩形阵列三维形体

(2)环形阵列

执行该阵列,系统将依指定的轴线产生复制对象。

将图 9-46 中的实体 A 按阵列数为 8 进行环形阵列,结果如图 9-46 所示实体 B。

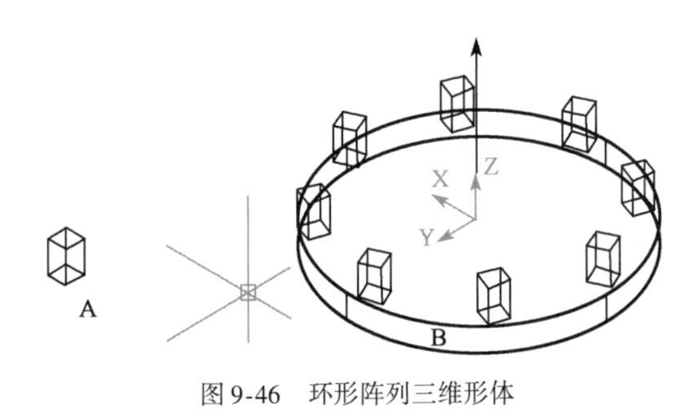

图 9-46　环形阵列三维形体

命令:Darray
选择对象:找到 1 个　　(选择长方体 A)
选择对象:
输入阵列类型[矩形(R)/环形(P)] <矩形>:P　　(选择环形)
输入阵列中的项目数目:8　　(阵列数为 8 个)
指定要填充的角度(+=逆时针,-=顺时针) <360>:　　(360°填充,回车)

旋转阵列对象?【是(Y)/否(N)】<Y>:	(实体A自身旋转,回车)
指定阵列的中心点:	(在圆盘底面上中心点击一点)
指定旋转轴上的第二点:	(沿Z轴正方向点击一点,回车)

2)三维镜像

三维【镜像】命令是指定一个平面,在这个平面的另一侧创建镜像对象。通常要指定三个点来确定平面的位置。

(1)命令执行方法。

工具栏:点击"修改"工具栏→"三维镜像"按钮%。

菜单:选择【修改】→【三维操作(3)】→【三维镜像(D)】命令。

命令行:在命令行输入 Mirror3D 后回车。

功能:对称复制实体对象。

2)操作步骤

将图9-47a)中的实体按端面部分进行镜像,使之成为一个对称的实体,结果如图9-47b)所示。

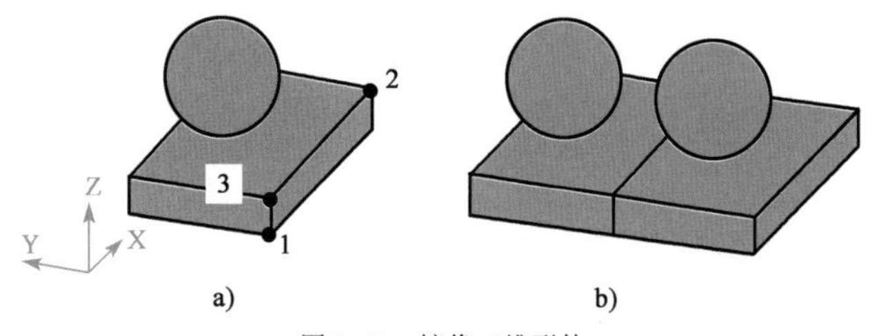

图9-47　镜像三维形体

命令:Mirror3D	
选择对象:	[选择图9-47a)的球和长方体]
指定镜像平面(三点)的第一个点或[对象(O)/最近的(L)/Z轴(Z)/视图(V)/XY平面(XY)/YZ平面(YZ)/ZX平面(ZX)/三点(3)]<三点>:	(选择三点方式)
在镜像平面上指定第一点:	(点击第1点)
在镜像平面上指定第二点:	(点击第2点)
在镜像平面上指定第三点:	(点击第3点)
是否删除源对象?[是(Y)/否(N)]<否>:N	[不删除图9-47a)实体,回车]

(3)选项说明

①【三点(3)】:通过指定三个点来确定镜像平面。

②【XY平面(XY)】/[YZ平面(YZ)]/[ZX平面(ZX)】:以 *XY*、*YZ* 或 *ZX* 平面来定义镜像平面。

3）三维对齐

（1）命令执行方法

工具栏：点击“修改”工具栏→“三维对齐”按钮。

菜单：选择【修改】→【三维操作（3）】→【三维对齐（A）】命令。

命令行：在命令行输入3Dalign后回车。

功能：在三维空间通过移动、旋转或倾斜对象与另一对象对齐。

（2）操作步骤

将图9-48a）中的实体以楔体abc三点为源对象点，对齐实体123各点，结果如图9-48b）所示。

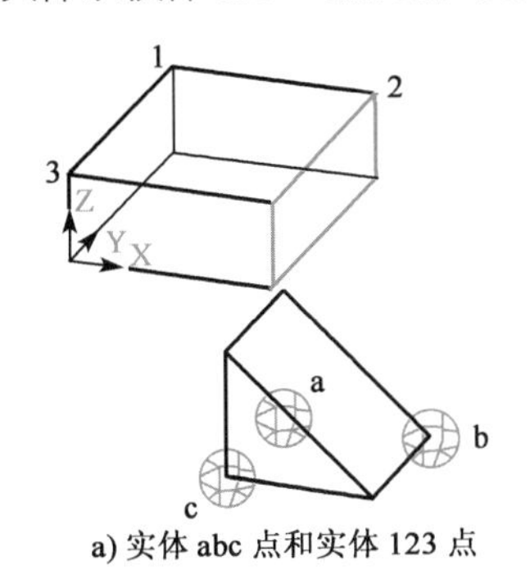

a）实体abc点和实体123点

b）两个三维实体对齐

图9-48 对齐三维形体

```
命令：3Dalign
选择对象：找到1个                                          （选择楔体）
选择对象：                                                    （回车）
指定源平面和方向...
指定基点或[复制(C)]：                         （指定a点为源对象第一点）
指定第二个点或[继续(C)]<C>：                  （指定b点为源对象第二点）
指定第三个点或[继续(C)]<C>：                  （指定c点为源对象第三点）
指定目标平面和方向...
指定第一个目标点：                            （指定1点为目标点第一点）
指定第二个目标点或[退出(X)]<X>：              （指定2点为目标点第二点）
指定第三个目标点或[退出(X)]<X>：      （指定3点为目标点第三点对齐，回车）
```

4）三维旋转

（1）命令执行方法

工具栏：点击“修改”→“三维旋转”按钮。

菜单：选择【修改】→【三维操作（3）】→【三维旋转（R）】命令。

命令行：在命令行输入3Drotate后回车。

功能：绕着三维的轴旋转对象。

（2）操作步骤

将图9-49a)中的实体以图9-49b)中绿线为轴,旋转90°,结果如图9-49c)所示。

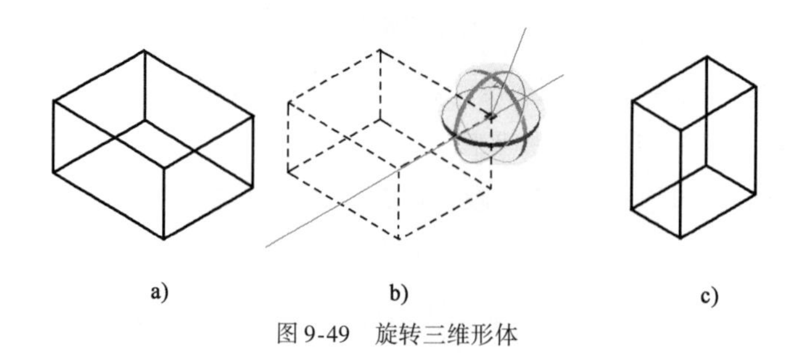

图9-49　旋转三维形体

命令:3Drotate	
UCS当前的正角方向:ANGDIR=逆时针　ANGBASE=0	
选择对象:找到1个	(选择实体)
选择对象:	(回车,出现旋转夹点工具)
指定基点:	(选定位置单击指定点为基点)
拾取旋转轴:	(拾取 *X* 轴为旋转轴)
指定角的起点或键入角度:90	(输入旋转角度为90°,回车)

9.6 特殊视图

为了清晰的表达出实体具体结构以及实体内部组成部分的相互关系,AutoCAD2010提供了绘制三维实体的剖视图、截面图和分解实体的功能。

9.6.1　剖面图

1)命令执行方法

工具栏:点击“实体编辑”工具栏→“剖切”按钮。

菜单:选择【修改】→【三维操作(3)】→【剖切(S)】命令。

命令行:在命令行输入Slice后回车。

功能:真实的表达内部具体结构。

2)操作步骤

对图9-50a)中的立方体进行剖切,留下一个四面体,结果如图9-50b)所示。

命令:Slice	
选择要剖切的对象:找到1个	(选择实体A)
选择要剖切的对象:	(回车)
指定切面的起点或[平面对象(O)/曲面(S)/Z轴(Z)/视图(V)/XY面(XY)/YZ面(YZ)/ZX面(ZX)/三点(3)]	
<三>:	(选择三点确定剖切位置)

指定平面上的第一个点：　　　　(点击A体的点1)
指定平面上的第二个点：　　　　(点击A体的点2)
指定平面上的第三个点：　　　　(点击A体的点3)
在所需的侧面上指定点或[保留两个侧面(B)]<保留两个侧面>：　　　　(点击A体的点4保留此面,回车)

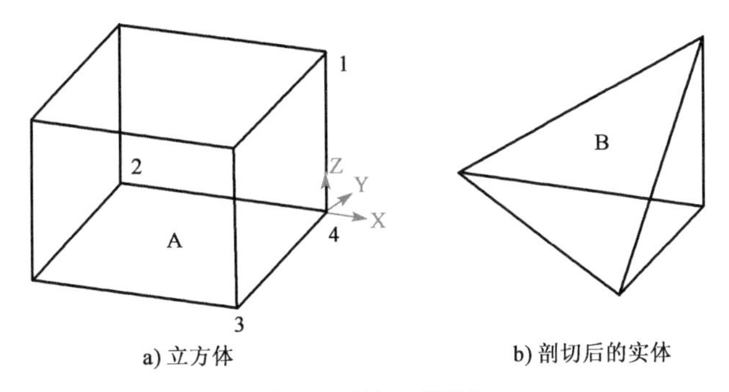

a)立方体　　b)剖切后的实体

图9-50　剖切三维形体

3)选项说明

(1)【XY面(XY)】:通过在*XY*平面指定一个点来确定剪切平面所在的位置,并使剪切平面与当前用户坐标系统UCS的*XY*平面对齐。

(2)【YZ面(YZ)】:通过在*YZ*平面指定一个点来确定剪切平面所在的位置,并使剪切平面与当前用户坐标系统UCS的*YZ*平面对齐。

(3)【ZX面(ZX)】:通过在*ZX*平面指定一个点来确定剪切平面所在的位置,并使剪切平面与当前用户坐标系统UCS的*ZX*平面对齐。

9.6.2　分割

1)命令执行方法

工具栏:点击"实体编辑"工具栏→"剖切"按钮。

菜单:选择【修改】→【实体编辑(N)】→【分割(S)】命令。

命令行:在命令行输入Solidedit后回车。

2)操作步骤

对图9-51差集后的球体进行分割,留下两个独立的球冠。

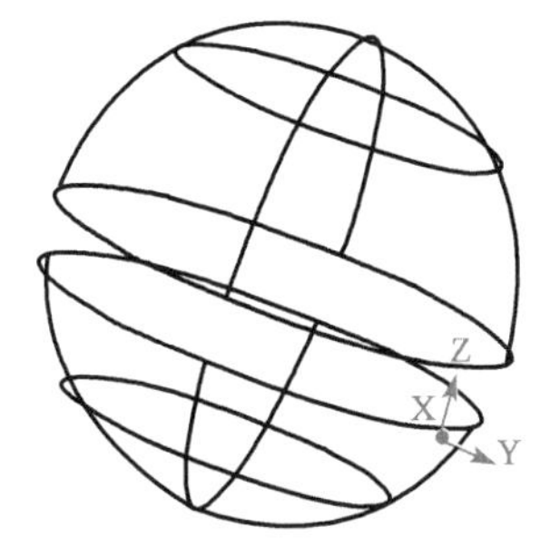

图9-51　分割三维形体

命令:Solidedit
实体编辑自动检查:SOLIDCHECK=1
输入实体编辑选项[面(F)/边(E)/体(B)/放弃(U)/退出(X)]<退出>：　　　　(选择球体上冠,回车)
输入实体编辑选项[压印(I)/分割实体(P)/抽壳(S)/清除(L)/检查(C)/放弃(U)/退出(X)]<退出>:P
选择三维实体：　　　　(选择球体下冠)
输入实体编辑选项：　　　　(回车)

3)选项说明

注意只能分割不相连的实体,分割相连的实体用【剖切】命令。

9.7 编辑三维实体

9.7.1 编辑三维实体的面

三维实体由面、边、体组成,选择菜单【修改】→【实体编辑】中的相关菜单项,可以对实体的面进行拉伸、移动、偏移、旋转、倾斜、着色和复制等操作;对实体的边执行压印、着色和复制等操作;对实体执行清除、抽壳、检查等操作。

1)拉伸实体对象上的面

(1)拉伸倾斜面

①命令执行方法:

工具栏:点击"实体编辑"工具栏→"拉伸面"按钮。

菜单:选择【修改】→【实体编辑(N)】→【拉伸面(E)】命令。

命令行:在命令行输入 Extrude 后回车。

功能:将选取的三维实体对象上的面拉伸指定的高度、倾斜角或按指定的路径拉伸。

②操作步骤:

图 9-52a)的 A 面进行拉伸和倾斜 20°,结果如图 9-52b)所示的 B 面。

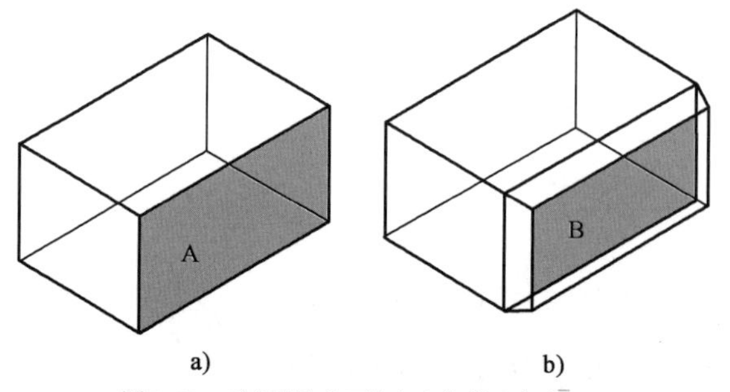

图 9-52 采用【拉伸面】命令拉伸和倾斜面

选择面或[放弃(U)/删除(R)]:	(找到 1 个面。在实体 A 中选择面,选中的面呈虚线显示,回车)
指定拉伸高度或[路径(P)]:50	(指定拉伸长度 50)
指定拉伸的倾斜角度 <0>:20	(拉伸倾斜角 20°)

③选项说明:

a. 输入正角度值,选定的面将向内产生倾斜的面。

b. 输入负角度值,选定的面将向外产生倾斜的面。

(2)沿路径拉伸/倾斜面

①操作步骤:

对图9-53a)中的A面进行沿路径拉伸和倾斜68°,结果如图9-53b)所示的B面。

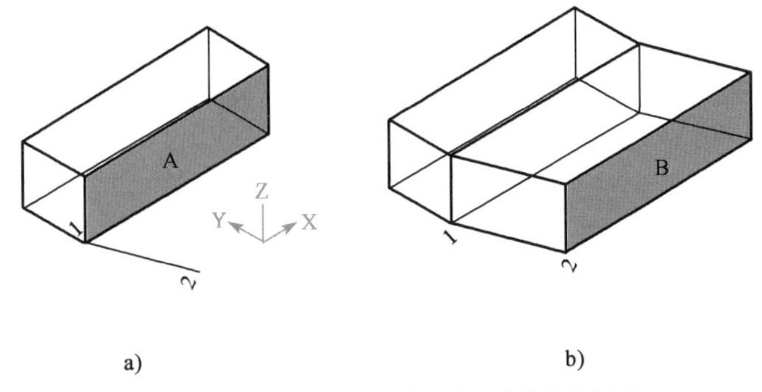

图9-53 采用【拉伸面】命令沿路径拉伸和倾斜面

在图9-53a)的A面中绘制一条直线1~2为路径,1为起点,2为终点。

选择面或[放弃(U)/删除(R)]:找到一个面	(点击为虚线,回车)
选择面或[放弃(U)/删除(R)/全部(ALL)]:	(回车)
指定拉伸高度或[路径(P)]:P	(指定路径p)
选择拉伸路径:	(选择路径1~2,回车)

②选项说明:

建模工具栏的"拉伸"按钮与实体工具栏中的"拉伸面"按钮图形相同,但功能不同。

a.建模工具栏中的"拉伸"按钮是针对二维图形和面域进行拉伸,产生三维厚度。

b.实体工具栏中的"拉伸面"按钮是针对三维实体对象表面上的一个面进行拉伸的。

2)移动实体对象上的面

(1)命令执行方法

工具栏:点击"实体编辑"工具栏→"移动面"按钮。

菜单:选择【修改】→【实体编辑(N)】→【移动面(M)】命令。

命令行:在命令行输入Move后回车。

功能:以指定距离移动选定的三维实体对象的面。

(2)操作步骤

对图9-54a)的实体面A进行移动,结果如图9-54b)所示B。

实体编辑自动检查:SOLIDCHECK=1	
[拉伸(E)/移动(M)/旋转(R)/偏移(O)/倾斜(T)/删除(D)/复制(C)/颜色(L)/材质(A)/放弃(U)/退出(X)]<退出>:M	
选择面或[放弃(U)/删除(R)]:找到一个面	(点击要选择面,呈虚线,未准确选中)
选择面或[放弃(U)/删除(R)/全部(ALL)]:找到2个面	(再次点击要选择面,呈虚线,未选中)
选择面或[放弃(U)/删除(R)/全部(ALL)]:R	(删除是虚线但不是要选择的面)
删除面或[放弃(U)/添加(A)/全部(ALL)]:找到2个面,已删除1个	(点击不需要的面,删去)

删除面或[放弃(U)/添加(A)/全部(ALL)]:找到2个面,已删除0个　　(回车,留下需要的面)
指定基点或位移:　　(指定C点为基点)
指定位移的第二点:-50,0,0　　(回车,指定X轴负方向从C点到删除面的距离坐标)

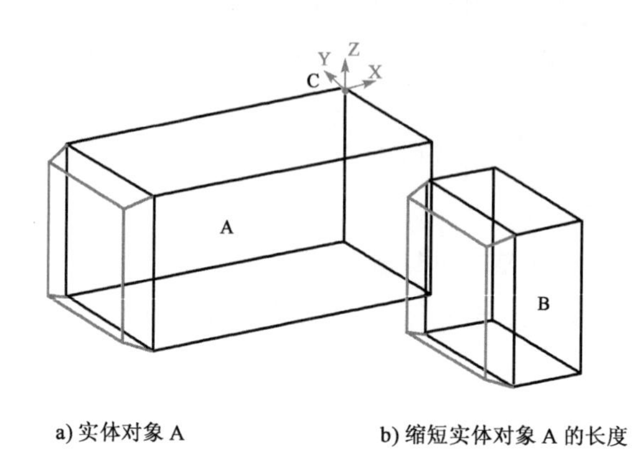

a)实体对象A　　b)缩短实体对象A的长度

图9-54　移动三维形体的面

3)偏移实体对象上的面

(1)命令执行方法

工具栏:点击"实体编辑"工具栏→"偏移面"按钮。

菜单:选择【修改】→【实体编辑(N)】→【偏移面(O)】命令。

命令行:在命令行输入Offset后回车。

功能:将选取的面以指定的距离从原始位置向内或向外均匀地偏移实体面。

(2)操作步骤

对图9-55a)实体中的孔进行偏移,指定偏移距离为-20,结果如图9-55b)所示。

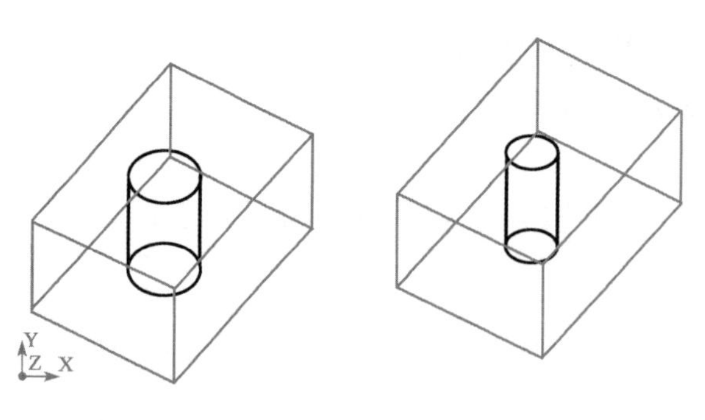

a)选择实体中的孔　　b)对孔进行偏移

图9-55　偏移实体中的孔

点击"偏移面"按钮,选择实体中的孔,该孔呈现出虚线,指定偏移距离,输入-20回车两次。

4）删除实体对象上的面

（1）命令执行方法

工具栏：点击“实体编辑”工具栏→“删除面”按钮。

菜单：选择【修改】→【实体编辑(N)】→【删除面(D)】命令。

命令行：在命令行输入 Delete 后回车。

功能：删除三维实体对象上选择的面、圆角和倒角。

（2）操作步骤

对图9-56a）实体中的孔进行删除，结果如图9-56b）所示。

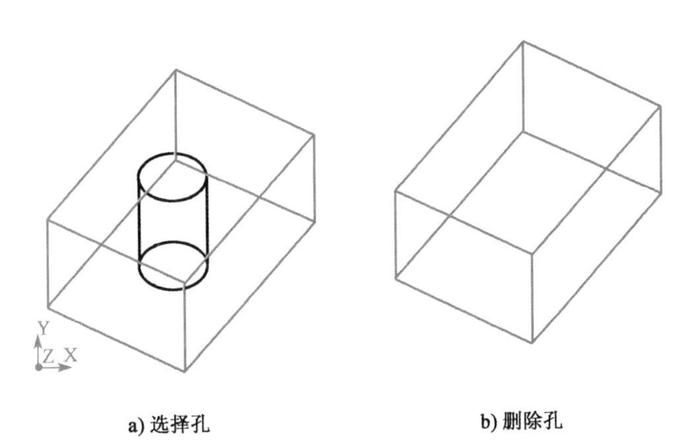

a）选择孔　　b）删除孔

图9-56　删除实体中的孔

点击“删除面”按钮，选择实体中的孔，该孔呈现出虚线，回车三次。

5）旋转实体对象上的面

（1）命令执行方法

工具栏：点击“实体编辑”工具栏→“旋转面”按钮。

菜单：选择【修改】→【实体编辑(N)】→【旋转面(A)】命令。

命令行：在命令行输入 Rotate 后回车。

功能：将实体上选取的面围绕指定的轴旋转一定角度。

（2）操作步骤

将图9-57a）实体中的槽旋转60°，结果如图9-57b）所示。

命令：Rotate
选择面或[放弃(U)/删除(R)]：找到2个面　　（西南视口中点击要旋转的内孔面，选中的面呈虚线显示。所有的内孔面一定要全部选中，即没有一条实线）
选择面或[放弃(U)/删除(R)/全部(ALL)]：　　（回车）

指定轴点或[经过对象的轴(A)/视图(V)/X 轴(X)/Y 轴(Y)/Z 轴(Z)]<两点>:Z　　(指定旋转轴为 Z 轴)
指定旋转原点<0,0,0>:　　(选择孔的中心点)
指定旋转角度或[参照(R)]:60　　(旋转角度为 60°,回车)

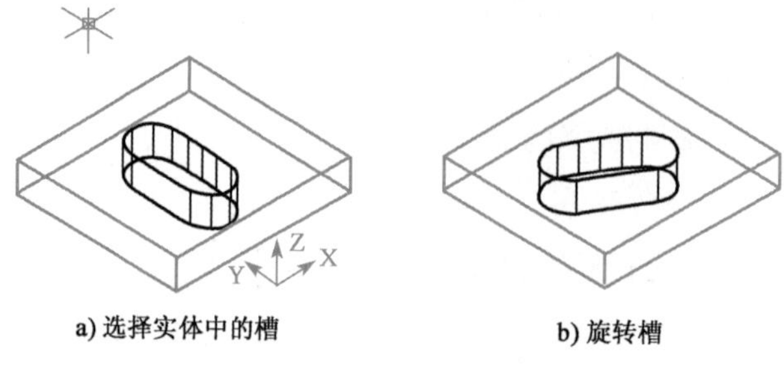

a) 选择实体中的槽　　b) 旋转槽

图 9-57　旋转实体中的槽

6) 倾斜实体对象上的面

(1) 命令执行方法

工具栏:点击“实体编辑”工具栏→“倾斜面”按钮。

菜单:选择【修改】→【实体编辑(N)】→【倾斜面(T)】命令。

命令行:在命令行输入 Taper 后回车。

功能:将实体上选取的表面按指定的方向和角度进行倾斜。

(2) 操作步骤

将图 9-58a) 的实体表面倾斜 60°,结果如图 9-58b) 所示。

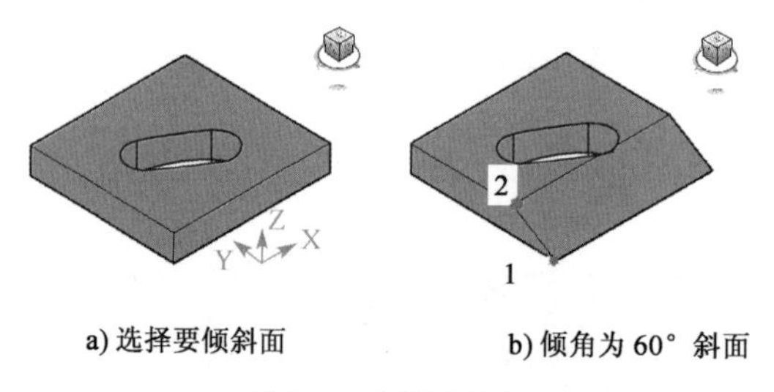

a) 选择要倾斜面　　b) 倾角为 60° 斜面

图 9-58　倾斜实体表面

命令:Taper
选择面或[放弃(U)/删除(R)]:找到一个面　　(点击要倾斜的面,使之呈虚线显示)
选择面或[放弃(U)/删除(R)/全部(ALL)]:　　(回车)
指定基点:　　(指定第 1 点为基点)
指定沿倾斜轴的另一个点:　　(指定第 2 点)
指定倾斜角度:60　　(指定倾斜角为 60°,回车)

7) 复制实体对象上的面

(1) 命令执行方法

工具栏：点击“实体编辑”工具栏→“复制面”按钮。

菜单：选择【修改】→【实体编辑(N)】→【复制面(F)】命令。

命令行：在命令行输入 Copy 后回车。

功能：将实体上选取的表面复制到指定的位置。

(2)操作步骤

复制图 9-59a)中的实体表面，结果如图 9-59b)所示。

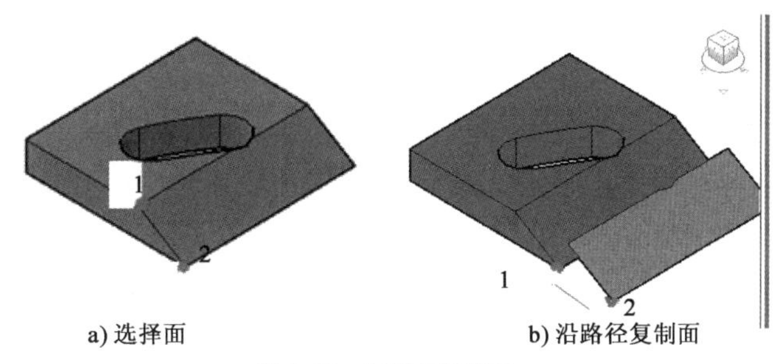

图 9-59 复制实体表面

命令：Copy	
输入面编辑选项	
选择面或[放弃(U)/删除(R)]：找到一个面	(点击要复制的面，使之呈虚线显示)
选择面或[放弃(U)/删除(R)/全部(ALL)]：	(回车)
指定基点或位移：	(指定基点为第一点)
指定位移的第二点：	(指定位移点为第二点)
	(回车，将选定面复制到第二点位置)

8)着色实体对象上的面

(1)命令执行方法

工具栏：点击“实体编辑”工具栏→“着色面”按钮。

菜单：选择【修改】→【实体编辑(N)】→【着色面(C)】命令。

命令行：在命令行输入 Color 后回车。

功能：为选取的面指定线框的颜色。

(2)操作步骤

对图 9-60a)的实体表面进行着色，结果如图 9-60b)所示。

命令行：Color	
选择面或[放弃(U)/删除(R)]：找到一个面	(选中面为虚线)
选择面或[放弃(U)/删除(R)/全部(ALL)]：找到 2 个面	(选中面为虚线)
选择面或[放弃(U)/删除(R)/全部(ALL)]：找到 3 个面	(选中面为虚线，回车，弹出“颜色”对话框，选择颜色后确定，回车两次)

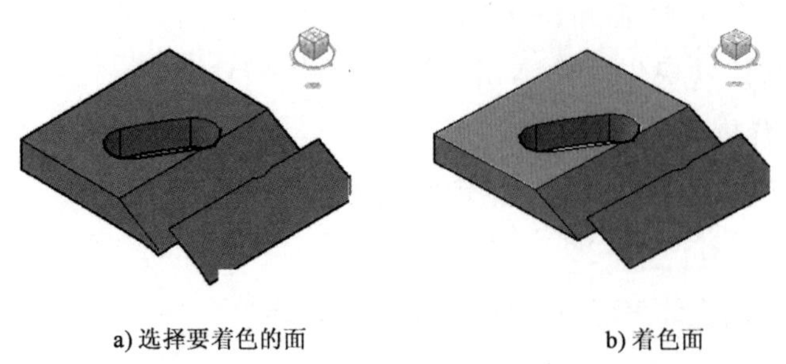

a)选择要着色的面　　b)着色面

图9-60　为实体表面着色

9.7.2　编辑三维实体的边

三维实体的面是由多个边组成的,因此通过对实体的边执行压印、着色和复制等操作的修改编辑,可以改变面的造型。

1)着色对象体上的边

(1)命令执行方法

工具栏:点击"实体编辑"工具栏→"着色边"按钮。

菜单:选择【修改】→【实体编辑(N)】→【着色边(L)】命令。

命令行:在命令行输入 Color 后回车。

功能:将三维实体上选择的边以要求的颜色显示。

(2)操作步骤

①点击实体编辑工具栏的"着色边"按钮。

②点击实体中的一条边或多个边,该边呈虚线显示,回车,弹出"颜色"对话框,选中要求颜色,点击确定(O)按钮。

2)复制对象体上的边

(1)命令执行方法

工具栏:点击"实体编辑"工具栏→"复制边"按钮。

菜单:选择【修改】→【实体编辑(N)】→【复制边(G)】命令。

命令行:在命令行输入 Copy 后回车。

功能:将三维实体上选择的边复制到指定位置。

(2)操作步骤

对图9-61a)的实体表面的边进行复制,结果如图9-61b)所示。

命令:Copy	
选择边或[放弃(U)/删除(R)]:	(指定一条边,使之呈虚线显示)
选择边或[放弃(U)/删除(R)]:	(指定第二条边,使之呈虚线显示)
选择边或[放弃(U)/删除(R)]:	(回车)

指定基点或位移： (点击点1为基点)
指定位移的第二点： (点击点2，将边复制到点2处，回车两次)

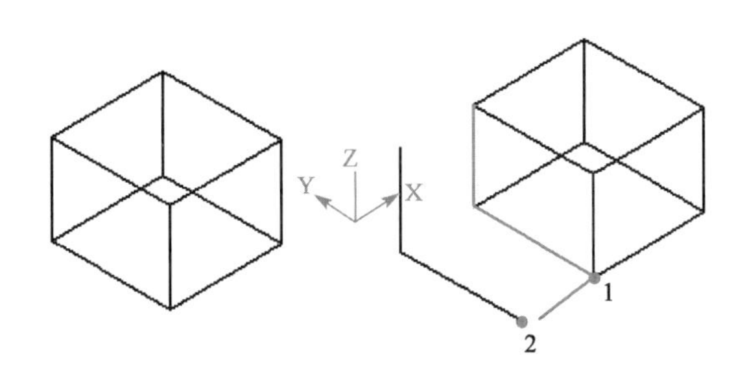

a) 选择边　　b) 沿路径复制边

图9-61 复制实体表面

9.7.3 编辑三维实体的体

对实体执行倒角、圆角、抽壳、分解等操作，可以改变实体的造型。

1)修改实体为倒角

(1)一边倒角

①命令执行方法：

工具栏：点击“修改”工具栏→“倒角”按钮。

菜单：选择【修改】→【实体编辑(N)】→【倒角(C)】命令。

命令行：在命令行输入 Chamfer 后回车。

功能：去掉直角边。

②操作步骤：

将图9-62a)立方体的一条边倒角为50、20的立方体，结果如图9-62b)所示，倒环角如图9-62c)所示。

命令：Chamfer
当前倒角距离1 = 0.0000，距离2 = 0.0000
选择第一条直线或[放弃(U)/多段线(P)/距离(D)/角度(A)/修剪(T)/方式(E)/多个(M)]：
[点击立方体的1~2边，这时，与之相交的两个面中的一个面呈虚线，显示被选中。只要选中某一条直线，就会有一个面产生。见图9-62a)]
基面选择... (此面可作为基面，如虚线面不是需要面，则输入N，回车。还可再选)
输入曲面选择选项[下一个(N)/当前(OK)] < 当前(OK) >： (是需要面，回车)
指定基面的倒角距离：50 [角的一边长50，回车，见图9-62d)]
指定其他曲面的倒角距离 < 50.0000 >：20 [角的另一边长20，回车，见图9-62d)]

选择边环或[边(E)]: [点击1~2点的边。若只是想在虚线面倒一个角,则点击1~2边,回车,见图9-62b)。点击其他面的边无效]
选择边或[环(L)]:L [若将整个虚线面的四条边都倒角,则输入L,回车,见图9-62c)]

(2)环形倒角

操作步骤:

将图9-62e)的立方体倒环角为50、20的立方体,结果见图9-62f)。

选择第一条直线或[放弃(U)/多段线(P)/距离(D)/角度(A)/修剪(T)/方式(E)/多个(M)]:
基面选择...
输入曲面选择选项[下一个(N)/当前(OK)]<当前(OK)>: (是需要面,回车。可再选)
指定基面的倒角距离:50
指定其他曲面的倒角距离<50.0000>:20
选择边或[环(L)]:L [在新选择的虚线面的四条边都倒角,则输入L,回车。见图9-62e)]

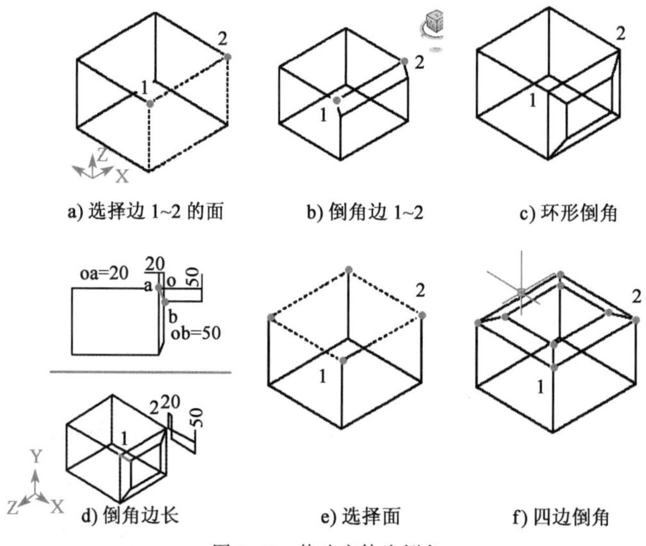

图9-62 修改实体为倒角

2)修改实体为圆角

(1)命令执行方法

工具栏:点击"修改"工具栏→"圆角"按钮。

菜单:选择【修改】→【实体编辑(N)】→【圆角(F)】命令。

命令行:在命令行输入Fillet后回车。

功能:将实体的棱边修改为圆弧角。

(2)操作步骤

将图9-63a)立方体的四条边倒圆角半径为80的立方体,结果如图9-63b)所示。

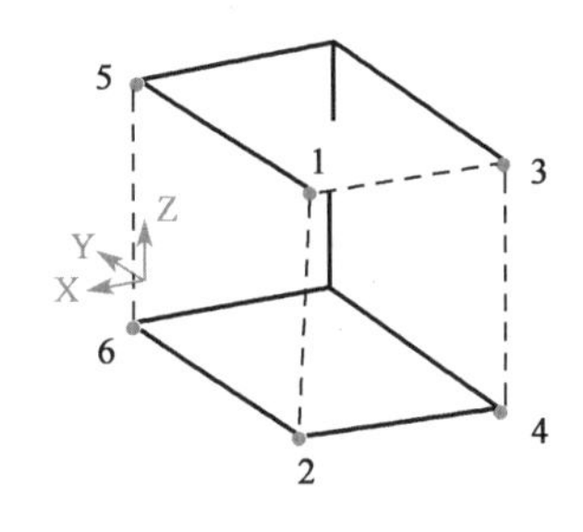

a) 选择需倒圆角边

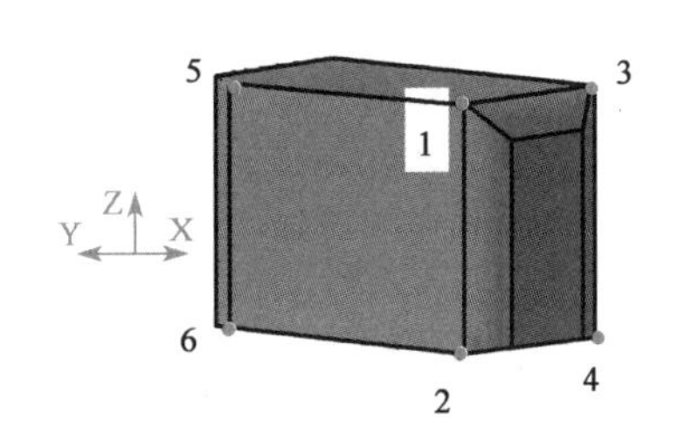

b) 实体倒圆角

图 9-63 修改实体为圆角

命令:Fillet	
当前设置:模式 = 修剪,半径 = 0.0000	
选择第一个对象或[放弃(U)/多段线(P)/半径(R)/修剪(T)/多个(M)]:	(选定 1 ~ 2 边呈虚线显示,不回车)
输入圆角半径:80	
选择边或[链(C)/半径(R)]:	(选定 3 ~ 4 边呈虚线显示,不回车)
选择边或[链(C)/半径(R)]:	(选定 5 ~ 6 边呈虚线显示,不回车)
选择边或[链(C)/半径(R)]:	(选定 1 ~ 3 边呈虚线显示,不回车)
选择边或[链(C)/半径(R)]:	(选定结束,回车)
已选定 4 个边用于圆角	[结果见图 9-63b)]

3) 抽壳实体

(1) 命令执行方法

工具栏:点击"实体编辑"工具栏→"抽壳"按钮。

菜单:选择【修改】→【实体编辑(N)】→【抽壳(H)】命令。

命令行:在命令行输入 Shell 后回车。

功能:将实体抽为空心实体。

(2) 操作步骤

图 9-64a) 立方体进行抽壳,创建一个壳厚为 10、顶面为空的有厚度的空心实体,结果如图 9-64b) 所示。

命令:Shell	
选择三维实体:	(选择实体,虚线显示)
删除面或[放弃(U)/添加(A)/全部(ALL)]:	(点击立方体的顶端面,回车,即顶端面不抽壳)
输入抽壳偏移距离:10	(壳厚为 10,回车三次,即得到抽壳后的实体)

(3) 选项说明

①如果不选择任何端面即回车,则得到一个有厚度的空心实体。

②输入抽壳的距离为正值,表示向内抽壳;为负值,表示向外抽壳。

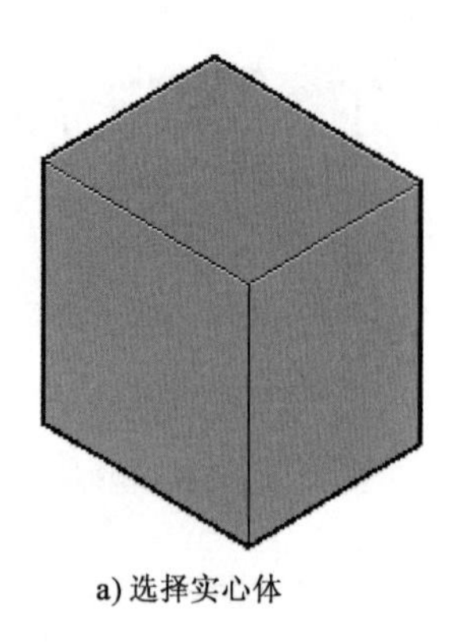
a) 选择实心体

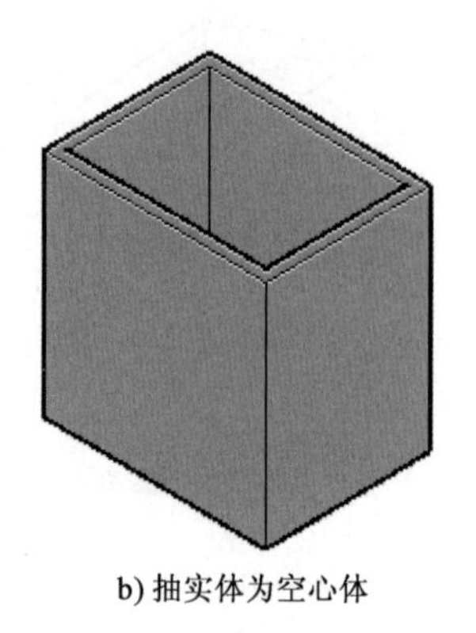
b) 抽实体为空心体

图9-64　抽实体为空心体

9.8 三维对象标注

标注尺寸也是绘制三维图形中不可缺少的一步。在AutoCAD中,尺寸标注都是针对二维图形来设计的,它并没有提供三维图形的尺寸标注,那么如何对三维图形进行尺寸进行标注呢?

要准确的标注出三维对象的尺寸,其核心是必须学会灵活变换坐标系,因为所有的尺寸标注都只能在当前坐标的*XY*平面中进行。

详细内容请见“实例演示1”绘制支座并标注图形。

9.9 三维对象渲染

通过渲染形成效果图,可以在三维对象表面添加照明和材质以产生实体效果。在渲染过程中可以设置实体对象使用的材质、光源位置、光源类型、光线强度、渲染背景等。模型经渲染处理后,其表面将显示出明暗色彩和光照效果,形成非常逼真的图像。

9.9.1　设置渲染材质

渲染对象时,为方便用户,AutoCAD提供了一些预先定义的材质库。要将材质附着给图形对象,可以选择菜单【视图】→【渲染】→【材质】命令,打开“材质”面板,单击创建新材质工具,然后使用画笔光标选择对象。将材质赋予某个模型后,所选材质将被添加至图形中,并作为样例显示在【材质】选项板中。

9.9.2　设置渲染环境

通过选择菜单【视图】→【渲染】→【渲染环境】命令,可以在渲染时为图像增加雾化效果。执行此命令时,系统将打开“渲染环境”对话框。

详细内容请见“实例演示2”绘制三孔拱桥并渲染图形。

“实例演示3”为办公室隔断练习。

实例演示 1　绘制如图 9-65 所示支座,并标注图形

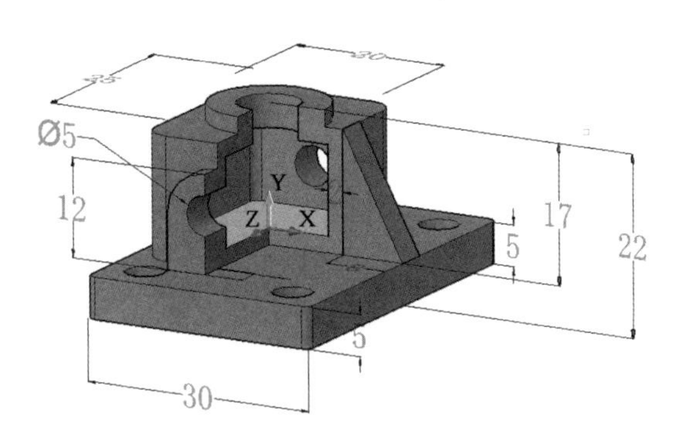

图 9-65　支座

(1) 绘制支座底座

①选择菜单【视图】→【三维视图】→【东南等轴测】命令,将平面视图转换为东南等轴测图。在视图中任意点击一点,作为底座的坐标原点。

②单击“建模”工具栏中的“长方体”按钮,指定坐标为(0,0,0),输入“L”,设置长方体的长为 30、宽为 45、高为 5。如图 9-66 所示。

③单击“建模”工具栏中的“圆柱体”按钮,指定底面中心点坐标为(5,5,0),绘制一个半径为 2.5、高为 5 的圆柱体,结果如图 9-67 所示。

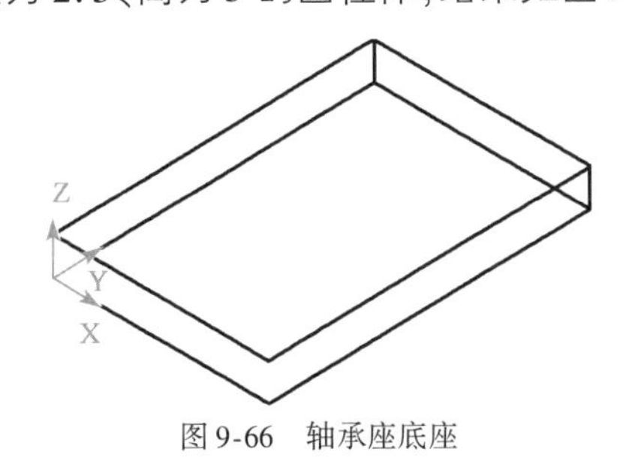

图 9-66　轴承座底座

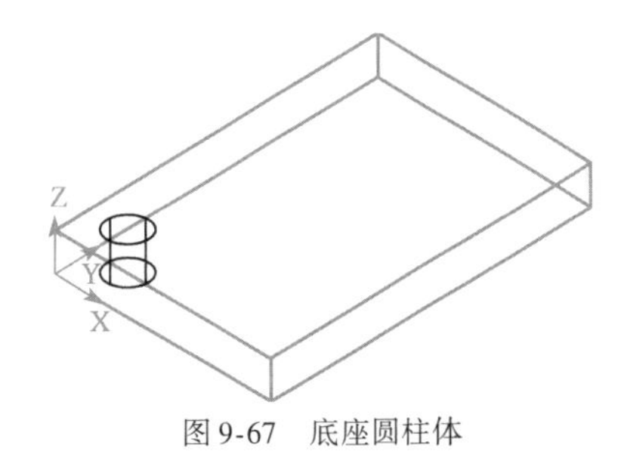

图 9-67　底座圆柱体

④单击“修改”工具栏中的“阵列”按钮,打开“阵列”对话框。设置各项参数:2 行、2 列,行偏移 35,列偏移 20。单击“选择对象”按钮,选中柱体并回车,回到“阵列”对话框后单击[确定(O)]按钮,结果如图 9-68 所示。

注意:“行”对应 *Y* 轴,“列”对应 *X* 轴。例如,“行”数用来设置阵列在 *Y* 轴方向的对象数,“行偏移”用来设置阵列沿 *Y* 轴方向各对象之间的间距。

⑤单击“建模”工具栏中的“差集”按钮,选择如图 9-68 所示的长方体作为被减实体,减去 4 个圆柱体。执行概念操作,则差集效果如图 9-69 所示。

(2) 绘制抽壳长方体

①选择【常用工具栏】→【坐标】→“原点”按钮,捕捉图 9-70 中 A 点,将坐标系移到该

点。如图 9-71 所示。

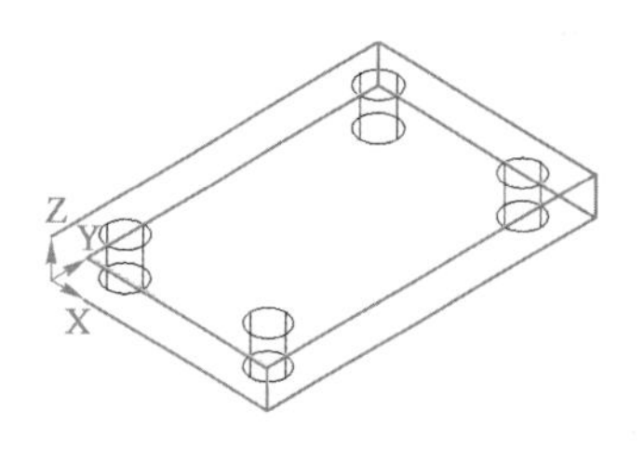

图 9-68　阵列底座圆柱体

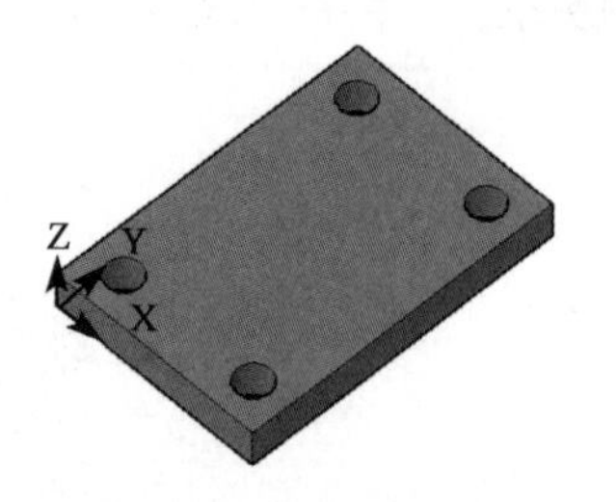

图 9-69　差集和消隐圆柱体

②单击“绘图”工具栏中的“矩形”按钮，输入“F”，设置矩形的圆角半径为 3，然后指定矩形的第一个角点为(2,10)，第二个角点为(@20,25)，绘制一个矩形。如图 9-71 所示。

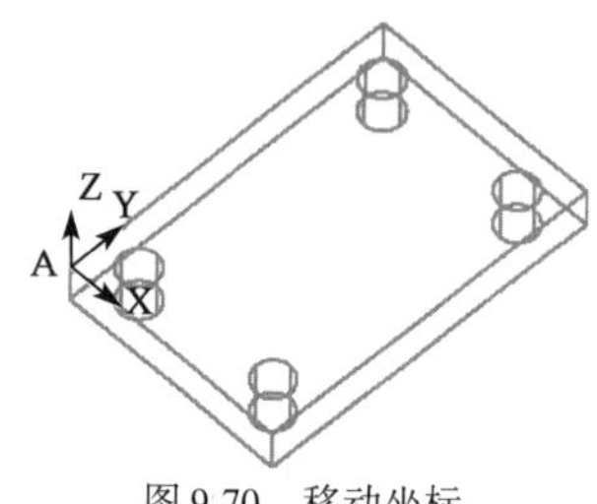

图 9-70　移动坐标

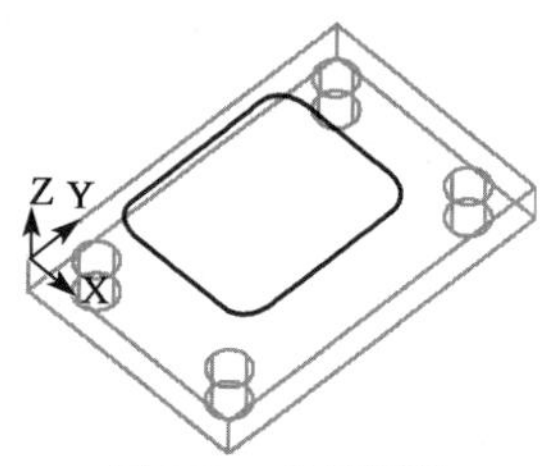

图 9-71　绘制矩形

③单击“建模”工具栏中的“拉伸”按钮，选择图角矩形，回车，设置拉伸高度为 15，结果如图 9-72 所示。

注意：此处虽然使用“按住并拖动”功能也能生成圆角长方体，但是，此时生成的长方体被自动合并到下面的长方体中，因而后面将无法单独对圆角长方体执行抽壳操作。

④选择菜单【修改】→【实体编辑】→【抽壳】命令或，选择上方的长方体为抽壳对象，回车，输入偏移距离为 2，回车两次，结果如图 9-73 所示。

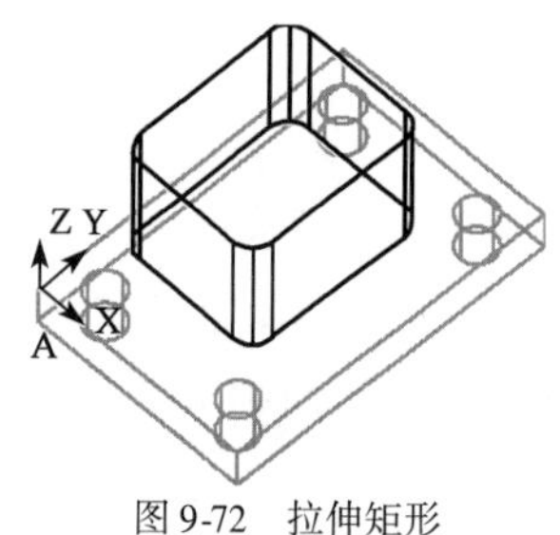

图 9-72　拉伸矩形

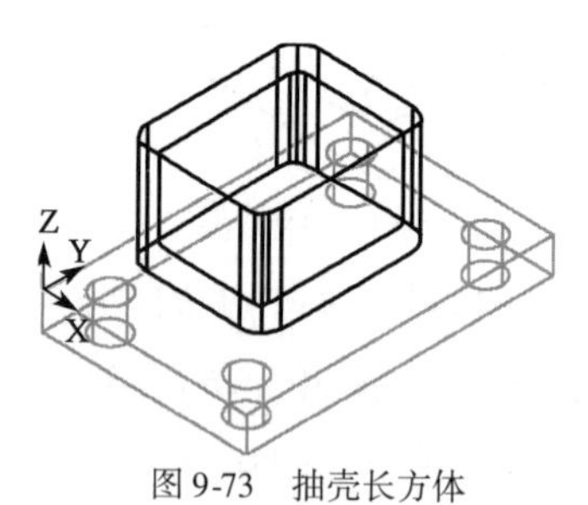

图 9-73　抽壳长方体

(3) 绘制长方体顶面圆柱体

①右击状态栏中的对象捕捉按钮，在弹出的快捷菜单中选择“设置”，在打开的“草图设置”对话框中选择“中点”捕捉。选择菜单【工具】→【新建 UCS】→【原点】命令或，利用对象捕捉追踪方法移动坐标系原点至圆角长方体顶面中心，如图 9-74 所示。

②单击“绘图”工具栏中的“圆”按钮，以(0,0)为圆心，绘制一个半径为 7.5 的圆，如图 9-75 所示。

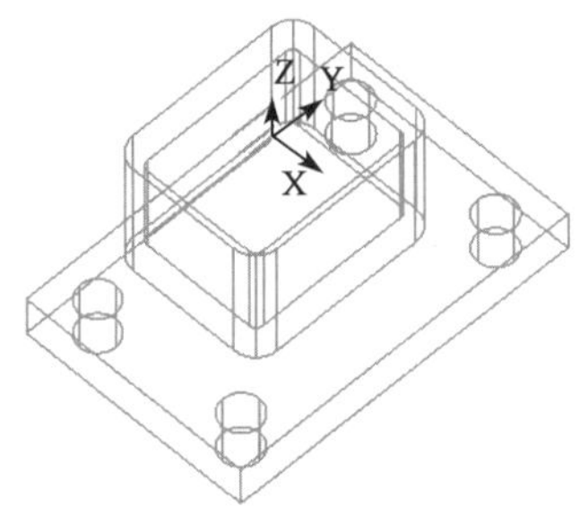

图 9-74 移动 UCS 到顶面

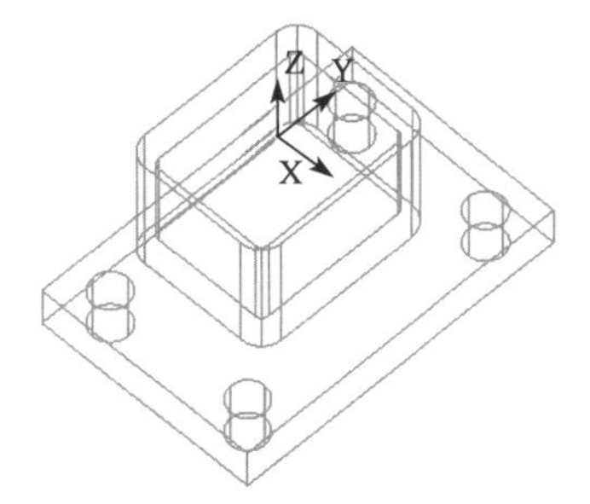

图 9-75 绘制长方体顶面圆

③单击"建模"工具栏中的"按住并拖动"按钮,选择圆,向上拖动,输入 2,并拉伸高度为 2 的圆柱,如图 9-76 所示。

(4)挖空顶面圆柱体

①先将坐标系原点移至圆柱顶面圆心处,然后以点(0,0)为圆心,绘制一个半径为 4 的圆,如图 9-77 所示。

②利用"按住并拖动"按钮将圆向下拉,输入 -4,此时生成的圆柱被自动从原有的实体中减去。执行概念操作,结果如图 9-78 所示。

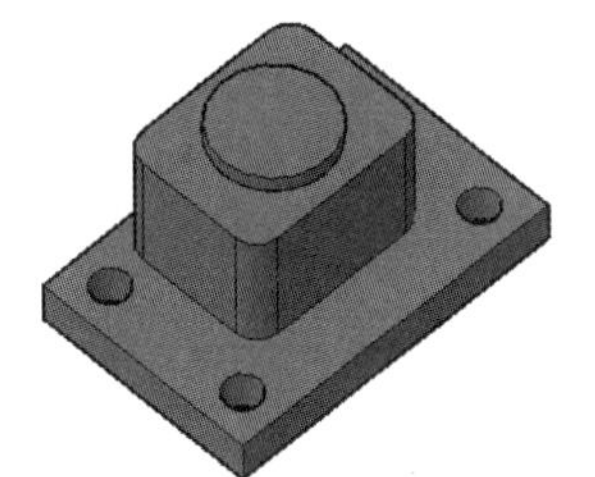

图 9-76 拉伸长方体顶面圆

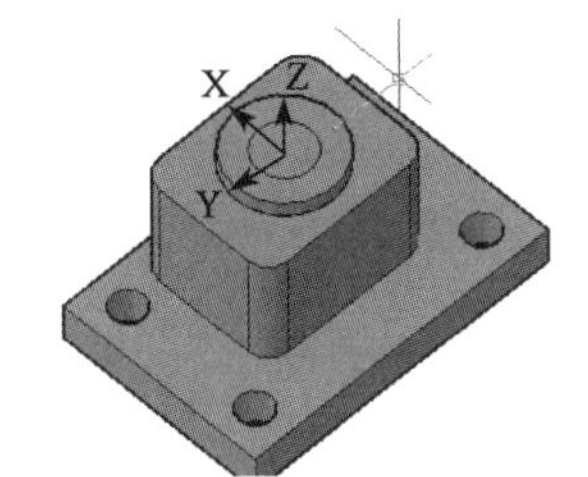

图 9-77 在顶面圆柱体上绘图

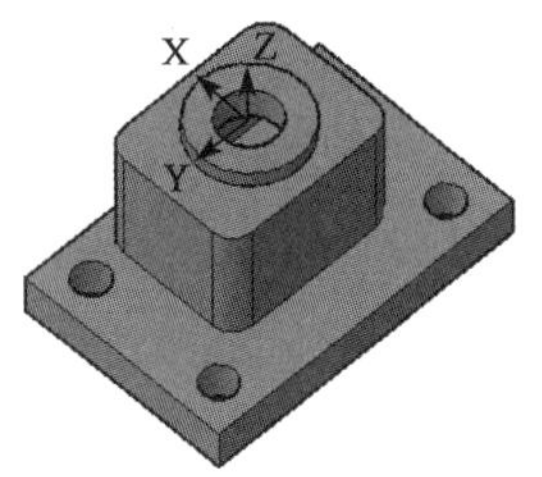

图 9-78 挖空顶面圆柱体

(5)绘制长方体左右两边的拱形孔

①重新选择坐标系:选择菜单【工具】→【新建 UCS】→【原点】命令或,捕捉图 9-79 中边线 AB 的中点,将坐标系原点移至此处,注意 Z 轴正方向向外。结果如图 9-79 所示。

②单击"绘图"工具栏→"多线段"按钮,坐标中心为多段线第一点,依次输入(5,0)、(@0,7)、A、(@-10,0)、L,捕捉底边端点,输入 C 返回,绘制一条多线段,如图 9-80 所示。

③单击"绘图"工具栏→"圆"按钮,以(0,7)为圆心,绘制一个半径为 2.5 的圆,如图 9-80所示。

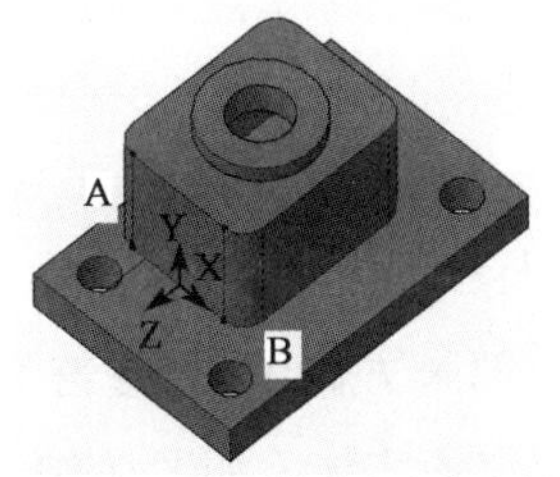

图 9-79 设置拱形及小孔坐标

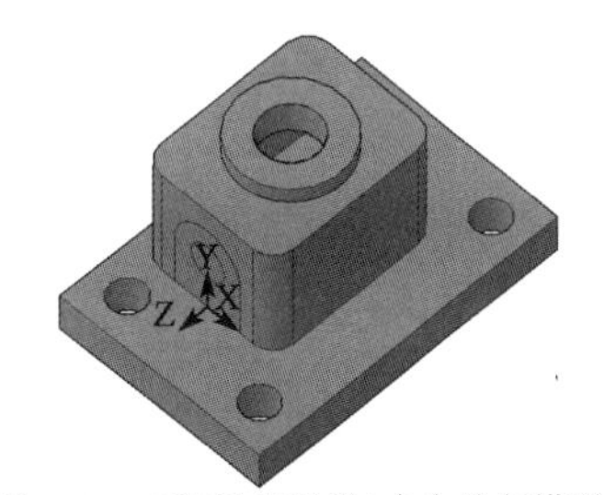

图 9-80 采用【多段线】命令绘制拱形

④单击"建模"工具栏→"拉伸"按钮,选择绘制的多段线和圆,回车,设置拉伸高度为3,结果如图9-81a)所示。

⑤单击"建模"工具栏→"差集"按钮,以绘制的拱形实体为被减实体,以生成的小圆柱为要减去的实体,结果如图9-81b)所示。

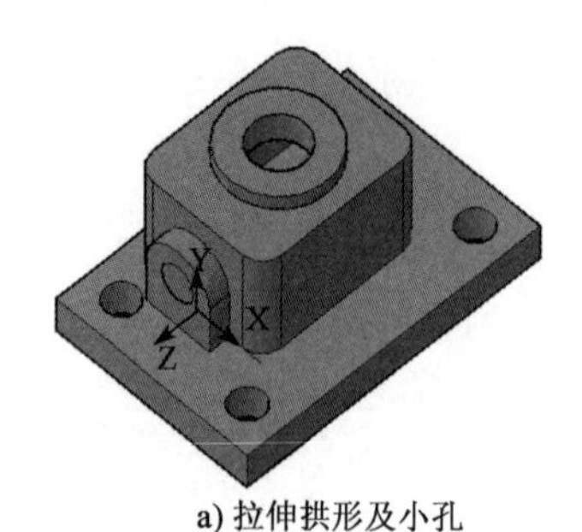

a) 拉伸拱形及小孔　　b) 差集拱形及小孔

图9-81　拉伸和差集拱形及小孔

⑥镜像拱形及小孔。选择菜单【修改】→【三维操作】→【三维镜像】命令或,选择新创建的拱形实体作为要镜像复制的实体,在长方体中心画一条辅助线AC,捕捉线上三点A、B、C以确定镜像平面,结果如图9-82所示。

(6)绘制楔体

①确定楔体坐标系方向。选择菜单【工具】→【新建UCS】→【原点】命令或,捕捉下面长方体的顶面和图9-82中线的C点,将坐标系原点移至此处,并根据捕捉平面改变坐标轴的方向,如图9-83所示。

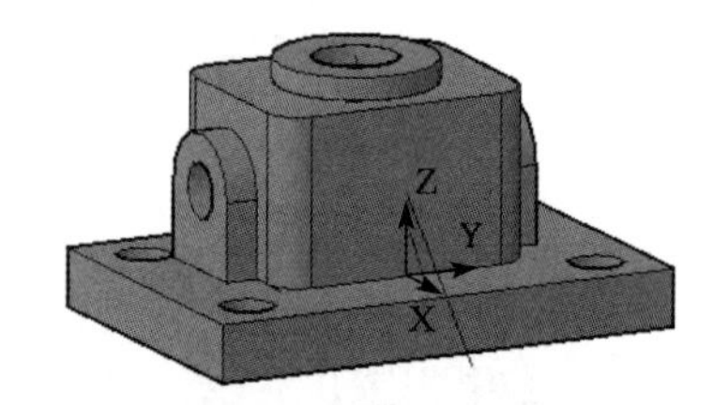

图9-82　镜像差集拱形及小孔

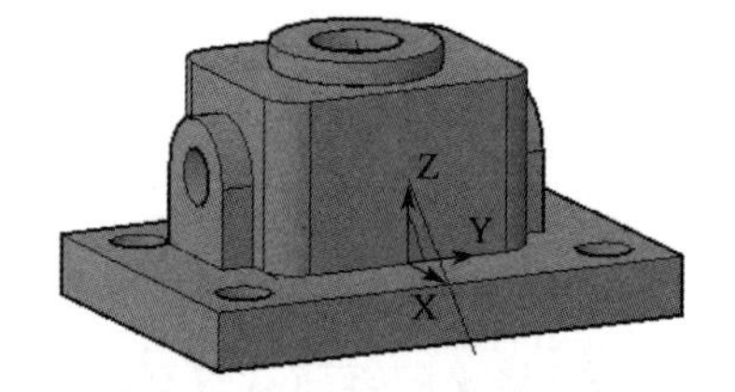

图9-83　确定楔体坐标系方向

②单击"建模"工具栏→"楔体"按钮,指定楔体地面两个对角点坐标分别为(0,-2,0)和(8,2,15),楔体为8×4×15,结果如图9-84所示。

注意:绘制楔体时,其底面位于当前坐标系的*XY*平面,其厚度方向与*Y*轴平行,第二点决定了删除长方体的那一部分(楔体为长方形的一半)。

(7)绘制轴承座剖切图

①单击"并集"按钮,将上部长方体、圆柱体及两面拱形"并集"为一体。

②单击菜单【工具】→【新建UCS】→【原点】命令或,将坐标移到顶面中心。如图9-85所示。

③绘制立方体。单击"长方体"按钮,绘制一个通过上部长方体中心、覆盖要剖切的实体的立方体,尺寸可根据实际情况自己掌握,但不得小于被剖切的实体。如图9-85所示。

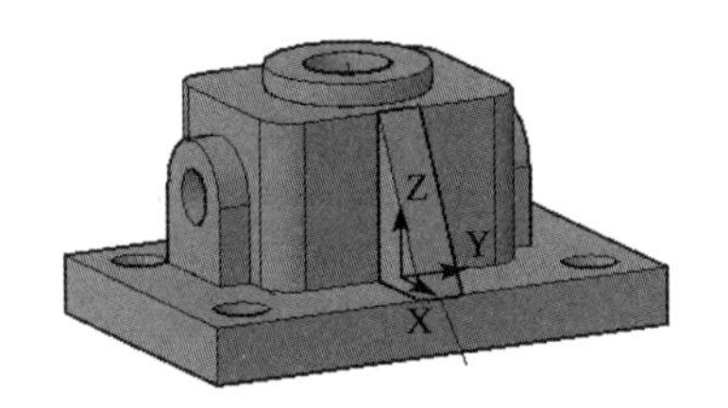

图9-84 绘制楔体

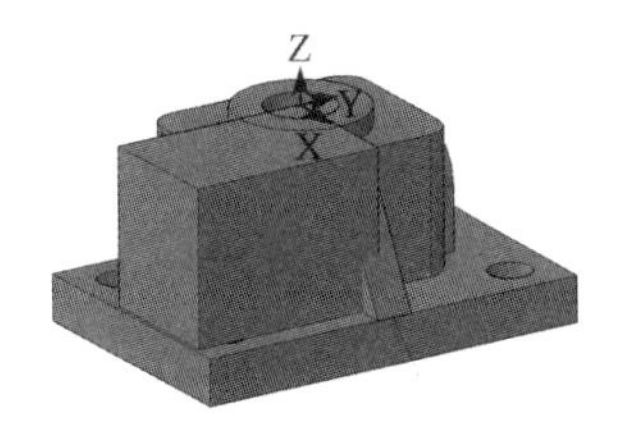

图9-85 绘制剖切立方体

④差集立方体:单击"差集"按钮,以并集后的实体为被减实体,回车。再点击已生成的长方体为要减去的实体,结果如图9-86所示。

(8)绘制彩色剖切轴承座图

选择菜单【修改】→【实体编辑】→【着色面】命令或,选择需要着色剖面,选择颜色,确定即可。结果如图9-87所示。

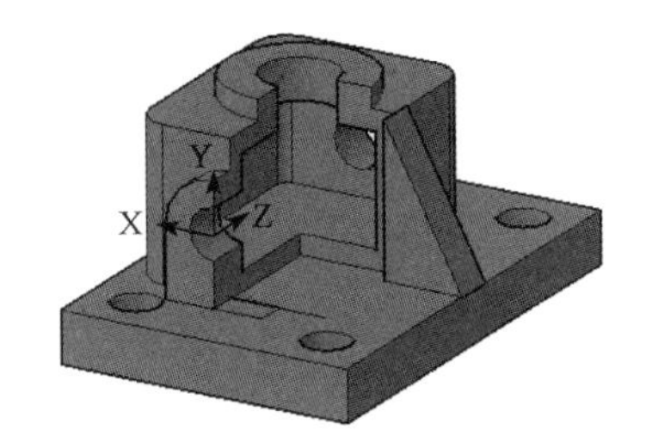

图9-86 差集剖切立方体

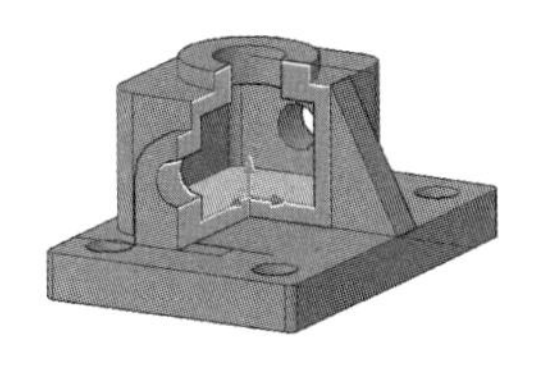

图9-87 绘制彩色剖切立方体

(9)标注图形

要准确的标注三维对象的尺寸,其核心是必须学会灵活变换坐标系,因为所有的尺寸标注都只能在当前坐标的 *XY* 平面中进行,就是 *XY* 平面如何设置。

①选择菜单【格式】→【文字样式】命令,打开"文字样式"对话框,设置字体样式为"仿宋"。

②选择菜单【标注】→【标注样式】命令,打开"标注样式管理器"对话框。单击"修改"按钮,打开"修改标注样式"对话框,在【文字】选项卡中将"从尺寸线偏移"修改为1.25,"文字高度"设置为5。在【主单位】选项卡中将"小数分割符"设置为"。"(句点),"精度"设置为0。

③在当前 *XY* 平面中标注底面的宽、孔直径等尺寸,如图9-88所示。

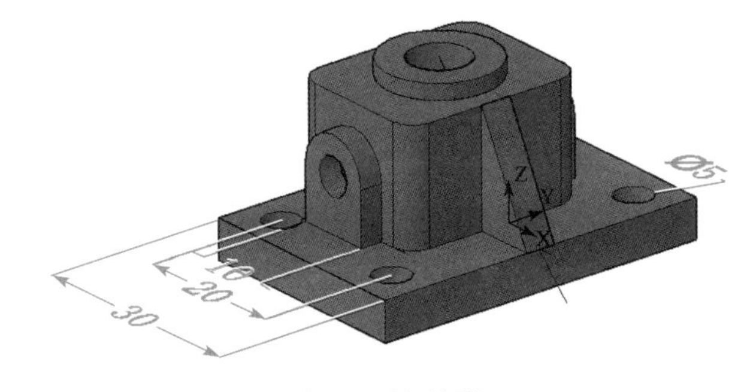

图9-88 尺寸标注1

④在当前 *XY* 平面中标注底面的长等尺寸,如图 9-89 所示。

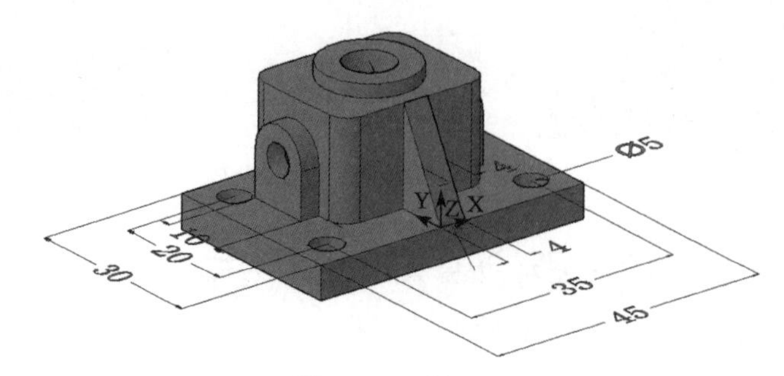

图 9-89 尺寸标注 2

⑤在当前 *XY* 平面中标注顶面的长、宽、孔直径等尺寸,如图 9-90 所示。

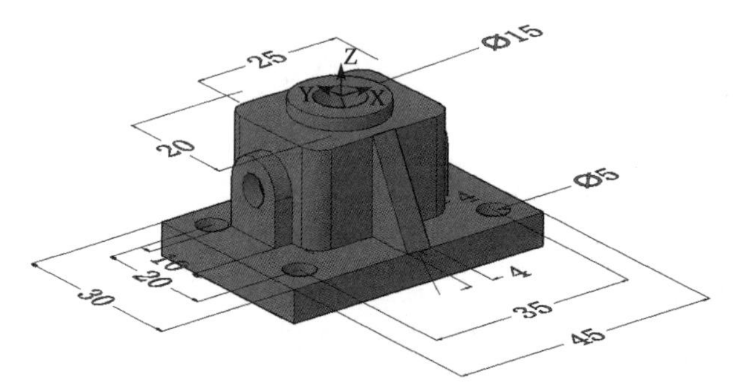

图 9-90 尺寸标注 3

⑥在当前 *XY* 平面中标注上、下底面尺寸 22,如图 9-91 所示。

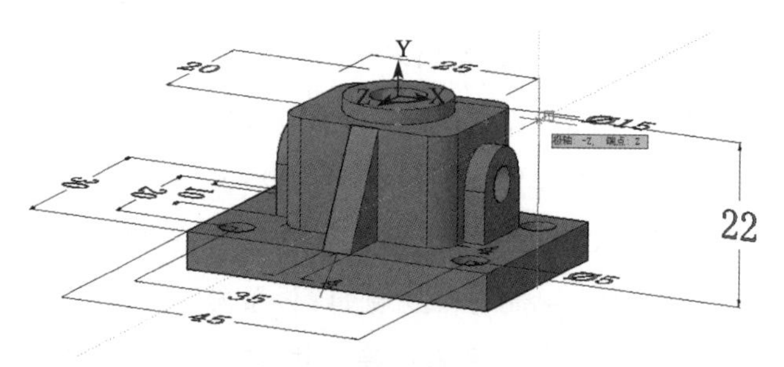

图 9-91 尺寸标注 4

实例演示 2 绘制三孔拱桥并渲染图形

画图步骤:

设置实体、标注、文本层,标注层为红色、其他层默认。

设置图层:选择菜单【格式】→【图层】命令,打开"图层特征管理器"对话框,单击"新建"按钮,新建图层"实体"等其他图层。

(1)绘制桥体轮廓

①单击"绘图"工具栏→"多段线"按钮,在视图上任意点击一点,指定起点。命令操作如下:

指定起点:	(任意点击视图,指定起点 a)
指定下一个点或[圆弧(A)/半宽(H)/长度(L)…]:@40,0	(指定直线到 b 点)
指定下一点或[圆弧(A)…]:@0,13	(指定直线到 c 点)
指定下一点或[圆弧(A)…]:A	(从 c 点开始绘制圆弧)
指定圆弧的端点或[角度(A)]:A	(使用角度绘制圆弧)
指定包含角:-180	(确定圆弧角度 -180°)
指定圆弧的端点或[圆心(CE)/半径(R)]:@25,0	(圆弧的端点到 d 点)
指定圆弧的端点或	
[角度(A)/圆心(CE)/闭合(CL)/方向(D)/半宽(H)/直线(L)…]:L	(从 d 点开始直线)
指定下一点或[…]:@0,-13	(指定直线到 e 点)
指定下一点或[…]:@25,0	(指定直线到 f 点)
指定下一点或[…]:@0,18	(指定直线到 g 点)
指定下一点或[圆弧(A)…]:A	(从 g 点开始绘制圆弧)
指定圆弧的端点或[角度(A)]:A	(使用角度绘制圆弧)
指定包含角:-180	(确定圆弧角度 -180°)
指定圆弧的端点或[…]:@60,0	(圆弧的端点到 h 点)
指定圆弧的端点或	
[角度(A)/圆心(CE)/闭合(CL)/方向(D)/半宽(H)/直线(L)…]:L	(从 h 点开始直线)
指定下一点或[…]:@0,-18	(指定直线到 i 点)

从 i 点到 n 点依次在命令行输入数据“@25,0”“@0,13”“A”“A”“-180”“@25,0”“L”“@0,-13”“@40,0”,画一条多段线,如图 9-92 所示。

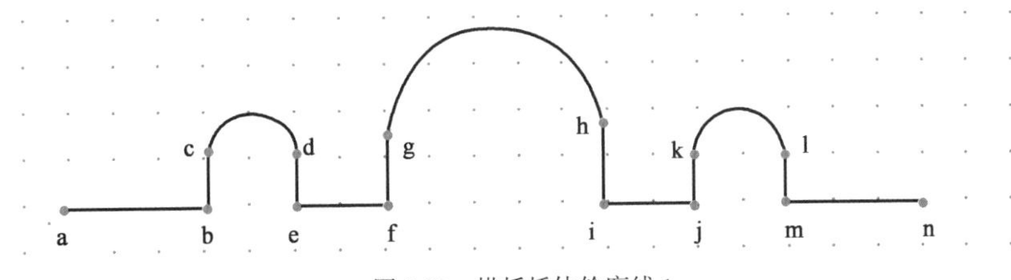

图 9-92 拱桥桥体轮廓线 1

②单击“绘图”工具栏→“多段线”按钮,拾取左端点 a,输入“A”“A”、圆弧角度“-120”,拾取右端点 n,画一条圆弧,如图 9-93 所示。

③单击“绘图”工具栏→“偏移”按钮,将圆弧向上偏移,偏移距离为 7、12、7,效果如图 9-94 所示。

④单击“绘图”工具栏→“直线”按钮,拾取左端点 a,画一条垂直线,如图 9-94 所示。

⑤单击“绘图”工具栏→“直线”按钮,拾取右端点 n,画一条垂直线,如图 9-94 所示。

⑥单击“绘图”工具栏→“修剪”按钮,剪掉多余图形,效果如图 9-95 所示。

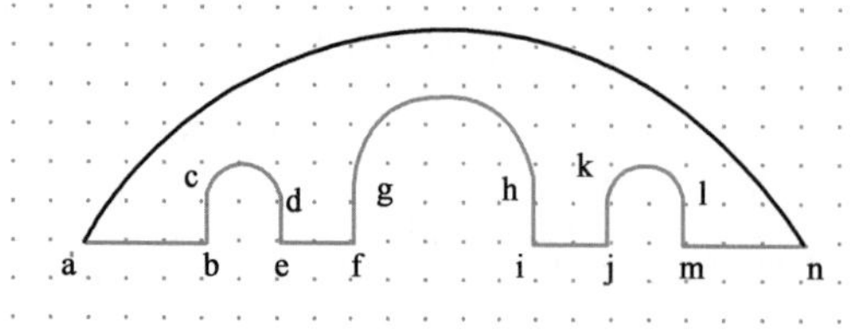

图 9-93　拱桥桥体轮廓线 2

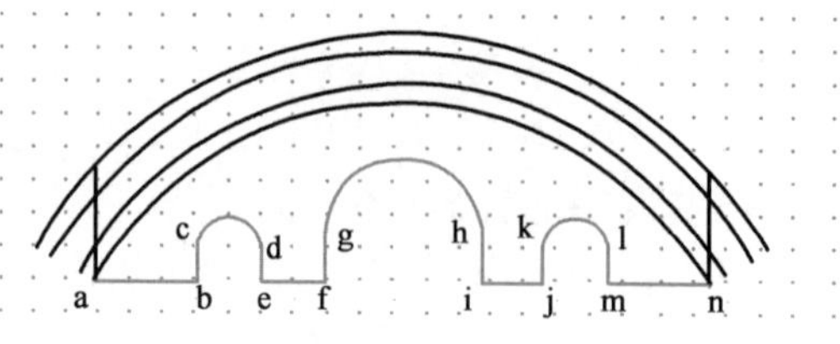

图 9-94　拱桥桥体轮廓线 3

⑦选择菜单【修改】→【对象】→【多段线】命令,将封闭图形生成两条多段线,一条为护栏轮廓,一条为桥体轮廓。

⑧单击"视图"工具栏按钮,设置新的视点,使用原点坐标按钮将坐标移动到 a 点,如图 9-96 所示。

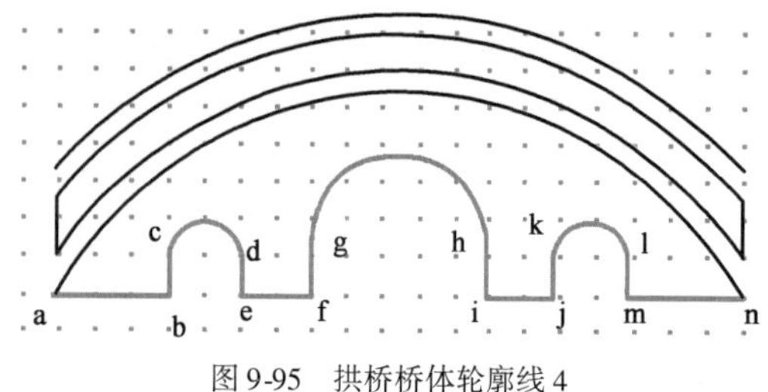

图 9-95　拱桥桥体轮廓线 4

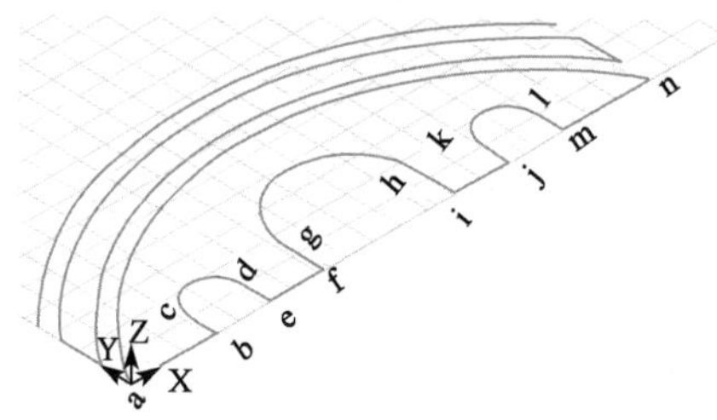

图 9-96　拱桥桥体轮廓线 5

⑨单击工具栏上的"移动"按钮,将圆弧移动,以端点 a 为基点,选择上部三条圆弧向右移动,位移为"@3,0,0"。

⑩选择菜单【修改】→【三维操作】→【三维旋转】命令或,将图形绕 *X* 轴旋转,指定基点"20,20",角度"90°",如图 9-97 和图 9-98 所示。

命令行操作如下:

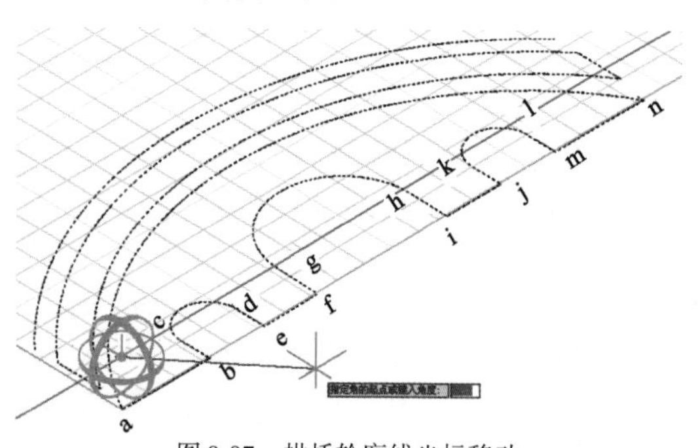

图 9-97　拱桥轮廓线坐标移动

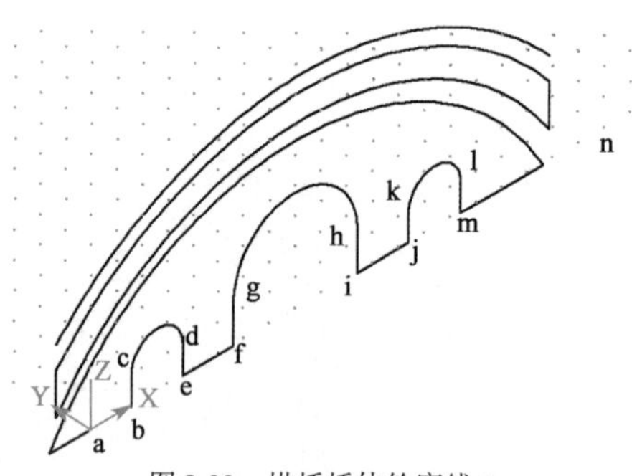

图 9-98　拱桥桥体轮廓线 7

命令:3Drotate	
选择对象:	(选择全部图形)
指定基点:20,20,0	(旋转基点偏移原点 20,20,0,回车)
拾取旋转轴:	(点击 *X* 轴为旋转轴)
指定角的起点或键入角度:90	(绕 *X* 轴旋转 90°)

(2)护栏立柱

①单击“坐标”工具栏,使用原点坐标按钮将坐标移动到桥体左端点。

②单击“实体”工具栏→“圆柱体”按钮,圆心为坐标原点,绘制一个半径为3、高度为38的圆柱体A。

③单击“实体”工具栏→“圆柱体”按钮,圆心为已画圆柱上表面中心点,绘制一个半径为3、高度为3的圆柱体B。

④单击“实体”工具栏→“圆柱体”按钮,圆心为新画圆柱上表面中心点,绘制一个半径为2、高度为2的圆柱C。

⑤利用工具栏上的“圆角”按钮,圆角半径1,倒圆角边为圆柱A上圆框和圆柱B、C上、下圆框,效果如图9-99所示。

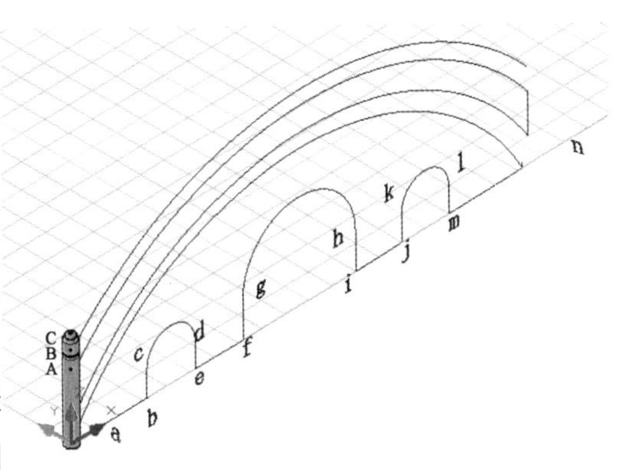

图9-99　护栏1

⑥选择菜单【修改】→【实体编辑】→【并集】命令或,将3个圆柱合并,生成一个支柱。

⑦单击工具栏上的“复制对象”按钮,将支柱复制,基点为支柱下表面中心点,位移到为圆弧右端点n,如图9-100所示。

⑧设置点的样式:选择菜单【格式】→【点样式】命令,设定点的样式为十字形式。选择菜单【绘图】→【点】→【等分】命令,将圆弧等分,数目为10个。但不出现等分点。如图9-100所示。

⑨单击工具栏上的“删除”按钮,删除圆弧,出现了等分点,如图9-100所示。

⑩单击工具栏上“复制对象”按钮,将支柱复制,基点为支柱上表面中心点,位移点为各等分点,效果如图9-101所示。也可将视图转换为主视图,进行支柱复制,可用各种办法试验将支柱到位。如图9-102所示。

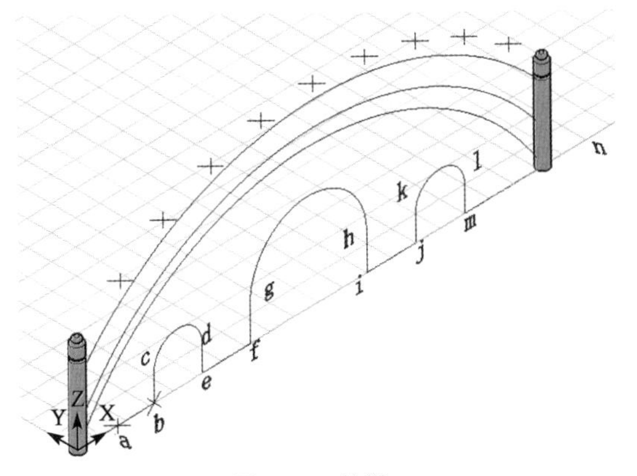

图9-100　护栏2

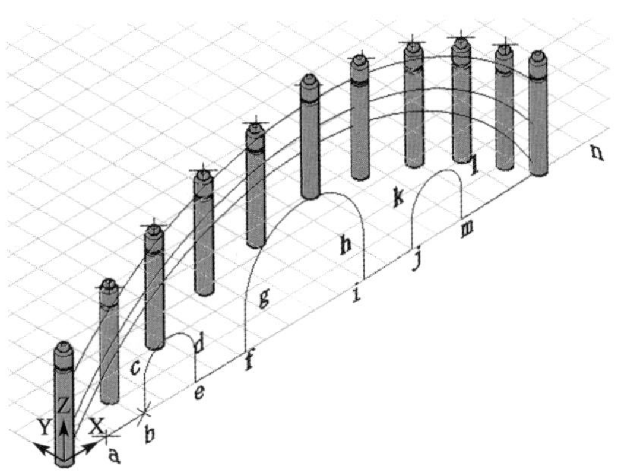

图9-101　护栏3

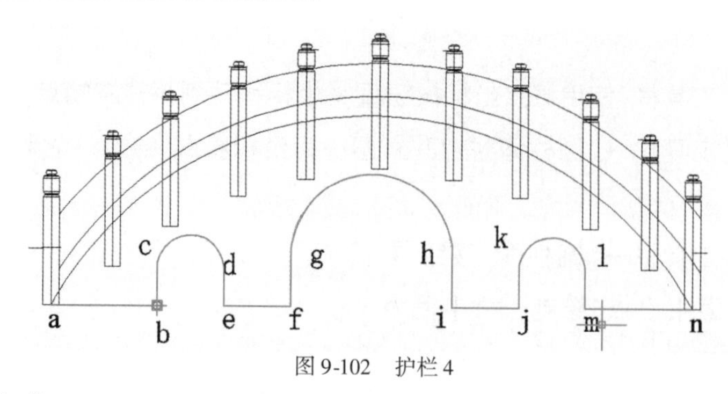

图 9-102　护栏 4

(3)三孔桥生成

①单击坐标工具栏,使用“Z 轴矢量坐标”按钮,将坐标 Z 轴左向设置准备拉伸。如图 9-103 所示。

②单击“实体”工具栏上的“拉伸”按钮,将护栏轮廓拉伸,距离为“6”,如图 9-103 所示。

③单击“实体”工具栏上的“拉伸”按钮,将桥体轮廓拉伸,距离为“150”,如图 9-104 所示。

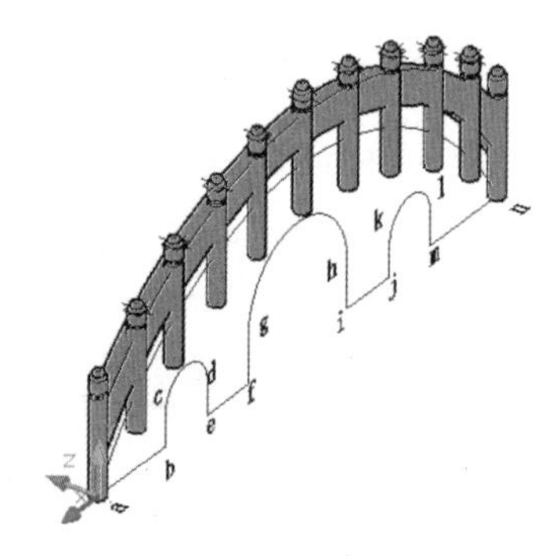

图 9-103　拉伸护栏

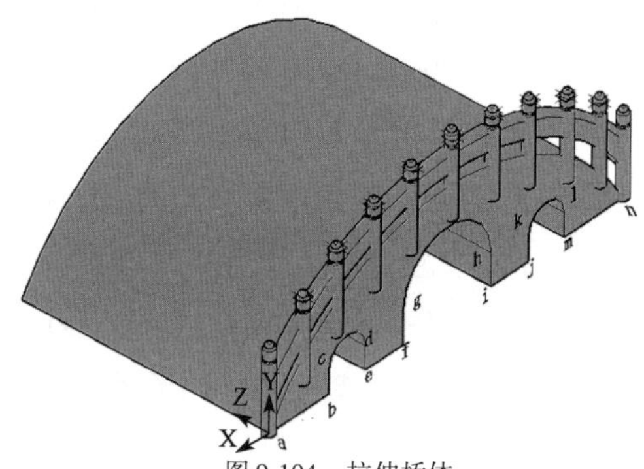

图 9-104　拉伸桥体

④单击工具栏上“圆角”按钮,圆角半径 3,将护栏倒圆角,如图 9-104 所示。

⑤移动护栏和支柱:单击“移动”按钮,将护栏和支柱向 Z 轴移动 6(右移)。如图 9-105 所示。

⑥选择菜单【修改】→【三维操作】→【三维镜像】命令或,将护栏和支柱镜像,如图 9-105 所示。

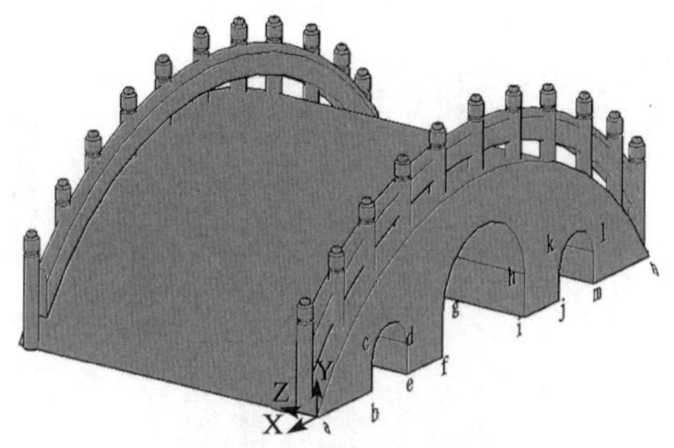

图 9-105　镜像护栏和支柱

(4)渲染拱桥

①选择菜单【视图】→【渲染】→【材质】命令或,打开“材质”面板,单击“创建新材质”按

钮 ，在打开的“创建新材质”对话框中输入材质名称“拱桥”，确定。如图 9-106 所示。

②在“材质”面板中增加了一个新的材质球，选择样板为“磨光的石材”，点击“颜色”右侧的颜色块，选择真彩色。

③在“材质”面板中单击“将材质应用到对象”按钮 ，然后使用画笔光标选择对象。将材质赋予某个模型后，所选材质将被添加至图形中，并作为样例显示在“材质”选项板。

效果如图 9-106 所示。

(5) 设置光源

①选择菜单【视图】→【渲染】→【阳光特性】，打开“阳光特性”面板，状态设为“开”，阳光强度为 1，时间为 15:00，其他项目默认。如图 9-107 所示。

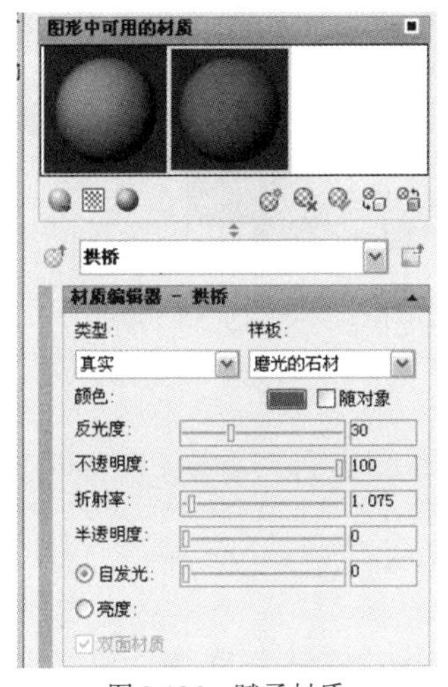

图 9-106　赋予材质

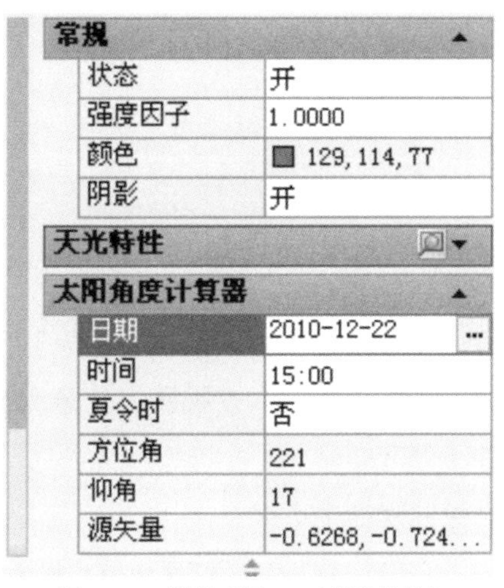

图 9-107　设置光源——“阳光特性”

②选择菜单【视图】→【渲染】→【高级的渲染设置】，打开面板，选择渲染级别为“演示”，输出尺寸为“1024 × 768”。如图 9-108 所示。

③选择“最终聚焦”。

④选择菜单【视图】→【渲染】→【渲染】命令。

⑤也可设置点光源：选择菜单【视图】→【渲染】→【光源】→【新建点光源】。如图 9-109 所示。

⑥渲染结果如图 9-110 所示。

实例演示 3　绘制办公室隔断

画图步骤：

设置实体、标注、文本层，标注层为红色、其他层默认。

设置图层：选择菜单【格式】→【图层】命令，打开“图层特征管理器”对话框，单击“新建”按钮，新建图层“实体”等其他图层。

1) 绘制墙体线

图 9-108 设置光源——“高级的渲染设置”

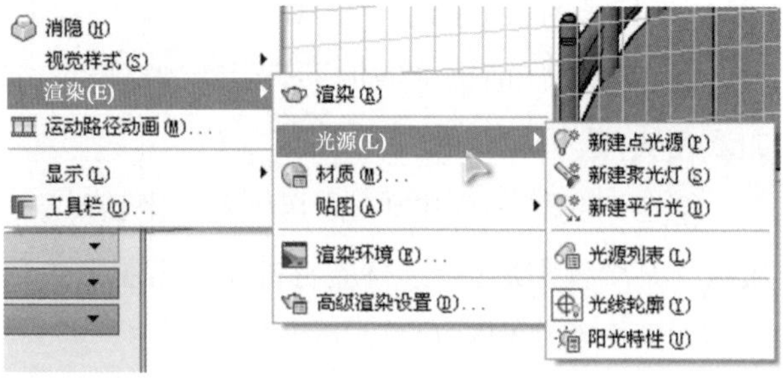

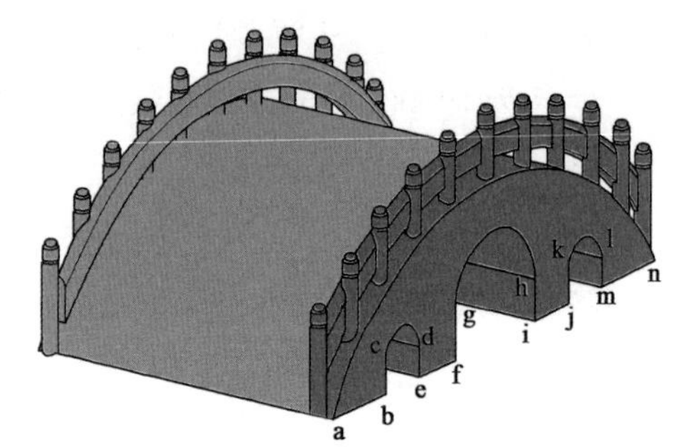

图 9-109 设置点光源

图 9-110 渲染后的三维拱桥

(1)绘制基线

单击“直线”按钮，在视图上任意点击一点，绘制两条互相垂直的直线，长 1000，高 400。如图 9-111 所示。

(2)绘制隔断中心线

单击“偏移”按钮，将图 9-111 绘制的水平线向上偏移，偏移距离为 200、400。将图 9-111绘制的垂直线向右偏移，偏移距离为 250、500、750、1000。如图 9-112 所示。

(3)用“多线”绘制外墙体。

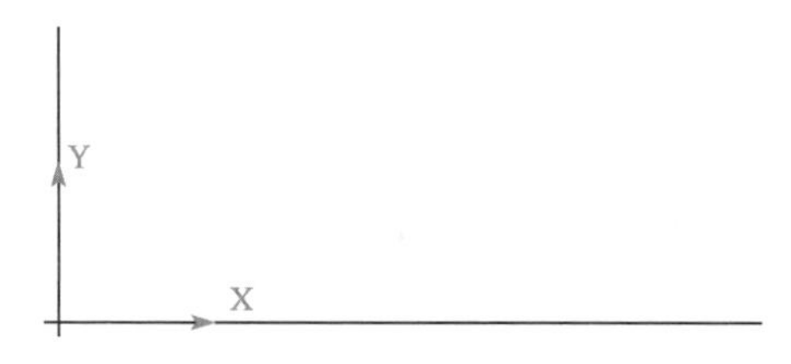

图 9-111 绘制基线

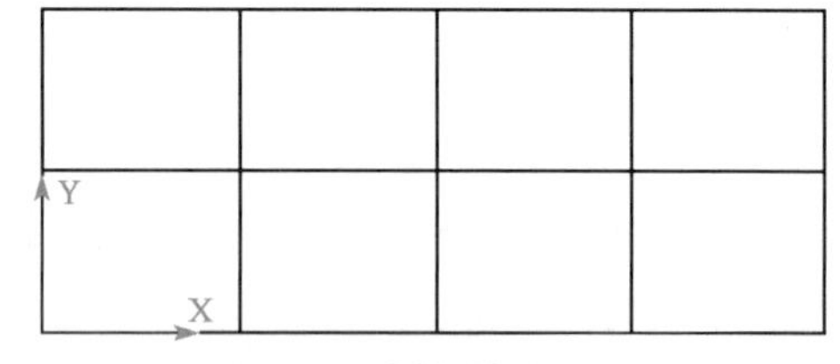

图 9-112 绘制隔断中心线

选择菜单【绘图】→【多线】命令，以坐标点为起始点，依次捕捉(0,400)，(1000,400)、(1000,0)，回到原点，形成一条多线，如图 9-113 所示。

(4)用“多线”绘制内墙体

重复【多线】命令，绘制内墙体，如图 9-114 所示。

(5)修改多线样式

选择菜单【修改】→【对象】→【多线】命令，在弹出的“多线编辑工具”对话框中，选定合适的多线样式,对绘制的多线进行修改,如图9-115所示。

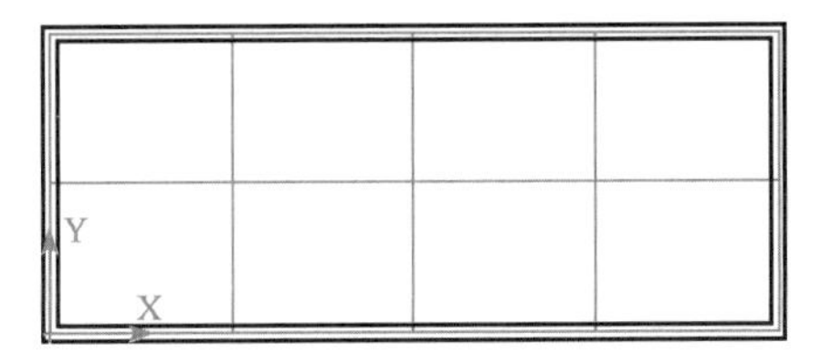

图9-113 采用【多线】命令绘制外墙体

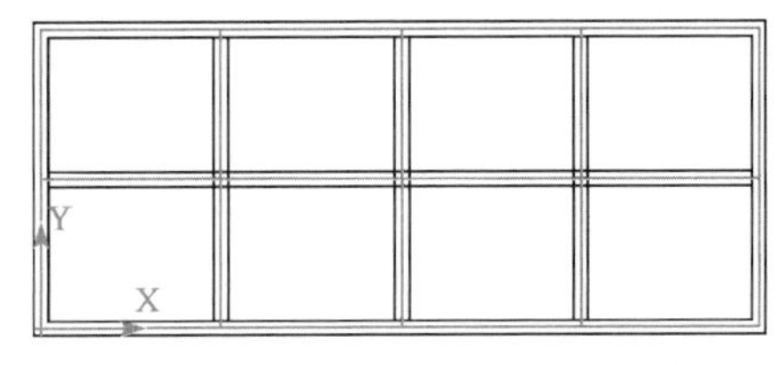

图9-114 采用【多线】命令绘制内墙体

(6)删除中心线

将中心线删除,如图9-116所示。

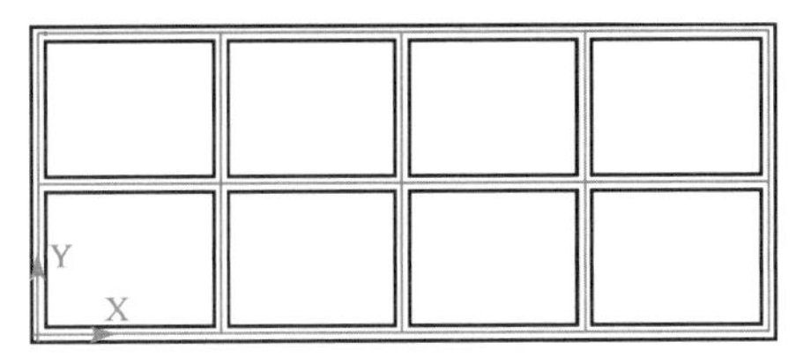

图9-115 多线编辑内外墙体

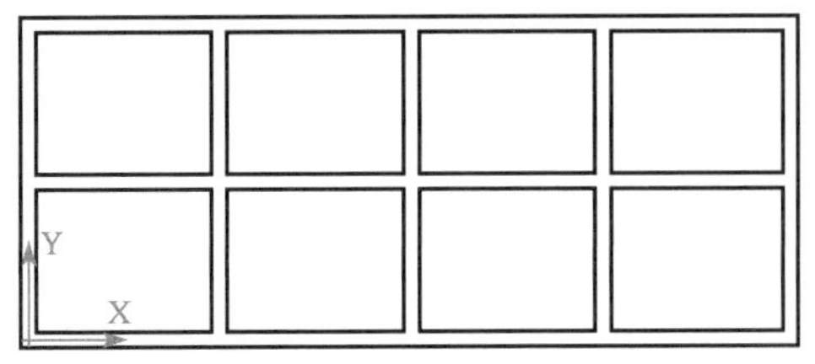

图9-116 删除中心线

(7)分解墙体及面域处理

单击"分解"按钮,将绘制的多线进行分解,然后单击"面域"按钮,将分解后的多线进行面域处理。

2)绘制实体

(1)移动坐标原点并转换视图

将坐标原点移动到外墙体左下角最外边点,转换视图为西南等轴测图,见图9-117所示。

(2)差集办公室空间

单击"差集"按钮,将面域后的大长方形减去8个小长方形,如图9-117所示。

(3)拉伸墙体

单击"拉伸"按钮,设置拉伸高度为200,如图9-118所示。

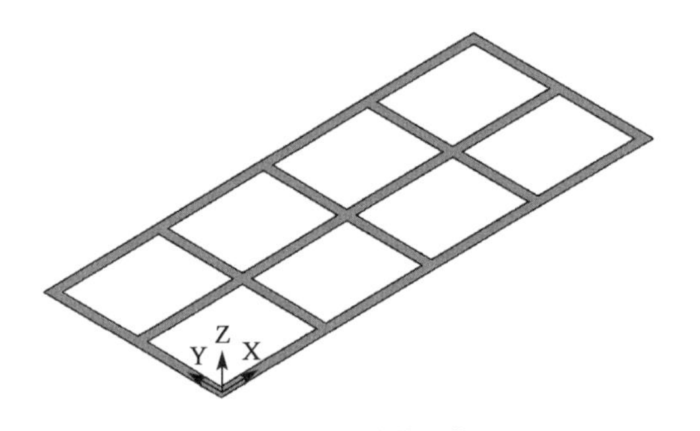

图9-117 转换并差集

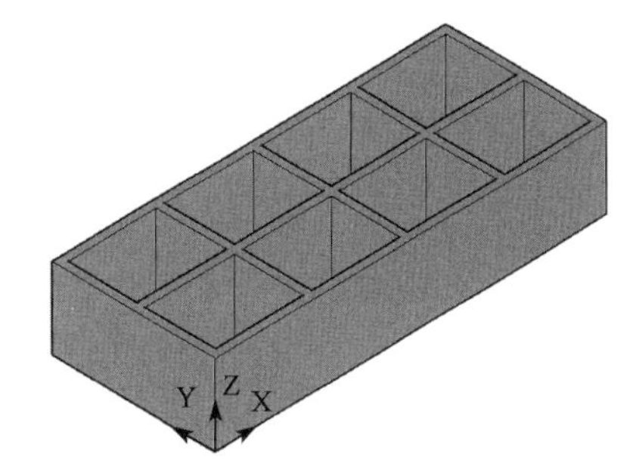

图9-118 拉伸差集长方体

(4)设置门洞实体

单击"长方体"按钮,指定底面中心点坐标为(90,-10,0),绘制一个长为150、宽为40、高为 220 的长方体,结果如图 9-119 所示。

(5)陈列门洞长方体

单击"建模"工具栏→"三维阵列"工具,选择对象为小长方体,设置各项参数:2 行、4 列,行偏移 400,列偏移 240,回车,结果如图 9-120 所示。

(6)差集门洞

重复【差集】命令,将 8 个小长方体从墙体中减去,结果如图 9-121 所示。

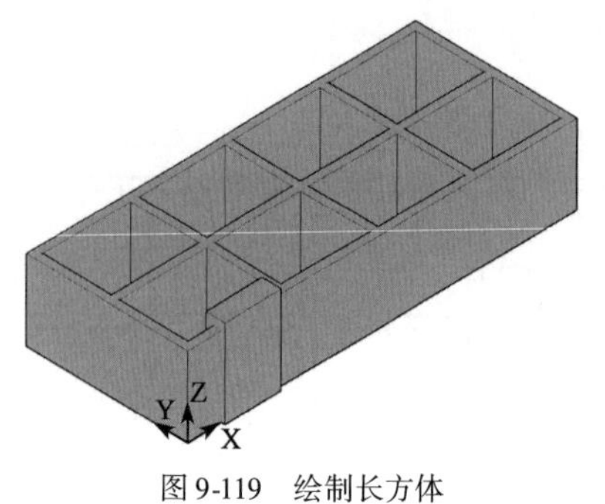

图 9-119　绘制长方体

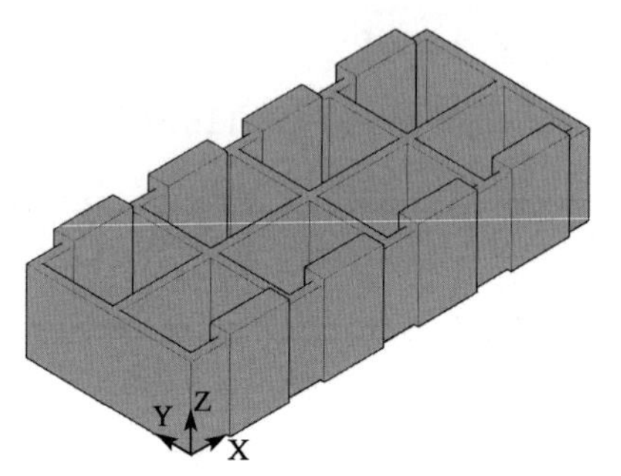

图 9-120　阵列门洞长方体

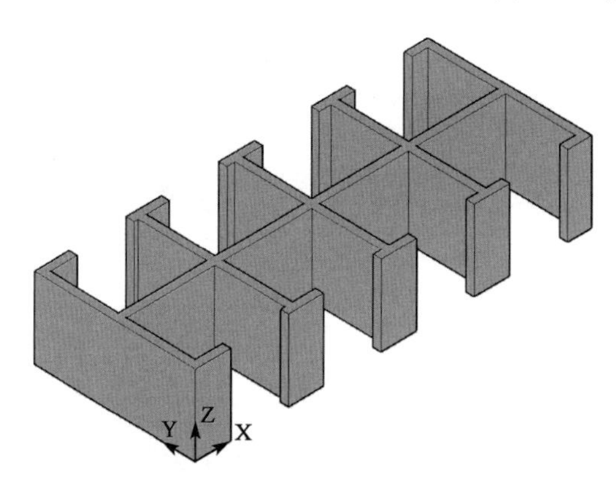

图 9-121　办公室隔断

单元练习题

单元 2

题 2-1　坐标输入练习。

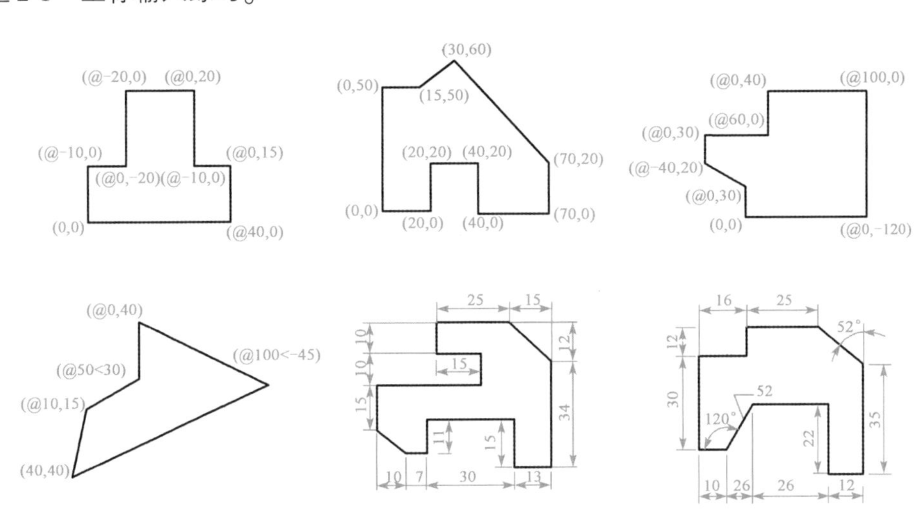

题 2-2　坐标输入练习。

1)

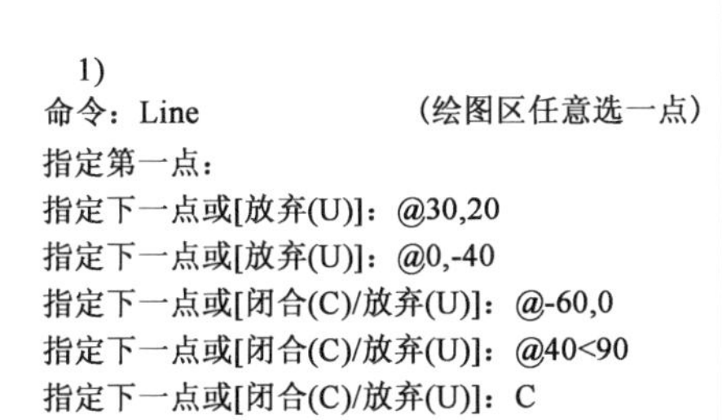
命令：Line　　　　　　　　　　(绘图区任意选一点)
指定第一点：
指定下一点或[放弃(U)]：@30,20
指定下一点或[放弃(U)]：@0,-40
指定下一点或[闭合(C)/放弃(U)]：@-60,0
指定下一点或[闭合(C)/放弃(U)]：@40<90
指定下一点或[闭合(C)/放弃(U)]：C

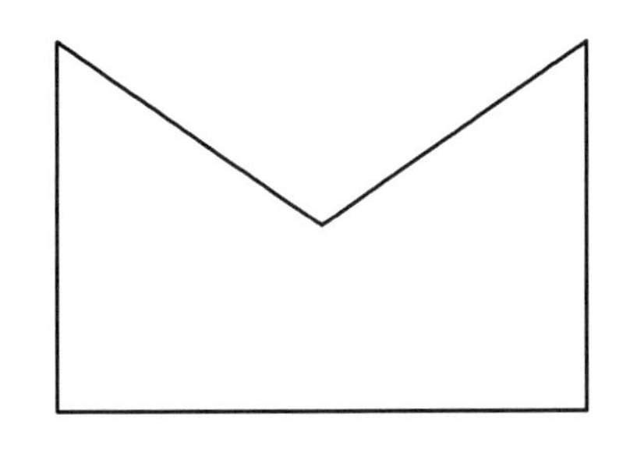

2)
① 画中心线。
② 画圆ϕ10mm、ϕ15mm。
③ 画矩形30mm×7mm。
④ 画连接线段。

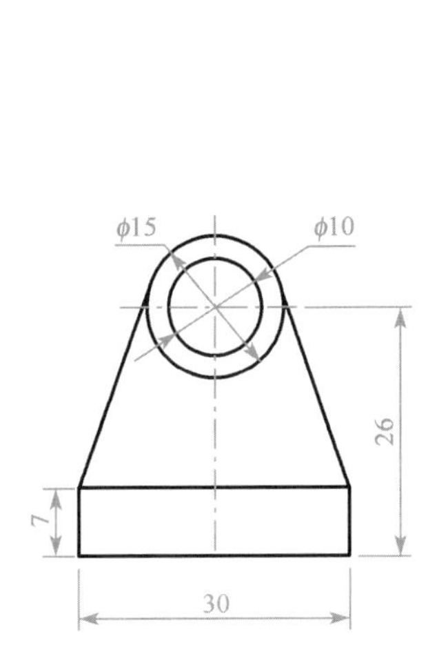

3)
① 画矩形。
② 画圆ϕ10mm。
③ 动态输入，画第二个圆ϕ10mm。

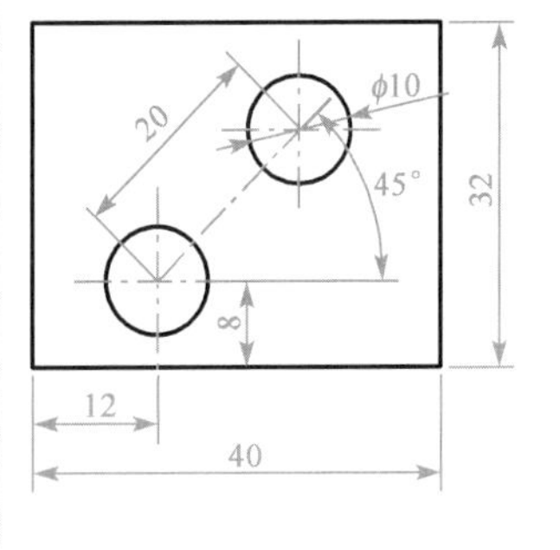

单元3

题3-1　图线练习。

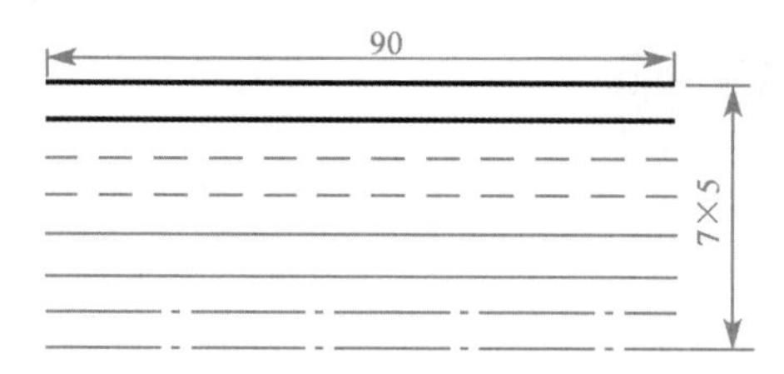

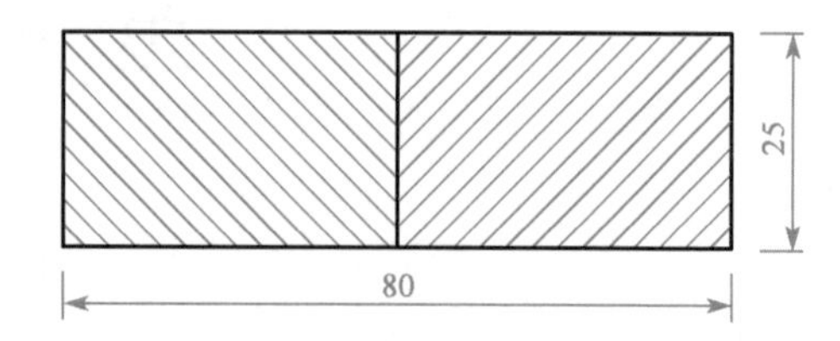

题3-2　图线练习。

1)按图中尺寸和比例抄画图样。2)要求线形分明,作图准确,图面整洁。

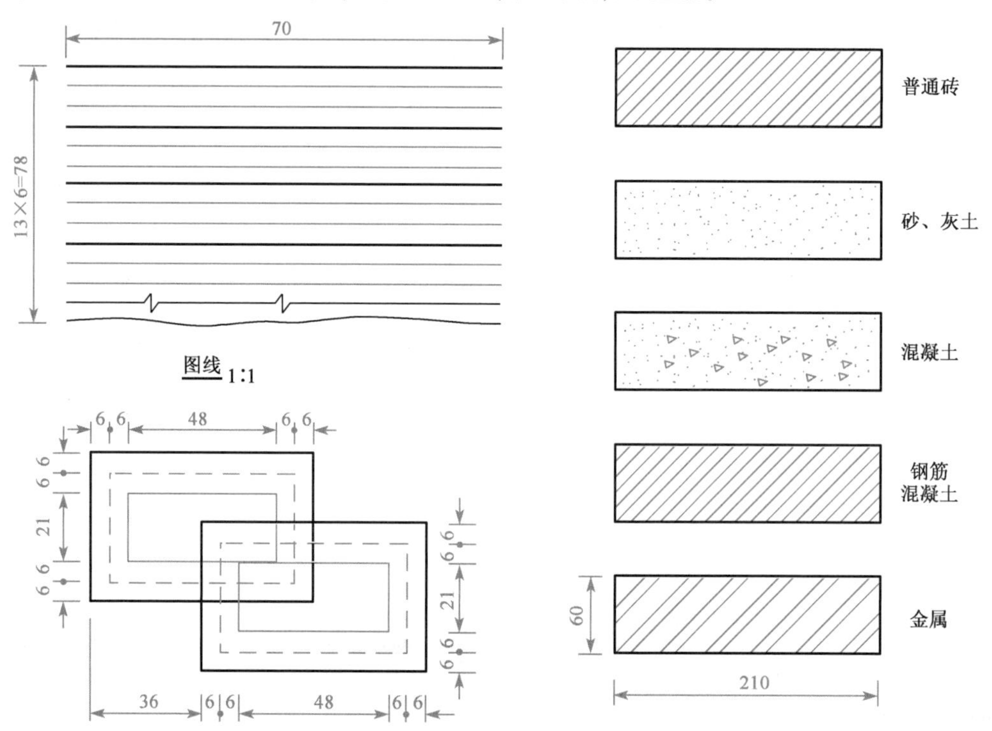

题3-3　练习使用矩形和圆命令绘图。

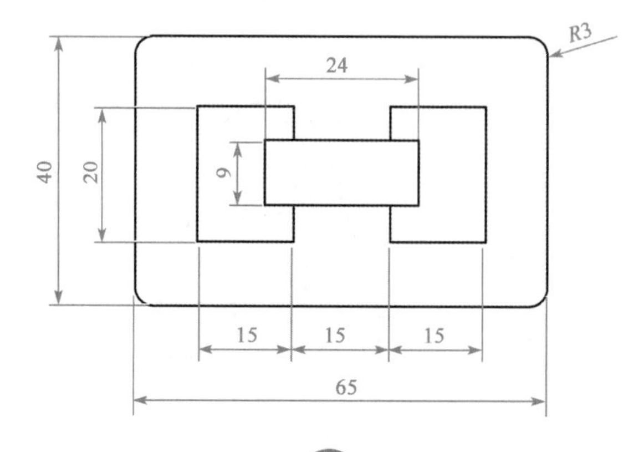

题 3-4　练习使用多线命令绘图。

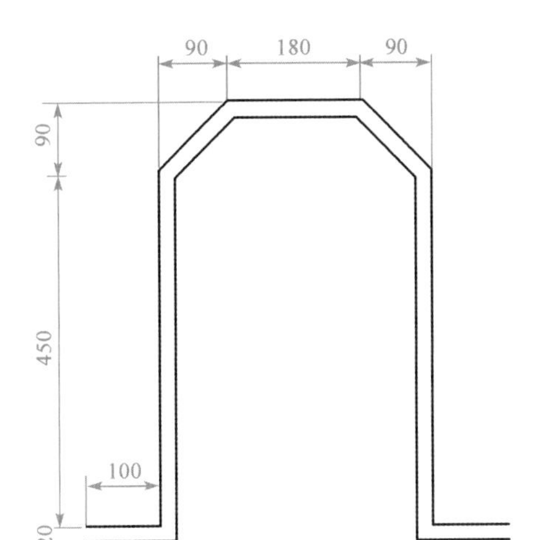

题 3-5　练习使用样条曲线命令绘图。

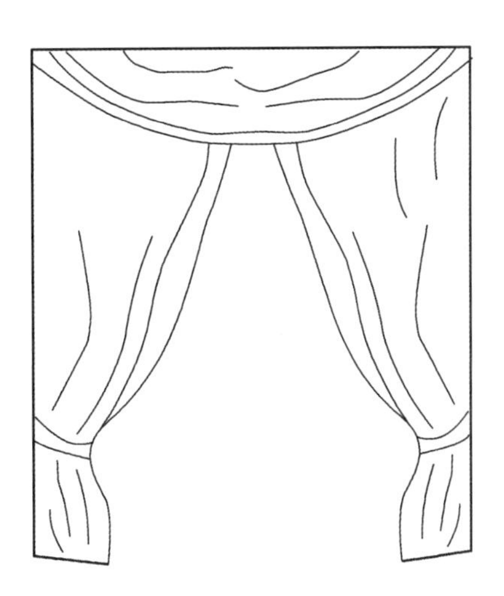

题 3-6　练习使用椭圆、圆弧等命令绘图。

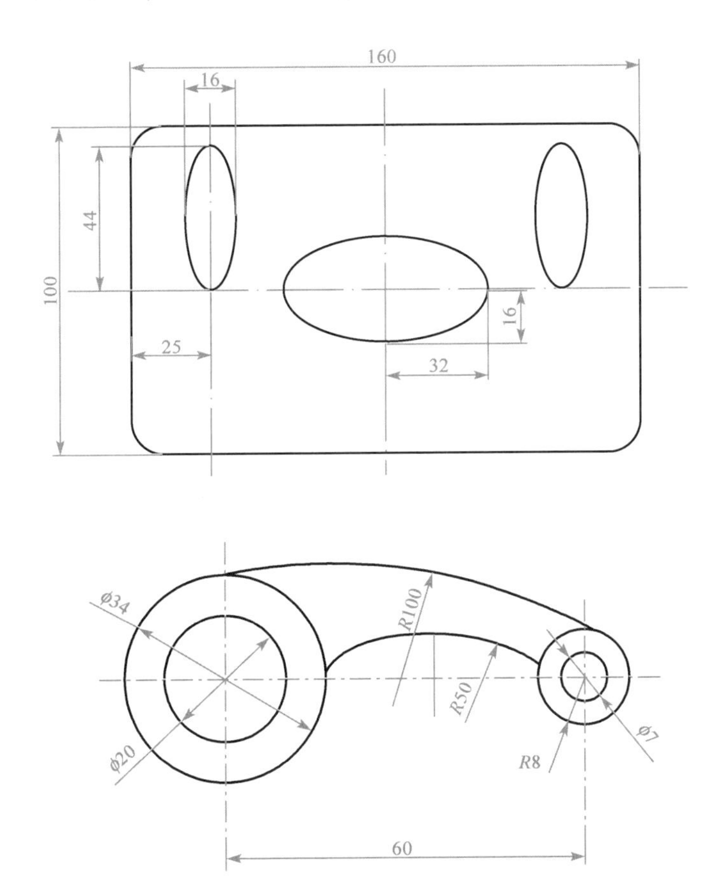

题 3-7　练习使用辅助功能捕捉中点(左图)和捕捉端点、垂足(右图)。

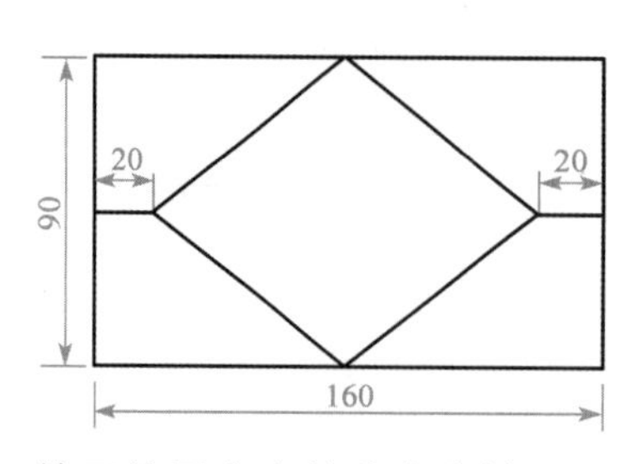

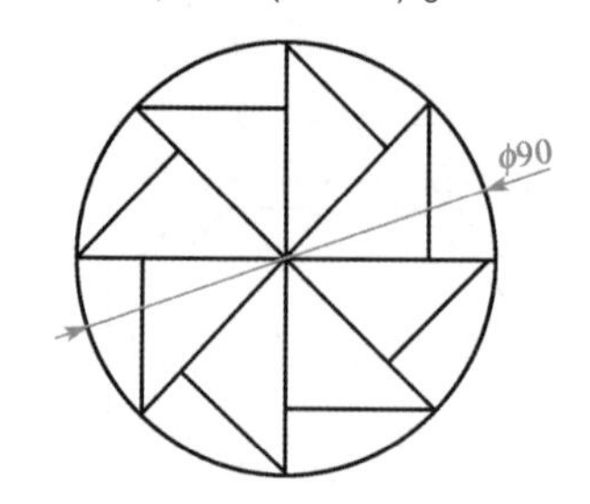

题 3-8　练习使用定点等分命令绘图。

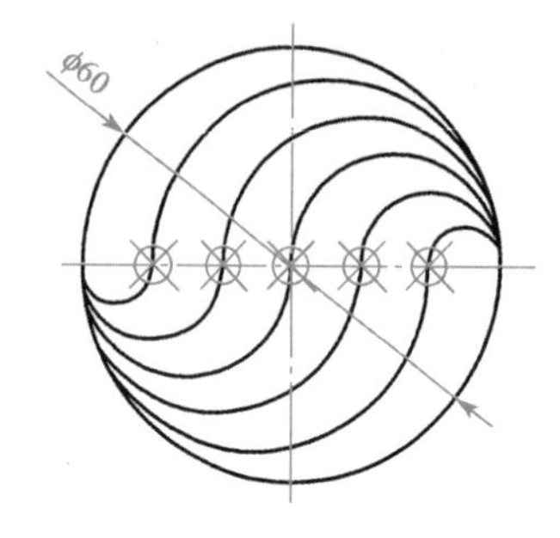

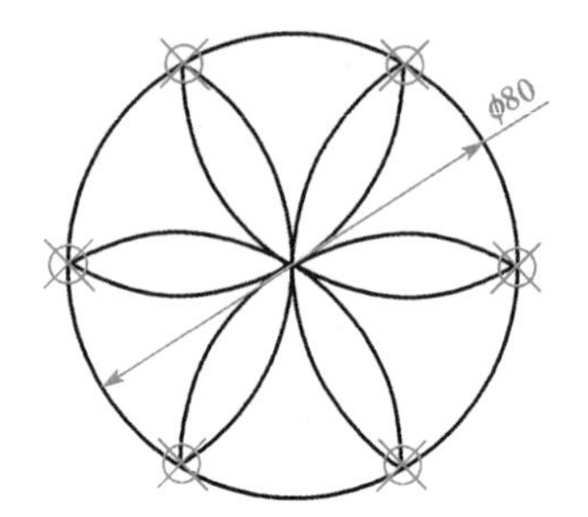

题 3-9　绘制图形并填充。

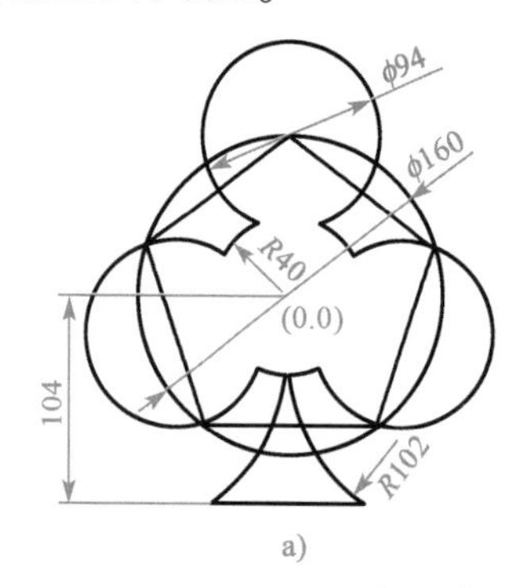

a)

b)

单元 4

题 4-1　练习使用偏移、修剪命令绘制图形。

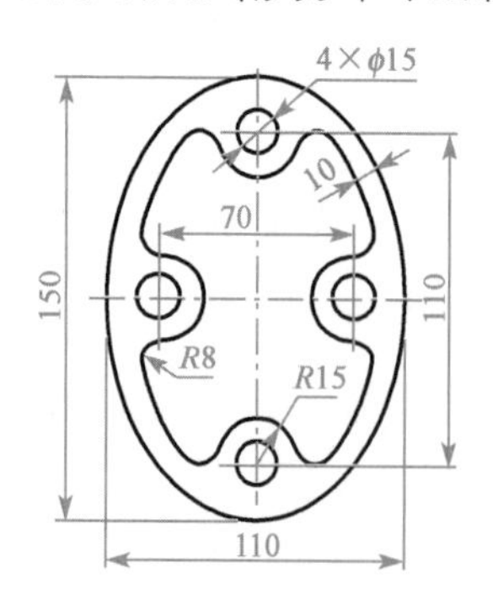

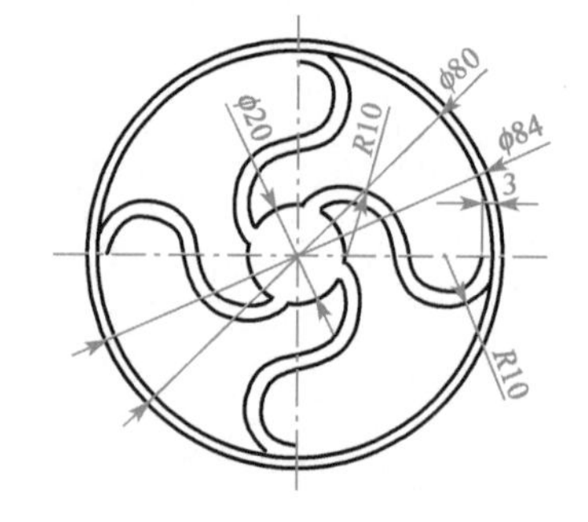

题 4-2　练习使用复制命令捕捉交点绘制图形。

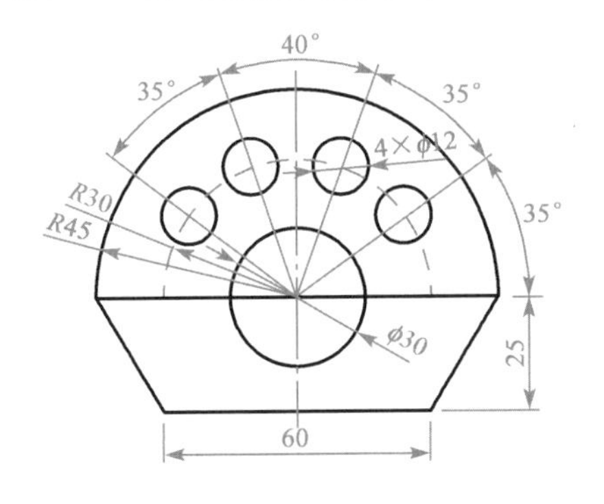

4×R15
ϕ75
ϕ15
45°
R30

题 4-3　平面图形绘制与编辑综合练习。

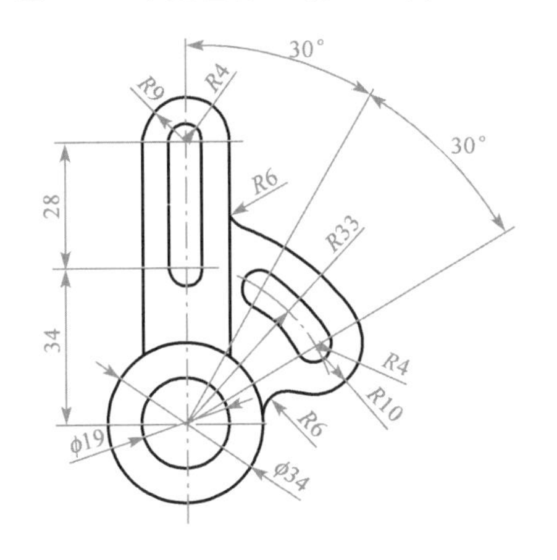

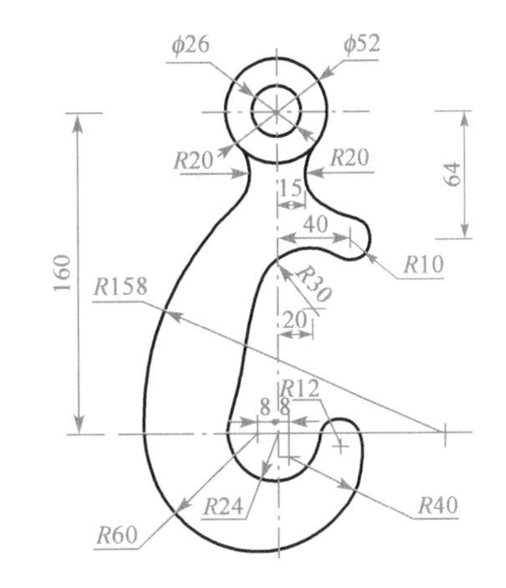

题 4-4　练习使用阵列命令绘制图形。

1)

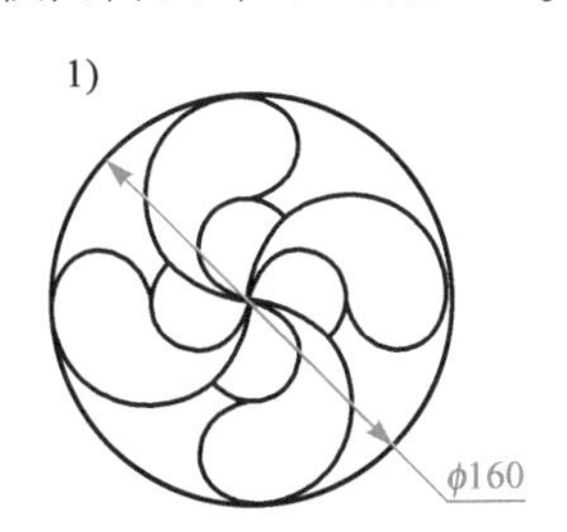

2)

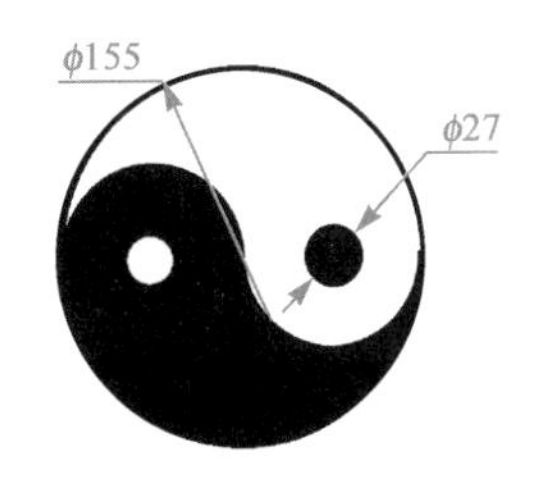

3)

25
50

4)

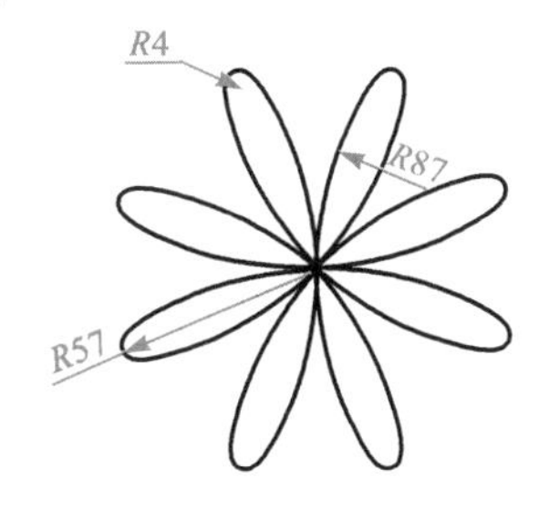

题 4-5　练习使用镜像与阵列命令绘制图形。

1)

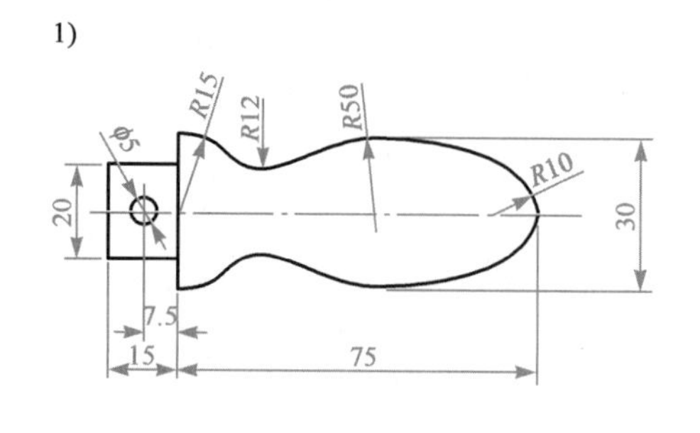

2)

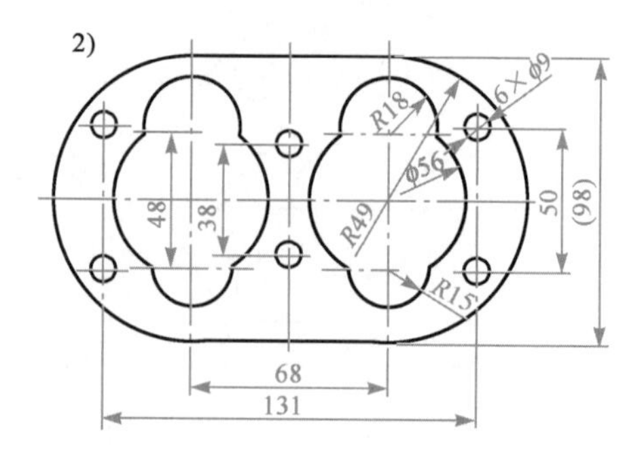

3)

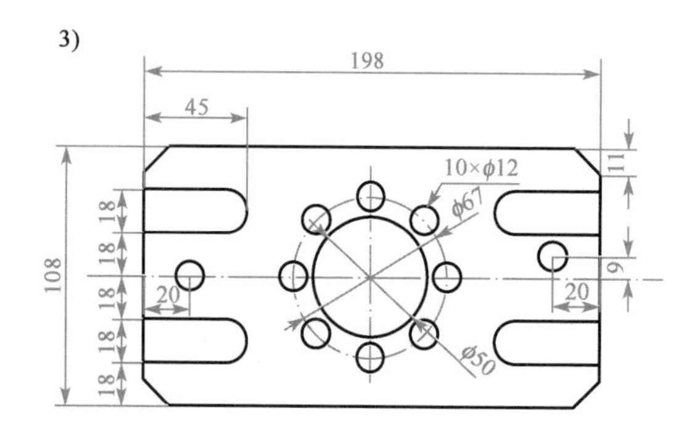

4)

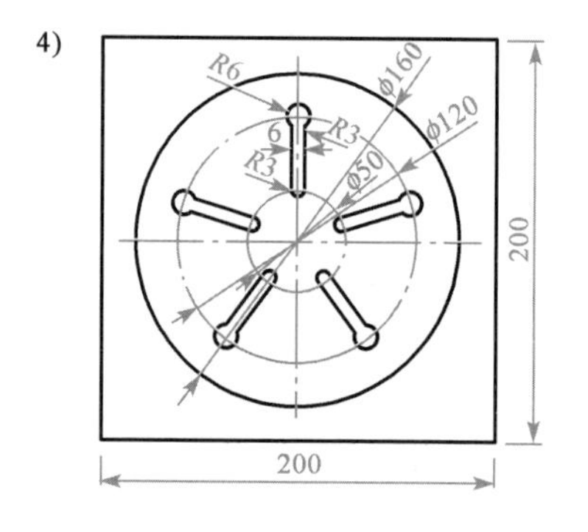

题 4-6　练习使用阵列命令绘制图形和编辑图形。

1)练习使用阵列命令绘制图形。

2）平面图形绘制与编辑综合练习。

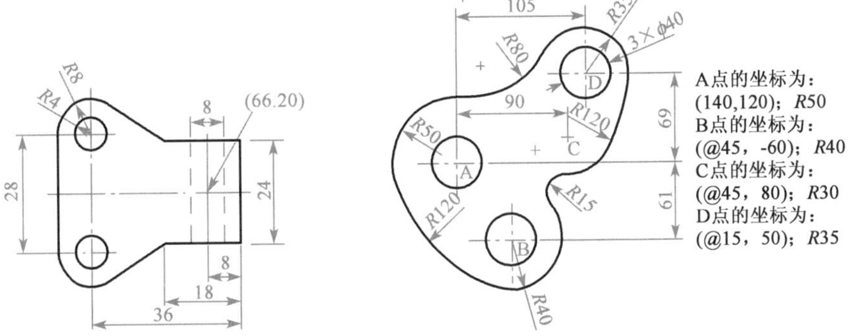

题 4-7　练习使用阵列命令绘制图形。

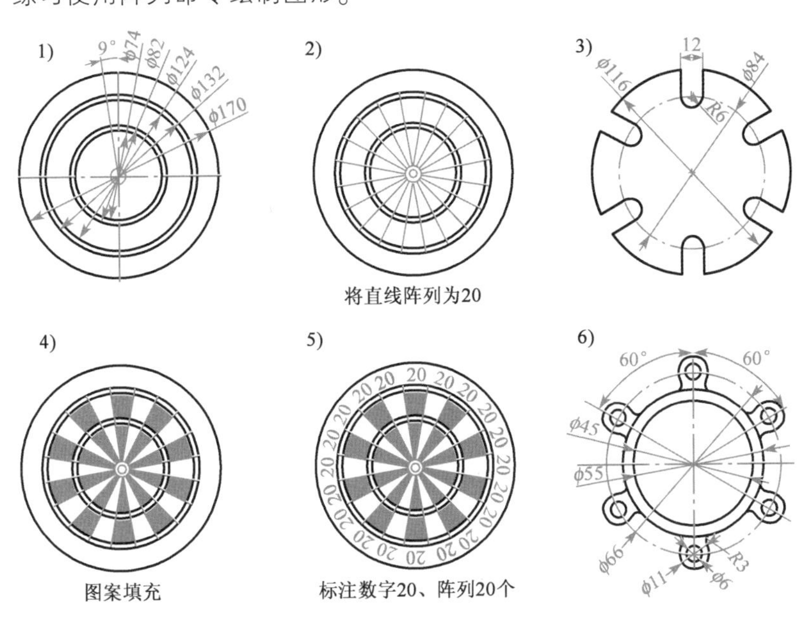

单元 5

题 5-1　练习使用图层命令绘制图形。

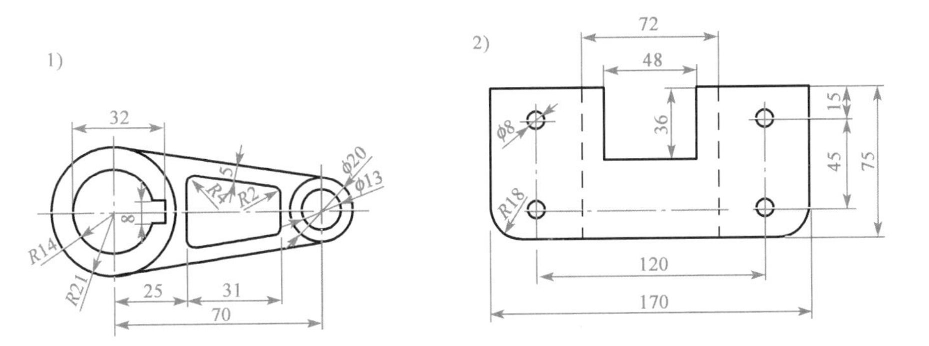

题 5-2 零件图的三视图绘制。

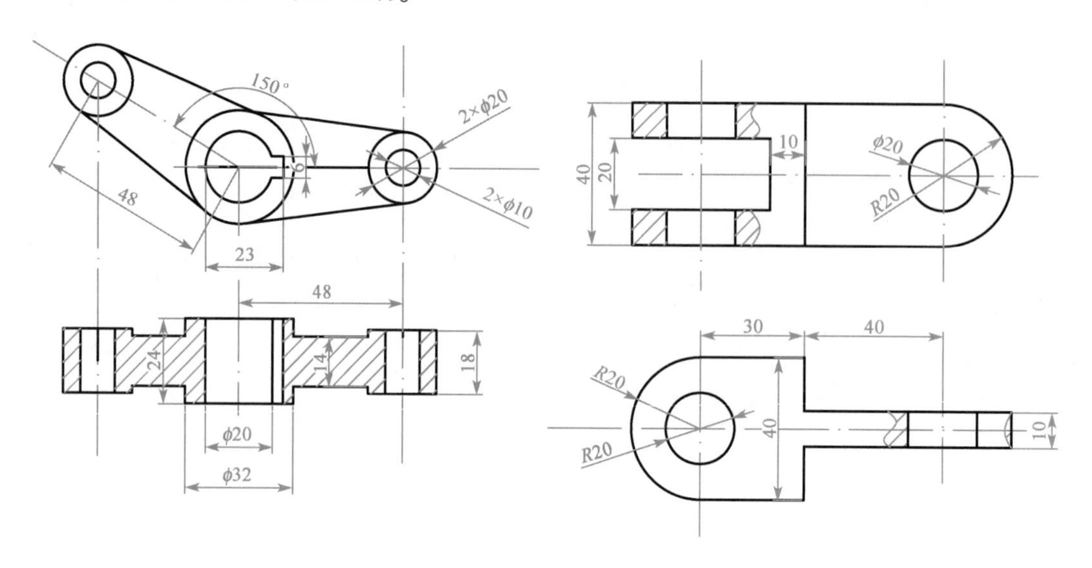

题 5-3 零件图的三视图绘制。

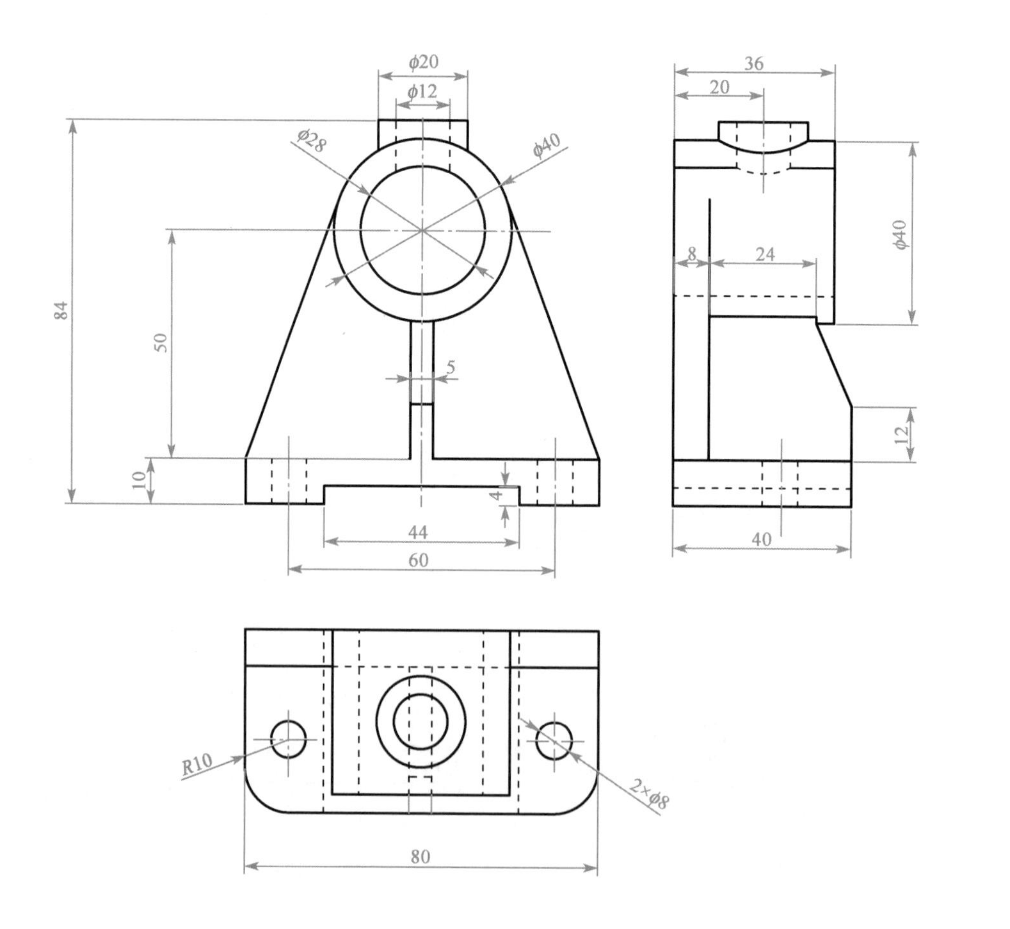

题 5-4 现浇楼板的绘制。

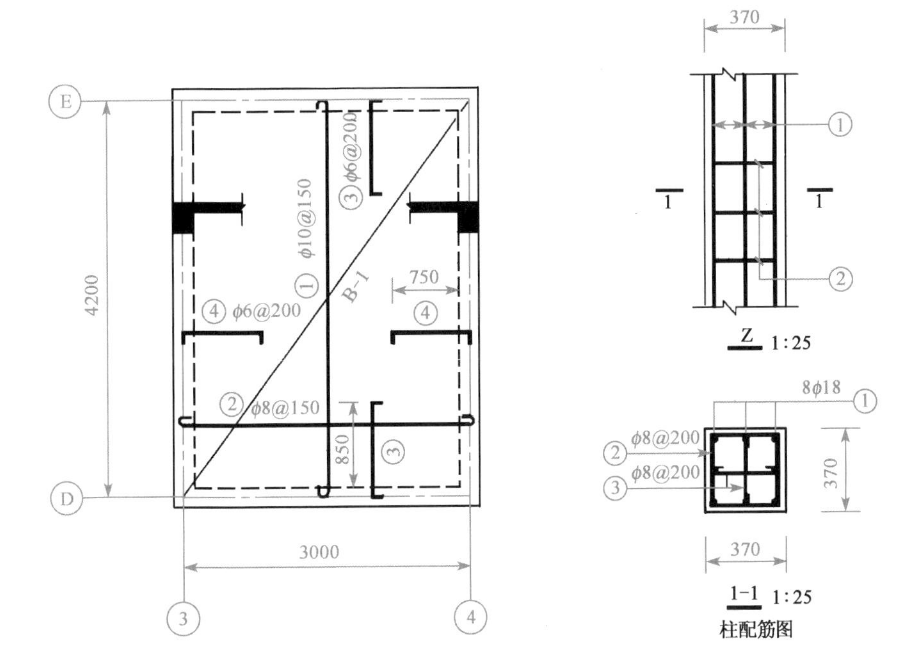

题 5-5 多重平行线的绘制。

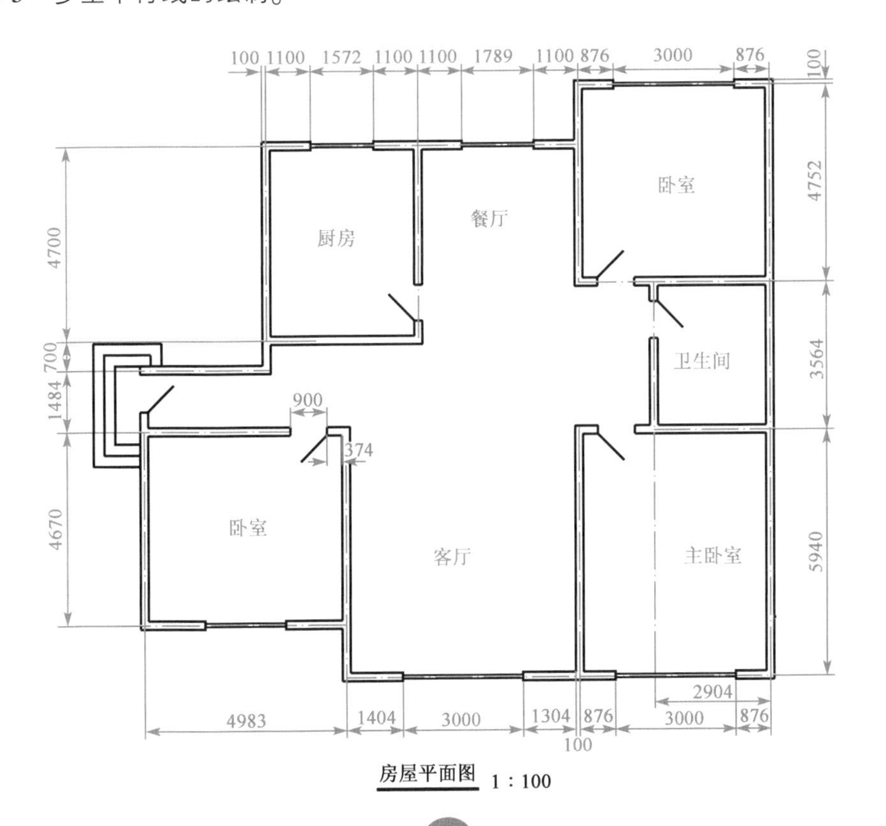

房屋平面图 1 : 100

题 5-6　钢筋混凝土梁配筋的绘制。

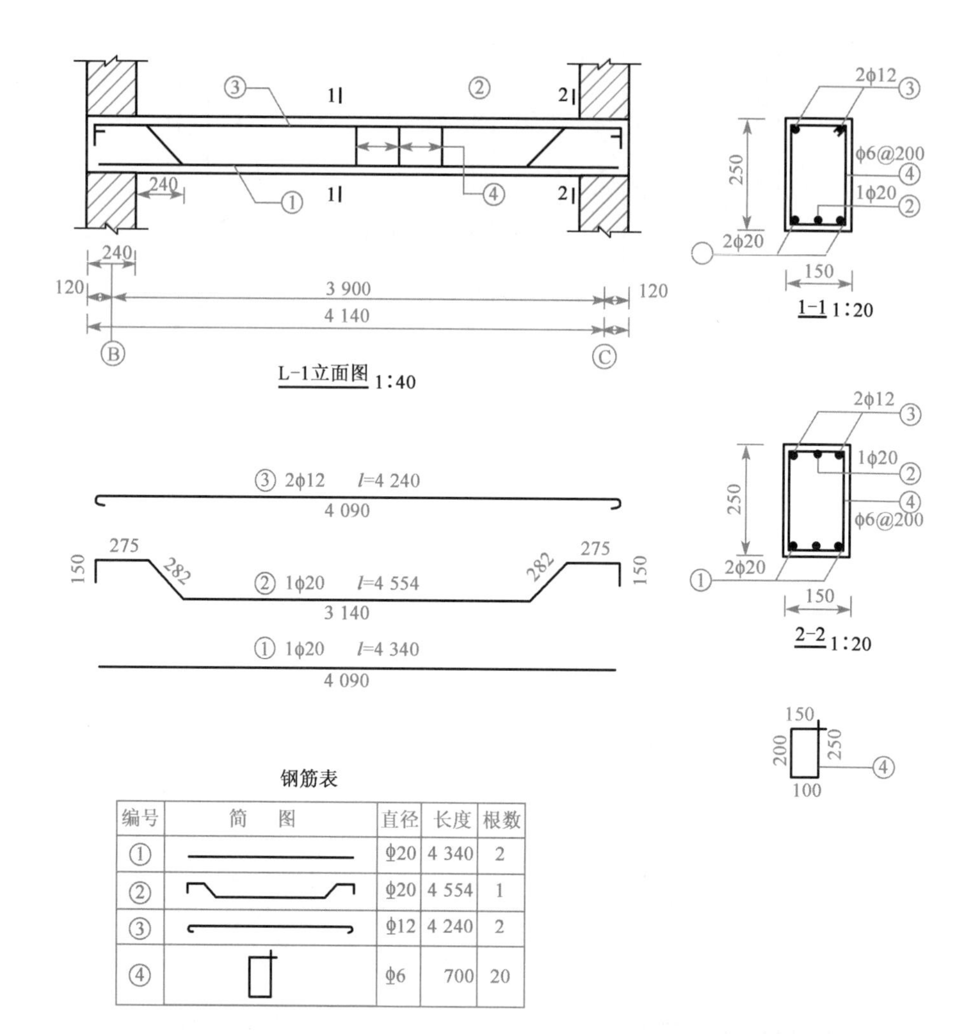

钢筋表

编号	简　图	直径	长度	根数
①		ϕ20	4 340	2
②		ϕ20	4 554	1
③		ϕ12	4 240	2
④		ϕ6	700	20

题 5-7　隧道断面衬砌图的绘制。

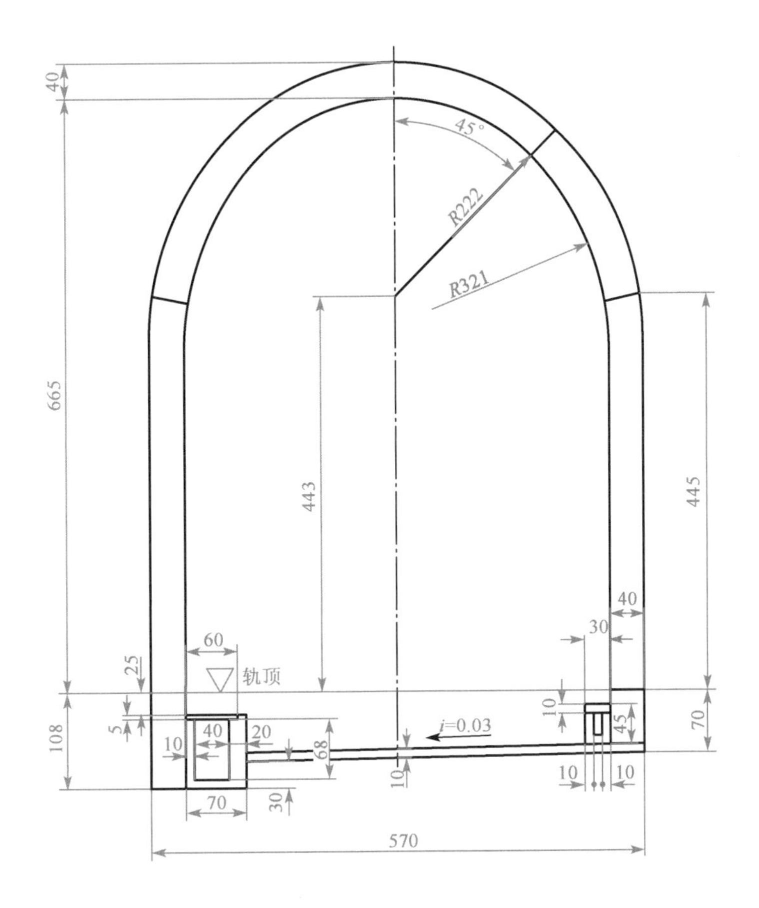

题 5-8　房屋平面图的绘制。

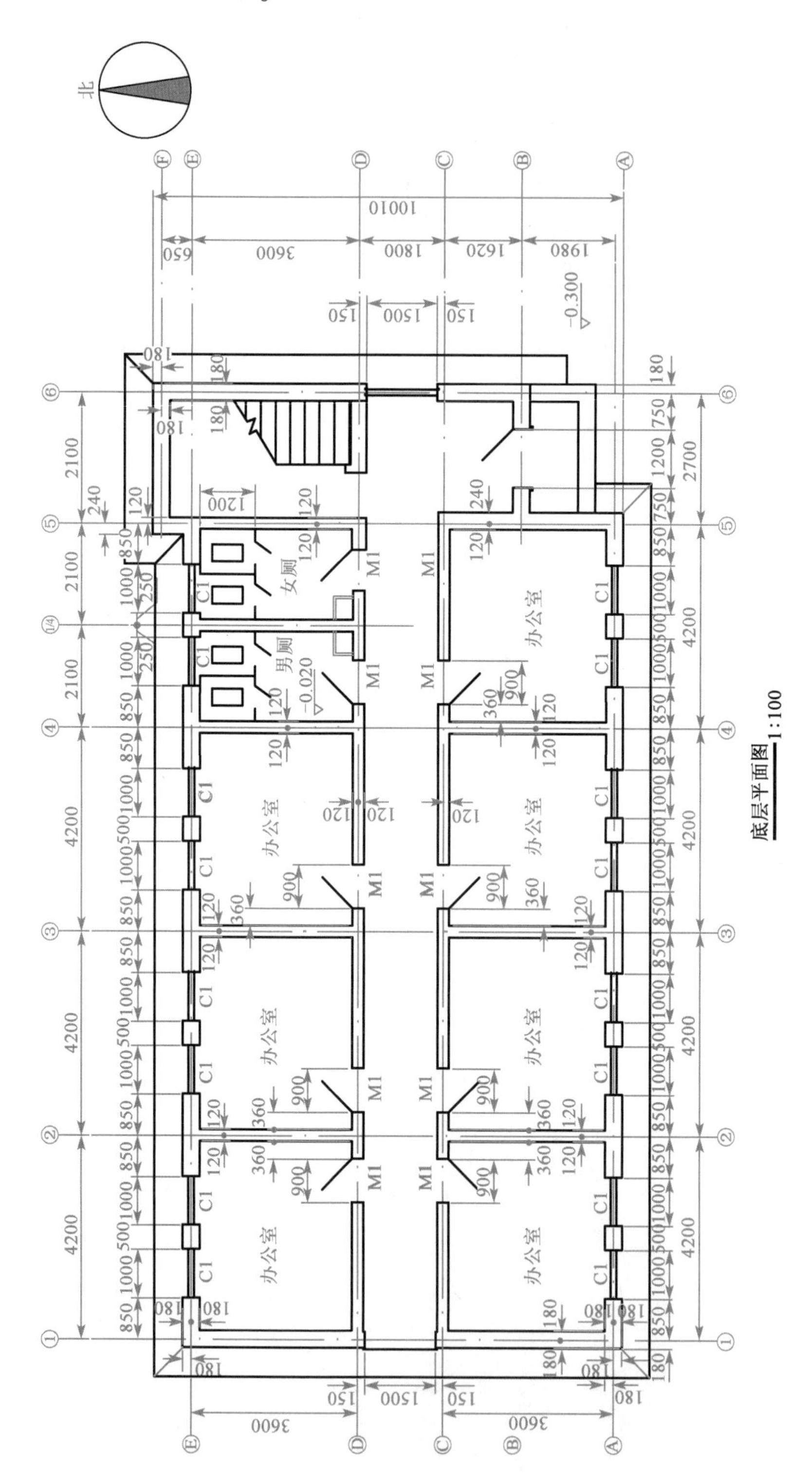

题 5-9　桥墩图的绘制。

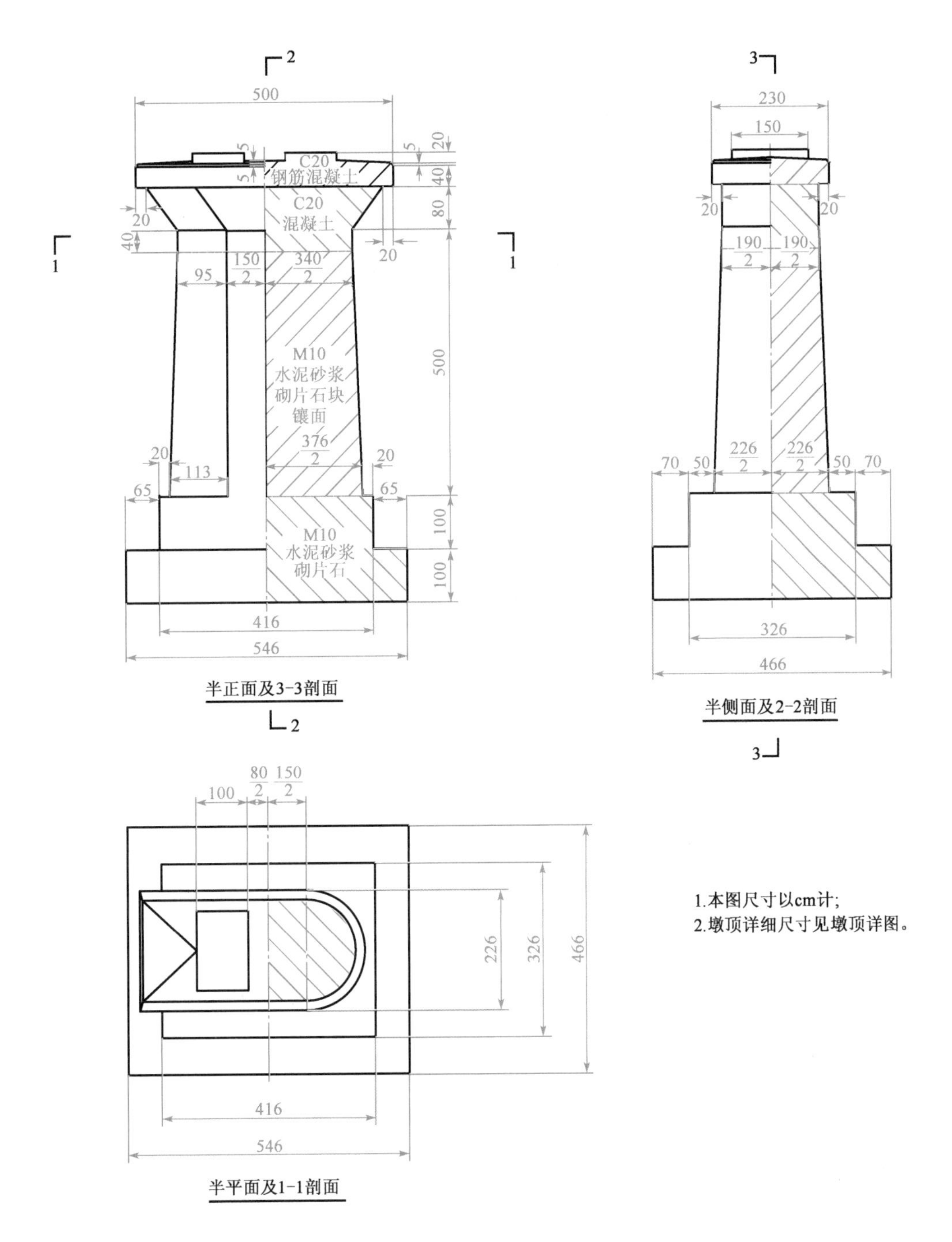

半正面及3-3剖面

半侧面及2-2剖面

半平面及1-1剖面

1.本图尺寸以cm计;
2.墩顶详细尺寸见墩顶详图。

题 5-10　墩顶图的绘制。

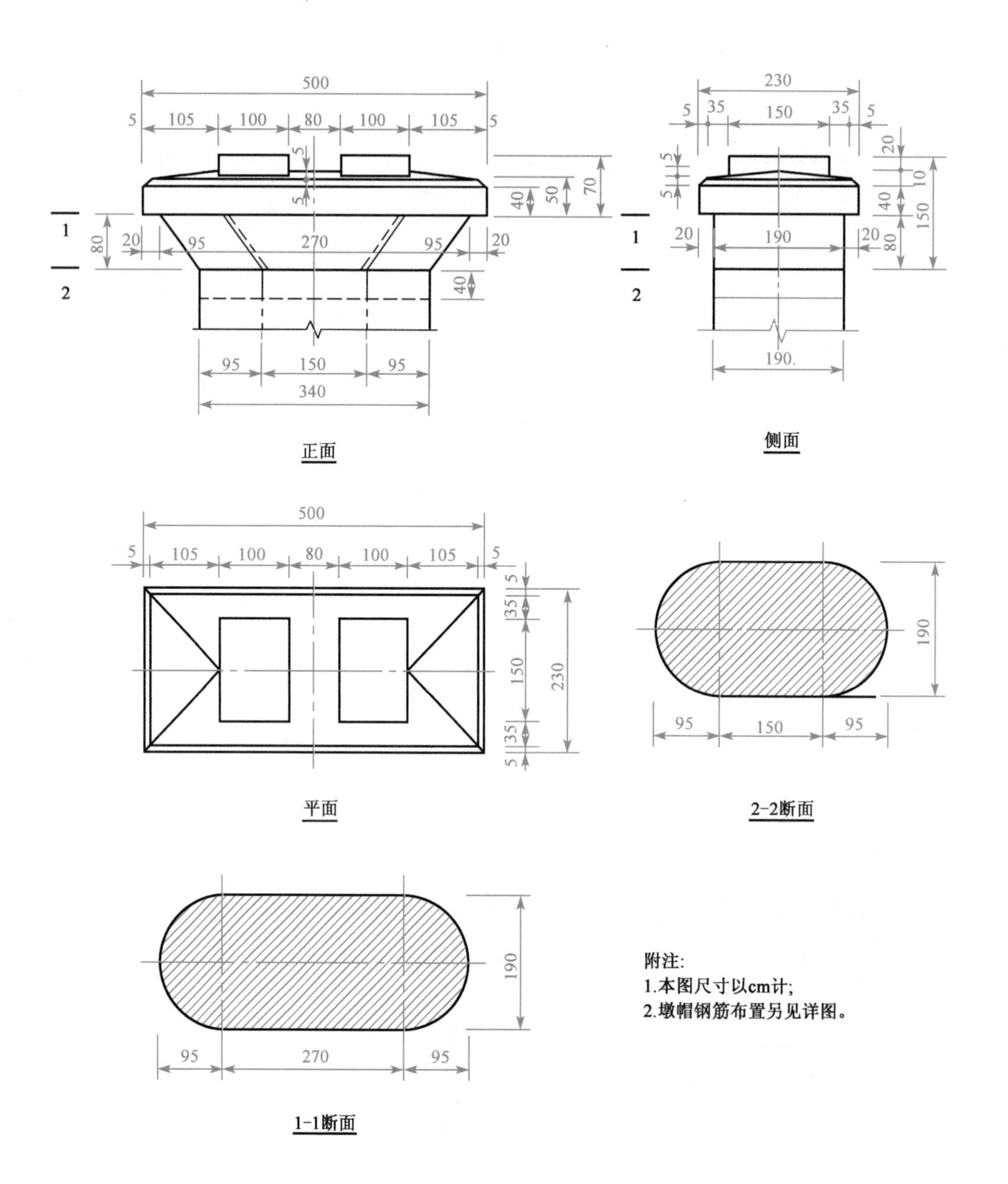

题 5-11　桥台图的绘制。

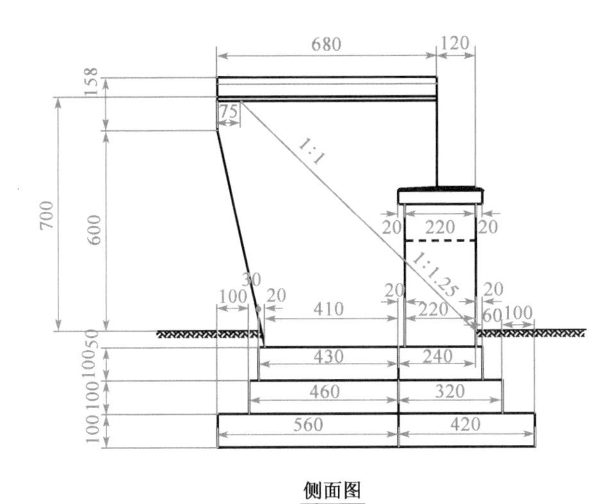

侧面图

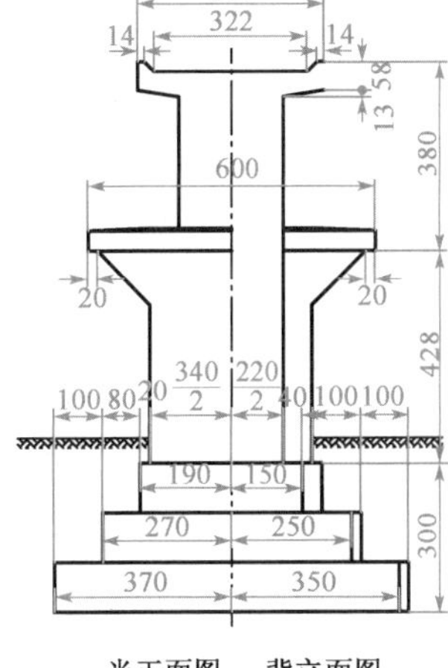

半正面图 、背立面图

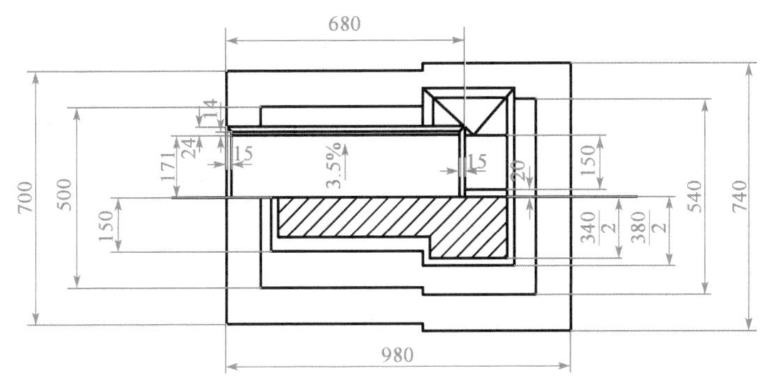

半平面图、半基顶剖面

说明:
本图尺寸单位除标高以m计外，其余均以cm计。

单元6

题6-1　尺寸标注与标注样式创建练习。

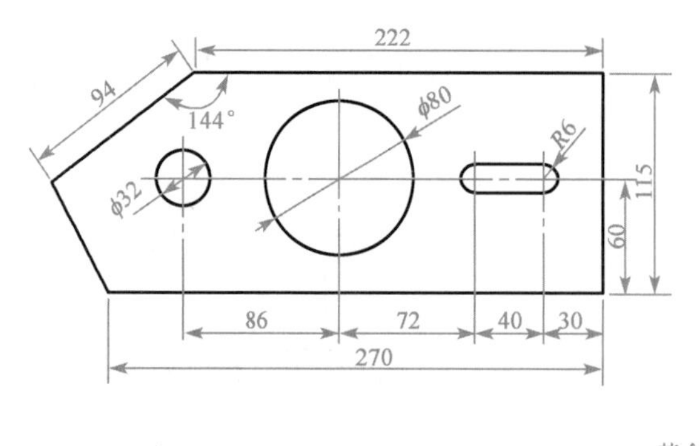

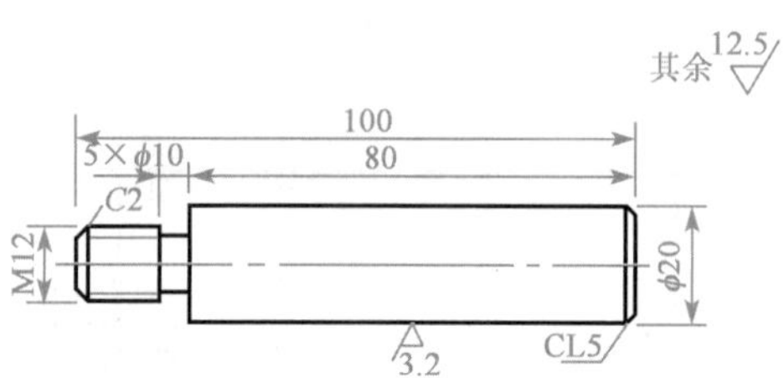

技术要求

1.53°工作面对莫氏锥体圆跳动量不大于0.01mm。

2.热处理淬火56~62HRC。

3.倒去尖角。

题6-2　图案填充练习。

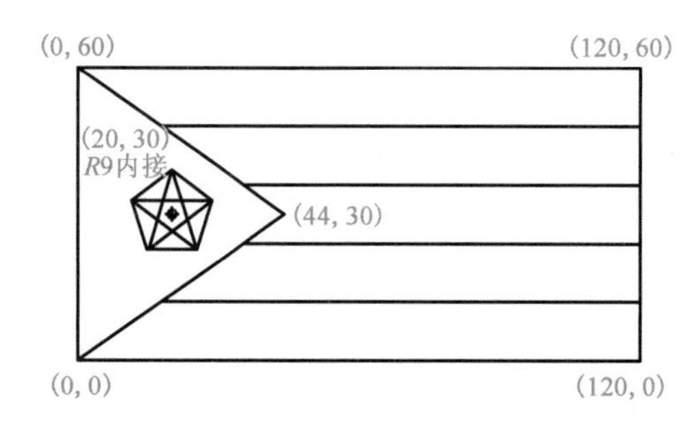

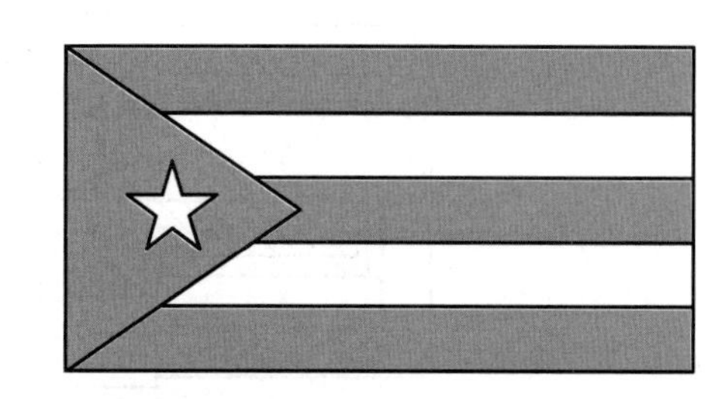

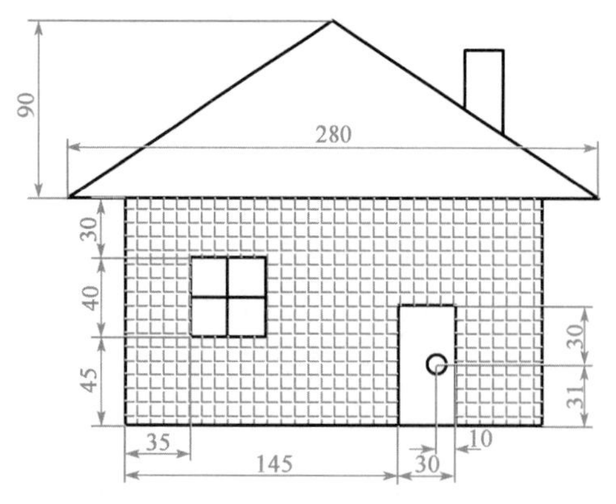

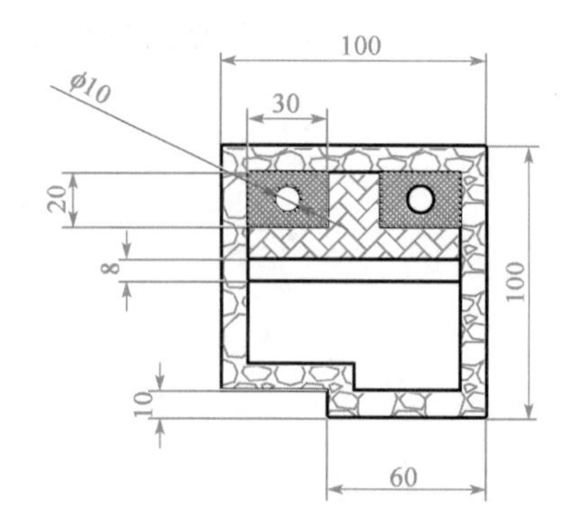

题 6-3 填充与尺寸标注练习。

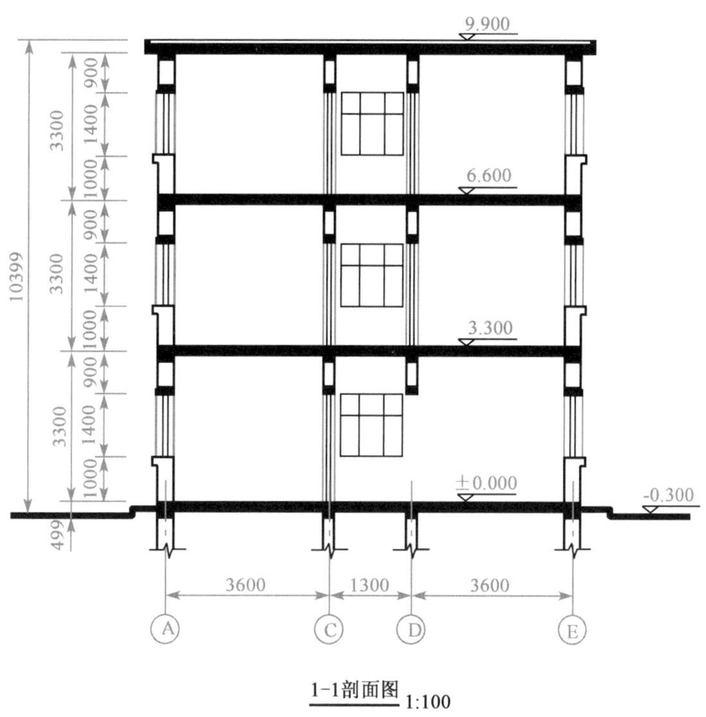

1-1剖面图 1:100

题 6-4 装配图的绘制与标注练习。

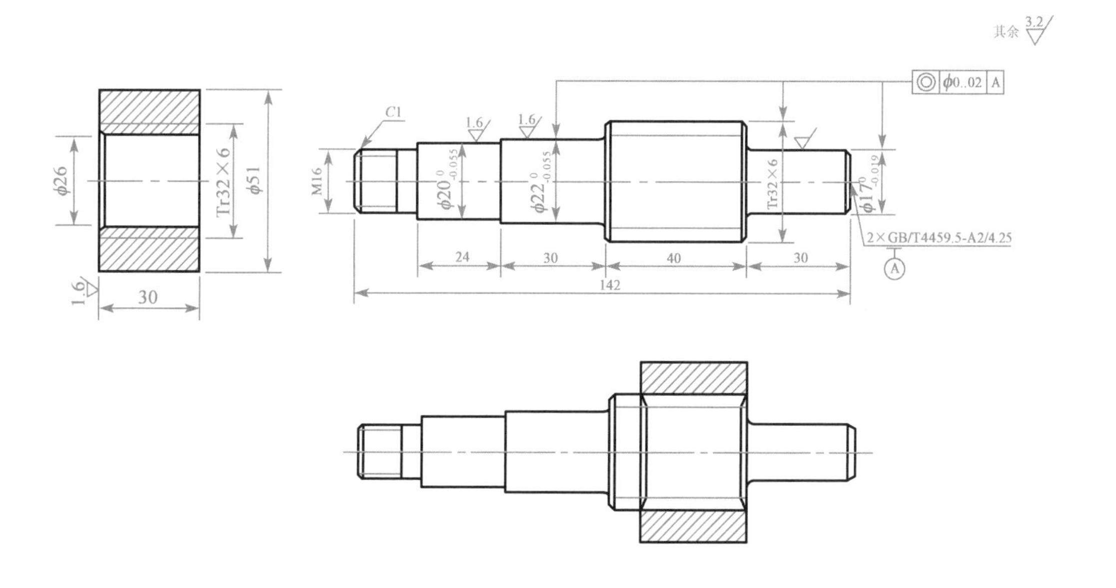

题6-5　外墙节点详图绘制并文字编辑。

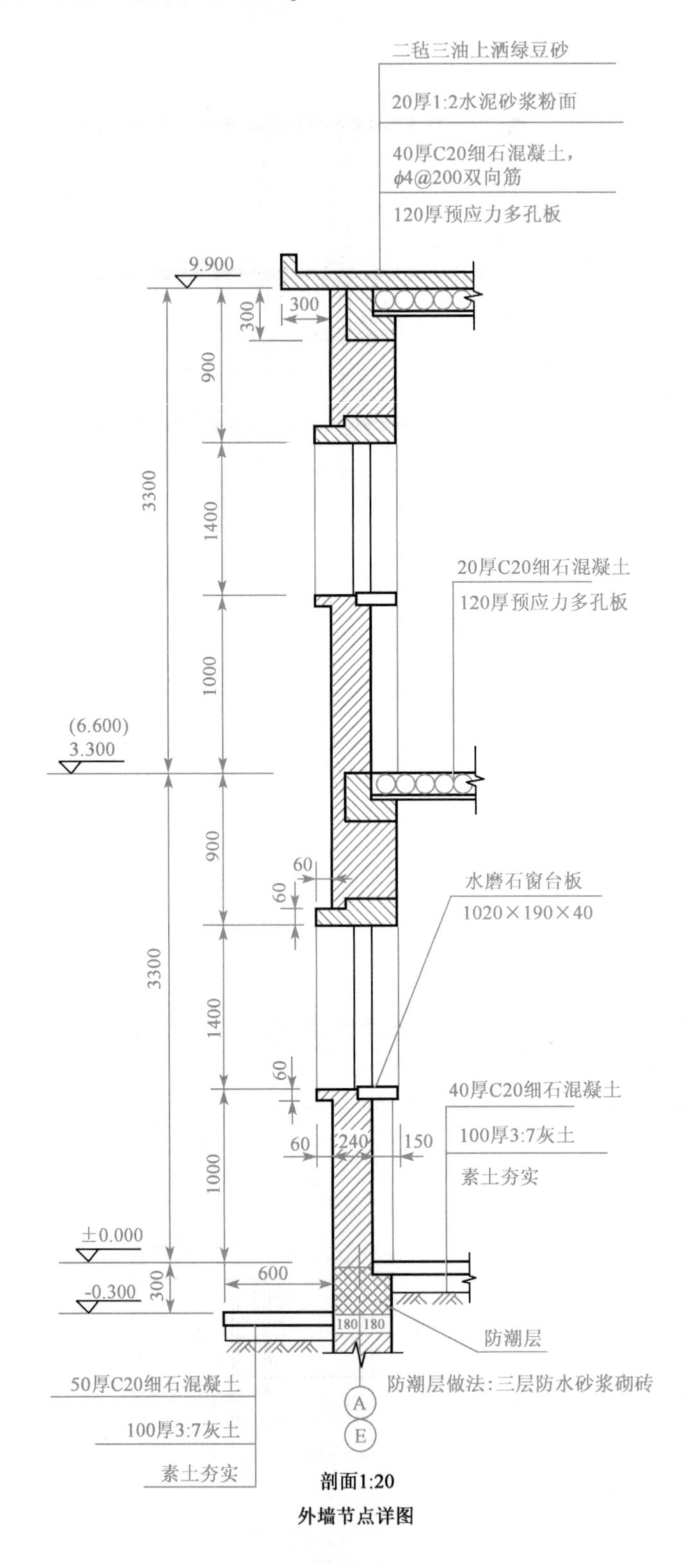

剖面1:20

外墙节点详图

题 6-6　文字注写与表格绘制练习。

要求：标题为黑体字、10 号红色；内容为仿宋体、7 号、黄色。

技 术 要 求

1. 铸件不允许有铸造缺陷。
2. 铸件的起模斜度为 5°

技 术 要 求

1. 调质处理后齿面硬度 217~255HBW。
2. 未注倒角 *C*2。
3. 未注圆角 *R*2~*R*3。

技 术 要 求

1. 调质处理 220~280HBW。
2. 30° 斜面和底达到 H8/f7。
3. 30° 斜面与锥孔极限偏差为 ±0.02。
4. 底座全部倒角 *C*0.5。

技 术 要 求

1. 热处理淬火 55~60HRC。
2. 15° 两斜面与滑座配刮后达到 H8/h7。
3. 15° 两斜面与莫氏锥孔对称度误差不大于 0.05。
4. 倒角尖角。

技 术 要 求

1. 装配前，所有零件用煤油清洗。滚子轴承用汽油清洗，箱体内部不允许有任何杂质存在。
2. 调整固定轴承，留轴向间隙 0.25~0.4mm。
3. 箱体内装全损耗系统用油 L-AN68 至规定高度。
4. 两端中心孔 GB/T 145-B4/12.5。

技 术 要 求

1. 本齿轮泵的输油量可按下式计算：

$$Q_v=0.007\boldsymbol{n}$$

式中：Q_v——体积流量，L/min；

$\boldsymbol{n}$——转速，r/min；

2. 油的高度不得大于 500mm。
3. ϕ5H7 两柱销孔装配时配钻。
4. 件 4 从动齿轮与件 6 主动齿轮的间隙，用改变件 7 垫片的厚度来调整。
5. 装配完毕后，用手转动主动齿轮，应能灵活旋转。

表 格 设 计

技术性能	物料密度	ρ(kg/m³)	2 400
	许可环境温度	t(℃)	-30~+45
	许可牵引力	F_X(N)	45 000
	调整范围	v(r/min)	≤120

法向模数	m_n	2
齿数	z	80
径向变位系数	x	0.06
公法线长度	W	43.872±0.168

题 6-7　块练习，由零件图绘制装配图。

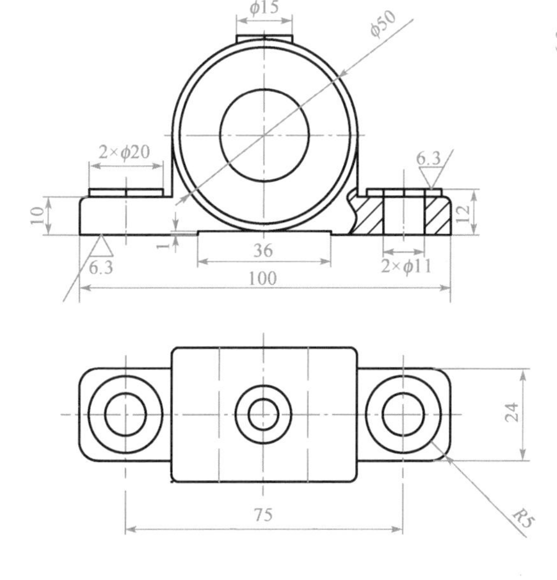

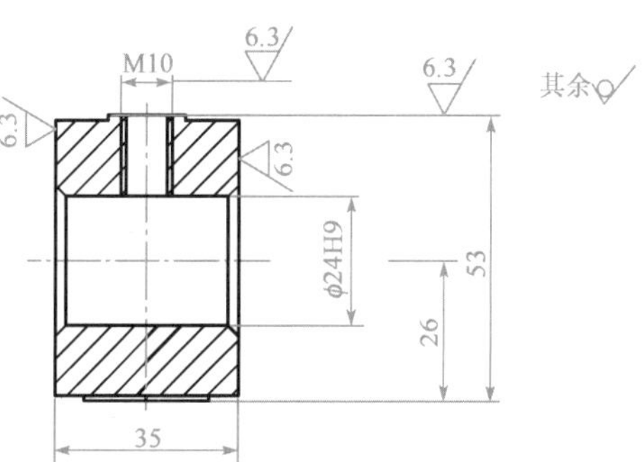

单元7

题7-1 轴测图的绘制与设置。

题 7-2　轴测图练习。

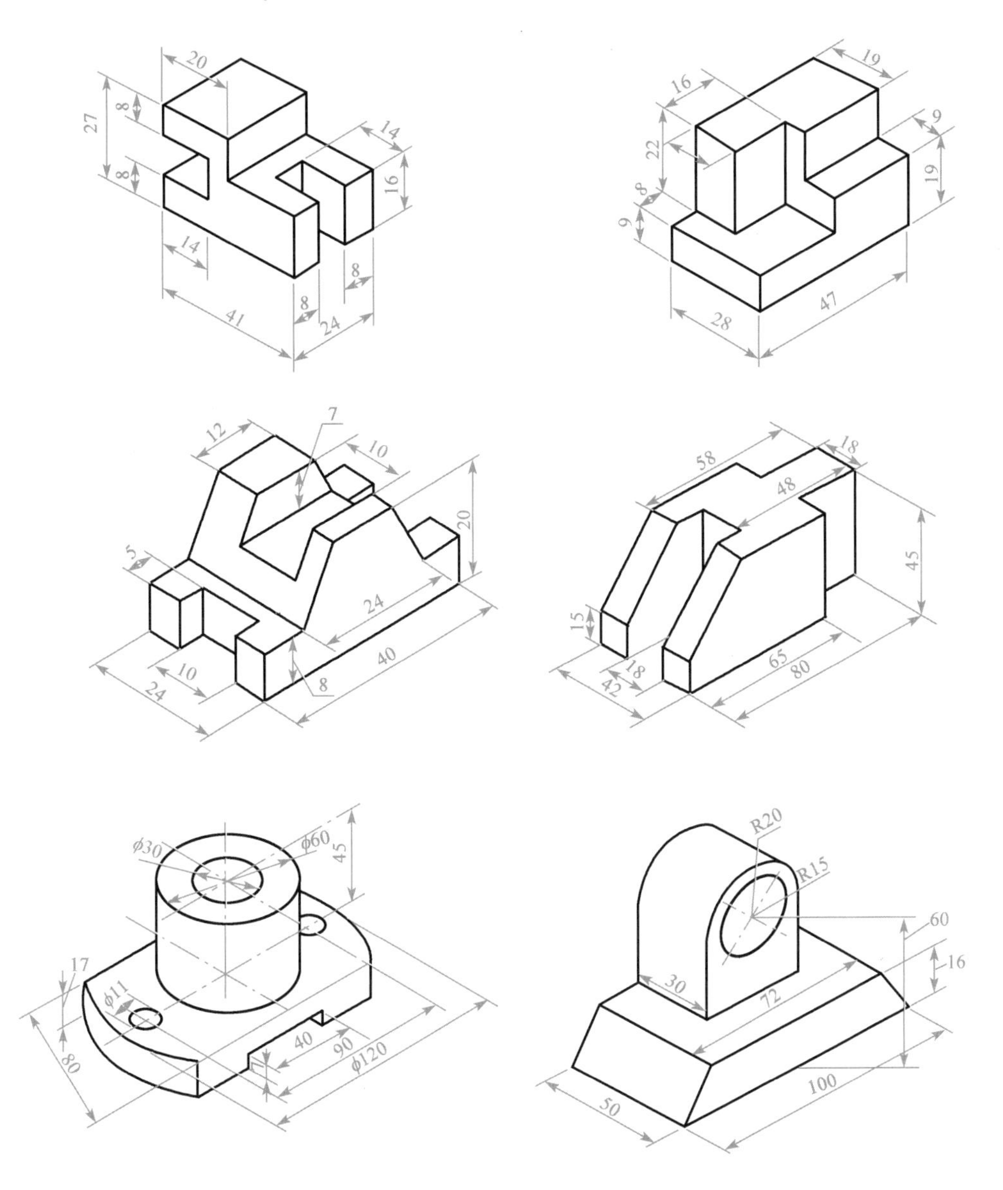
20 8 27 8 14 16 14 8 41 8 24
19 16 9 22 19 8 9 28 47
7 12 10 20 5 24 40 10 24 8
58 18 48 45 15 18 42 65 80
φ30 φ60 45 17 φ11 80 40 90 φ120
R20 R15 60 16 30 72 100 50

单元9

题9-1　三维立体练习。

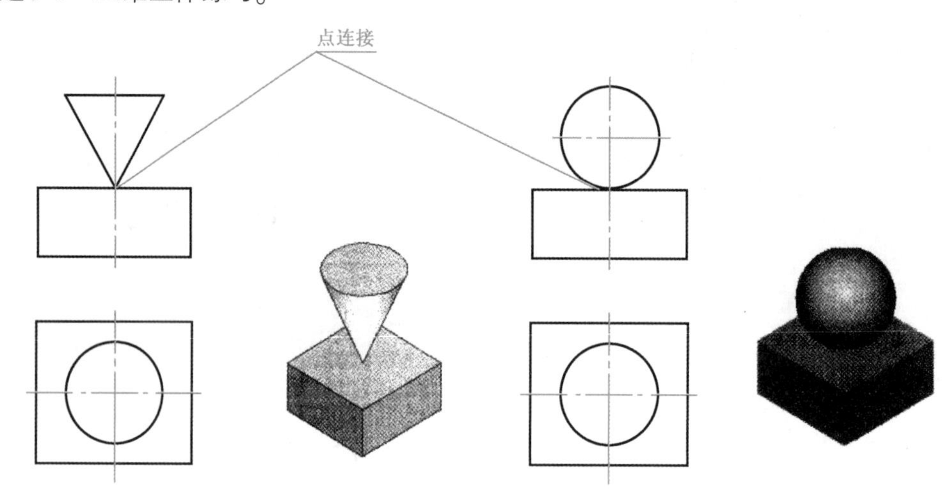

题9-2　三维立体练习。

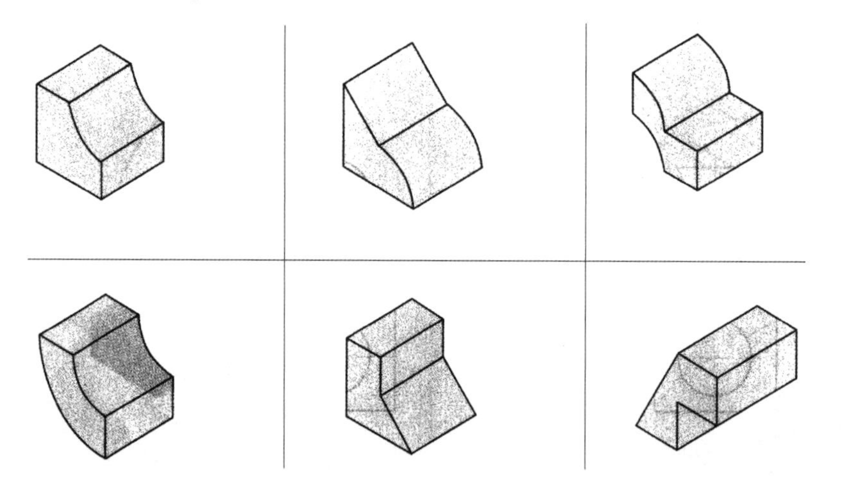

题9-3　三维立体练习。

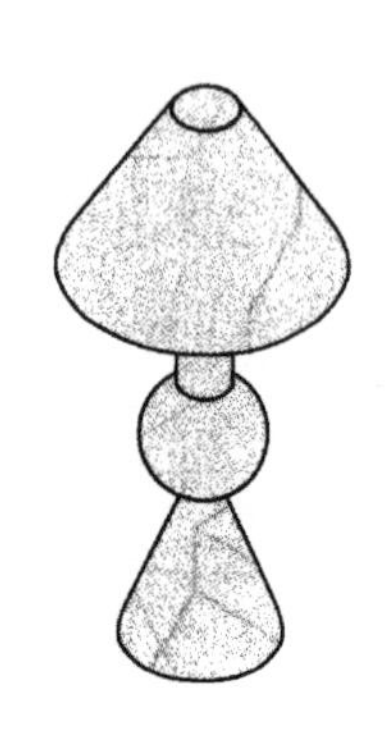

题 9-4　三维立体练习。

题 9-5　三维立体练习。

题 9-6　三维立体练习。

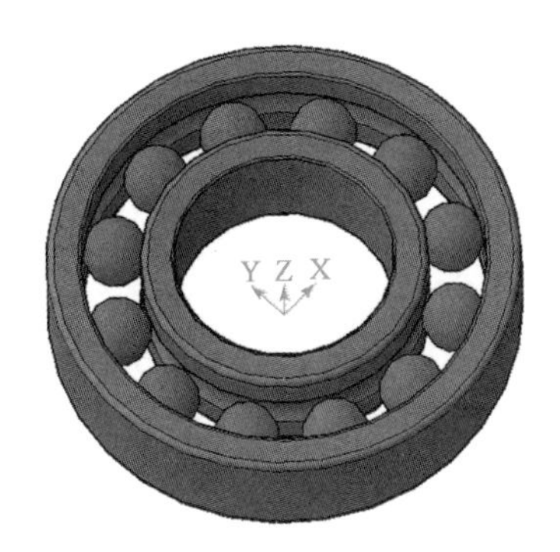

强化训练题

键盘键入点的绝对坐标和相对坐标练习

1. 键入 L↙→任意确定一点 A→B(@50<0)↙→C(@50<120)↙→A(@50<240)或 C↙。

2. 激活工具栏“直线”按钮,输入 A(0,0)↙→B(100,0)↙→输入 C(100,60)↙→D(0,60)↙→C↙。

3. 单击“菜单栏”→“绘图”→“直线”命令→输入 A(10,10)↙→B(60,10)↙→C(60,60)↙→D(10,60)↙→C↙。

4. 键入 line↙→任意确定一点 A→B(@50,0)↙→C(@0,50)↙→D(@-50,0)↙→C↙。

5. 键入 L↙→A(100,100)↙→B(@50<30)↙→C(@40<90)↙→D(@-40<30)↙→E(@20<-15)↙↙。

6. 激活直线命令→输入 A(140,100)↙→B(@200,0)↙→C(@0,100)↙→C↙。

7. 激活直线命令→输入 A(140,210)↙→B(@79,-79)↙→C(@177<45)↙→C↙。

8. 激活直线命令→输入 A(100,90)↙→B(@150,0)↙→C(@0,100)↙→D(@-150,0)↙→C↙。

9. 激活工具栏“直线”按钮→A(-5,134)↙→B(75,134)↙→C(100,210)↙→D(125,134)↙→E(205,134)↙→F(140,87)↙→G(165,11)↙→H(100,58)↙→I(35,11)↙→J(60,87)↙→C↙。

10. 激活工具栏“多段线”按钮→任取一点 A 为起点→(@10,0)↙→w↙→0.5↙→0↙→(@3,0)↙→A↙→(@5<-90)↙→L↙→w↙→0.5↙→0.5↙→(@13<180)↙→C↙。

11. 输入 L↙→输入 0,0↙→0,30↙→20,30↙→20,10↙→50,10↙→50,30↙→70,30↙→70,0↙→C↙。

12. 启动直线命令,单击菜单↙→绘图↙→直线↙→任意一点为 A↙→@20,0↙→@0,-20↙→@30,0↙→@0,20↙→@20,0↙→@0,20↙→@-70,0↙→C↙。

13. 单击绘图工具栏“直线”按钮↙→输入 0,0↙→60,0↙→60,30↙→40,30↙→40,20↙→50,20↙→50,10↙→10,10↙→10,20↙→20,20↙→20,30↙→0,30↙→C↙。

练习使用圆命令绘制图形

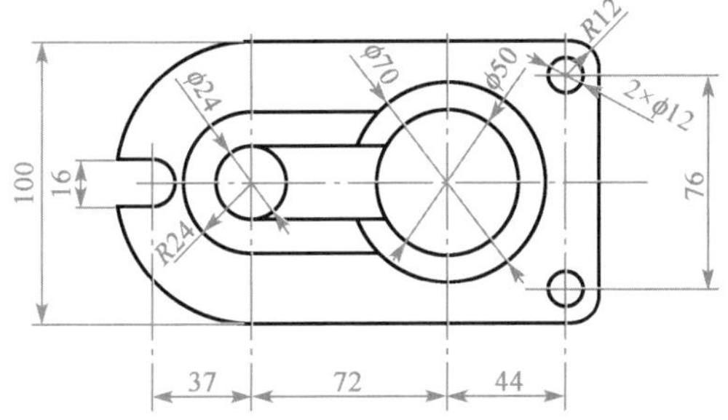

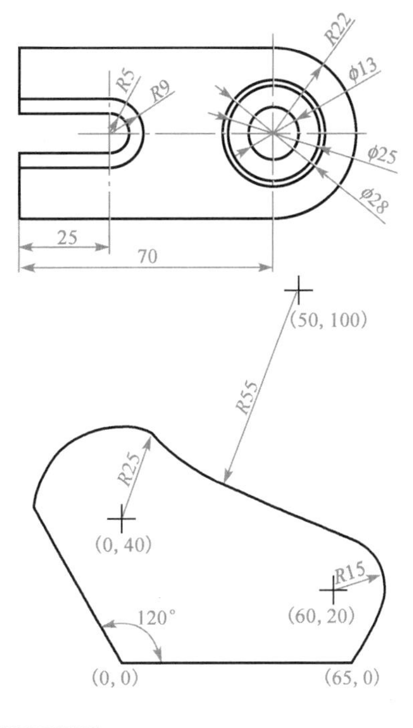

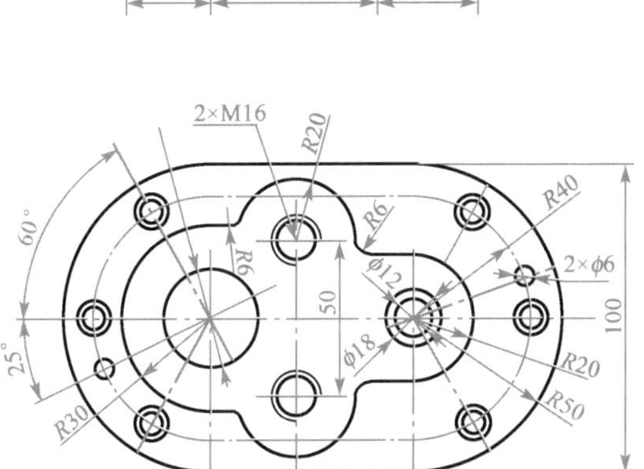

练习使用镜像命令绘制图形

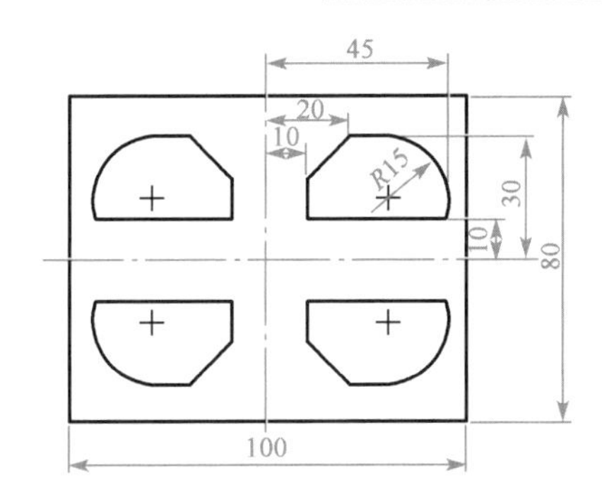

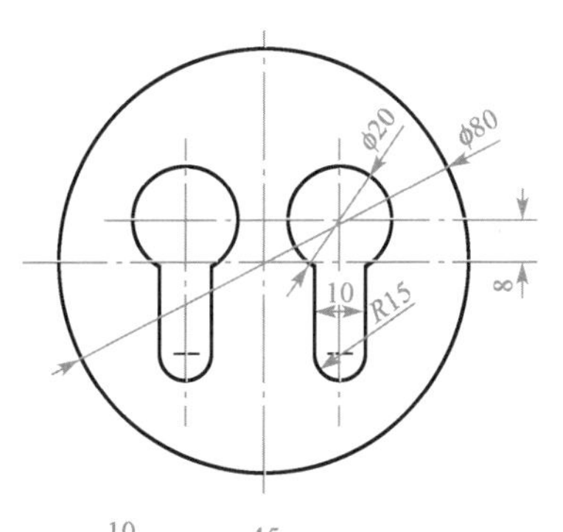

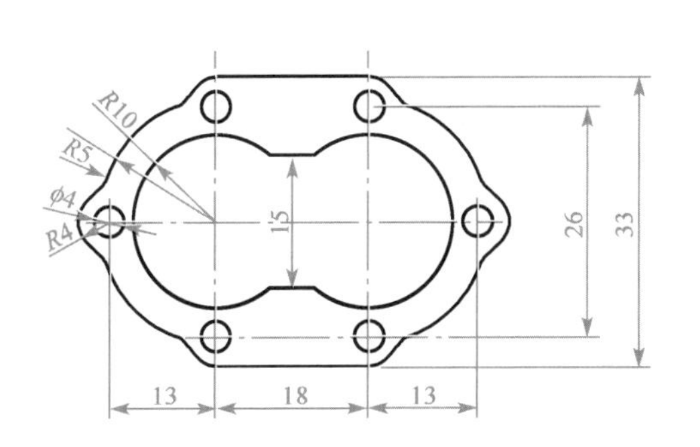

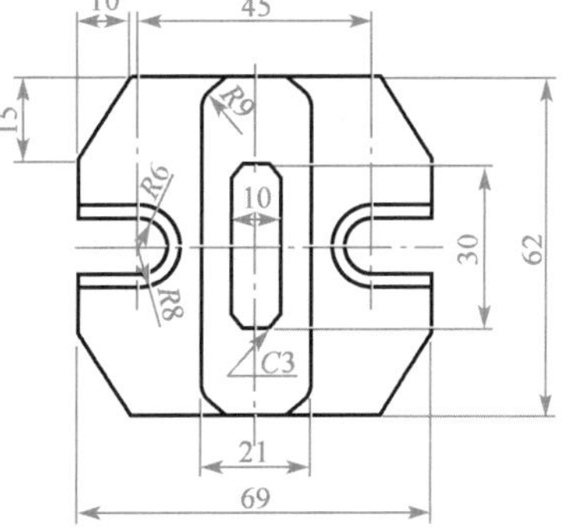

平面图形绘制与编辑综合练习

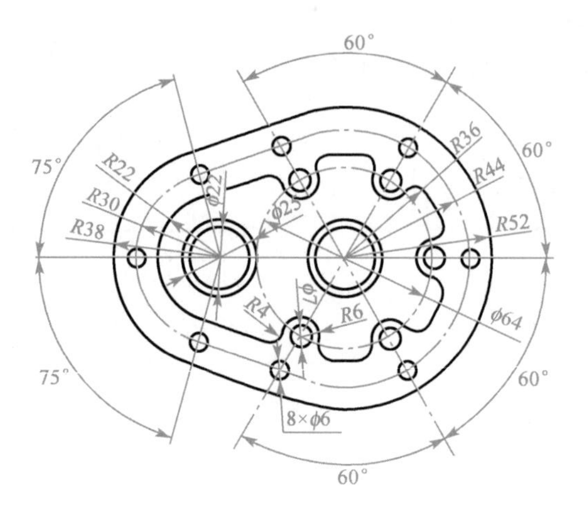

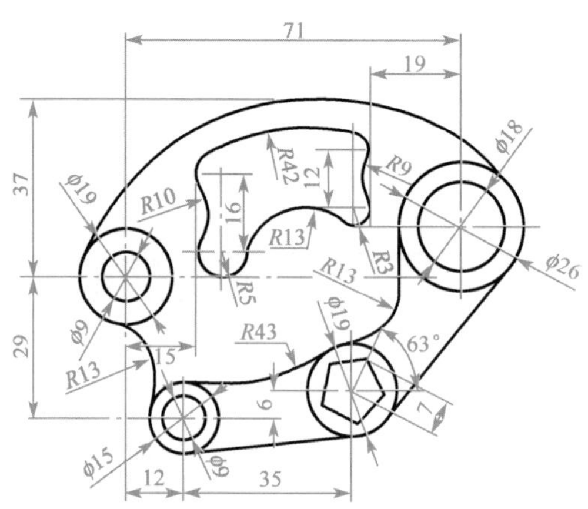

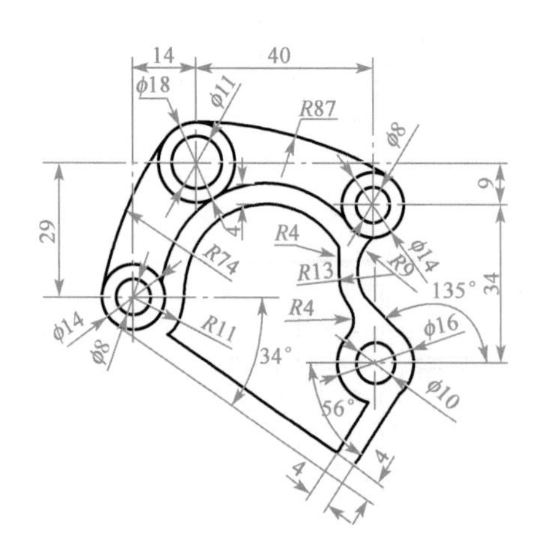

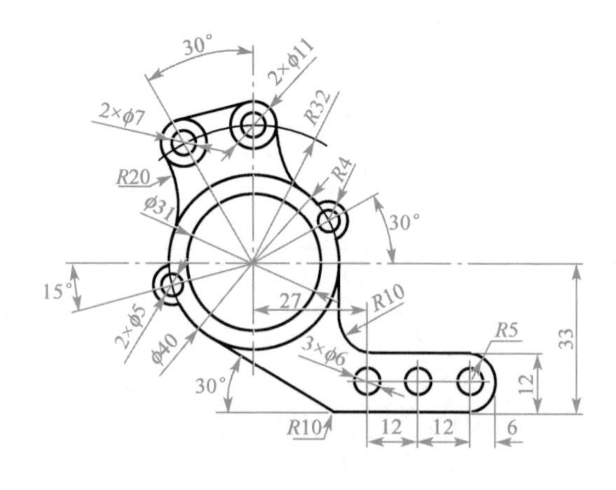

尺寸标注与标注样式创建练习

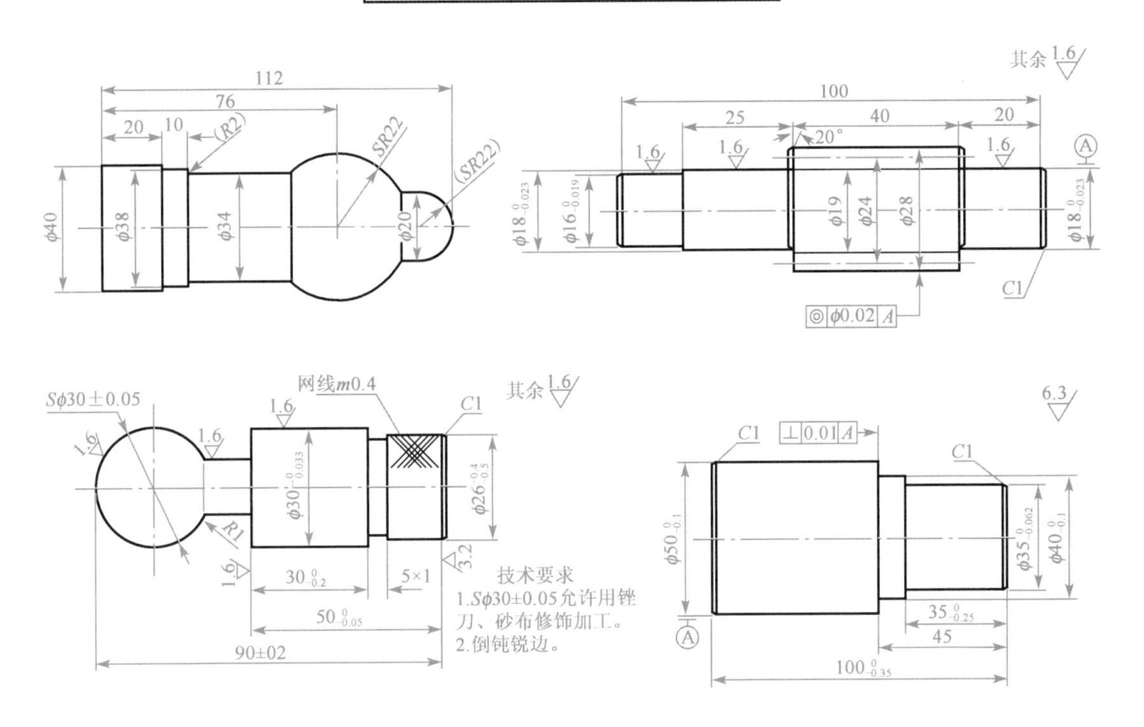

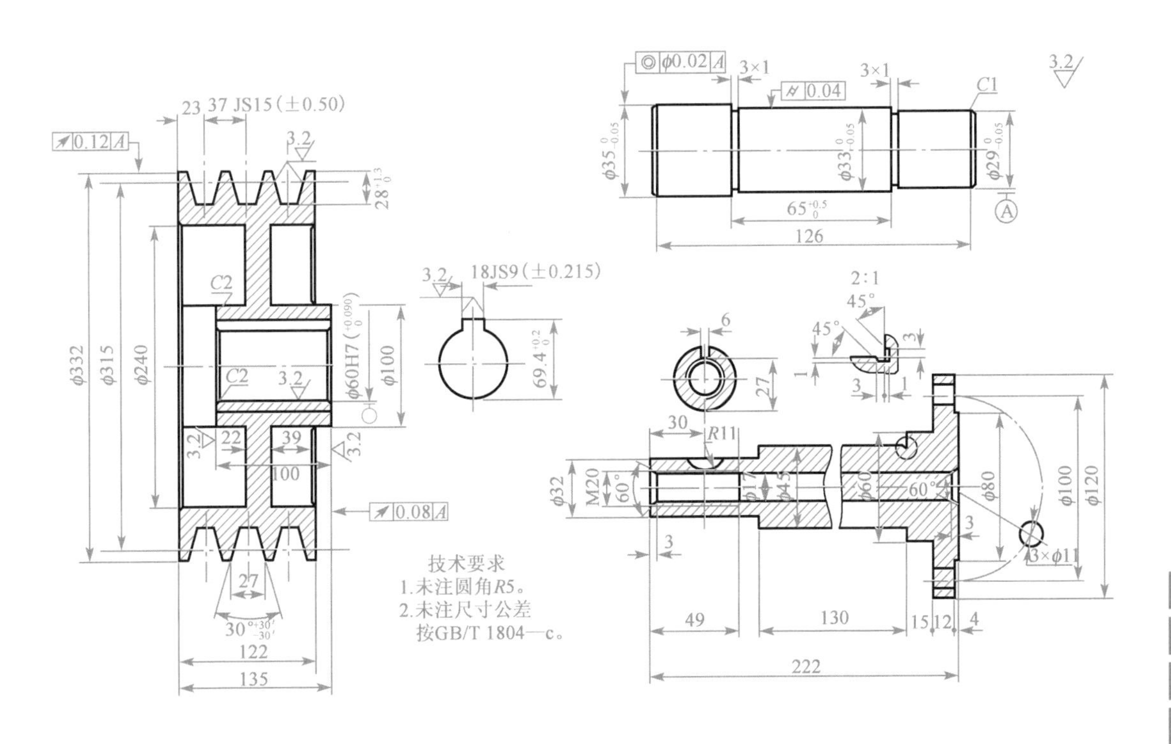

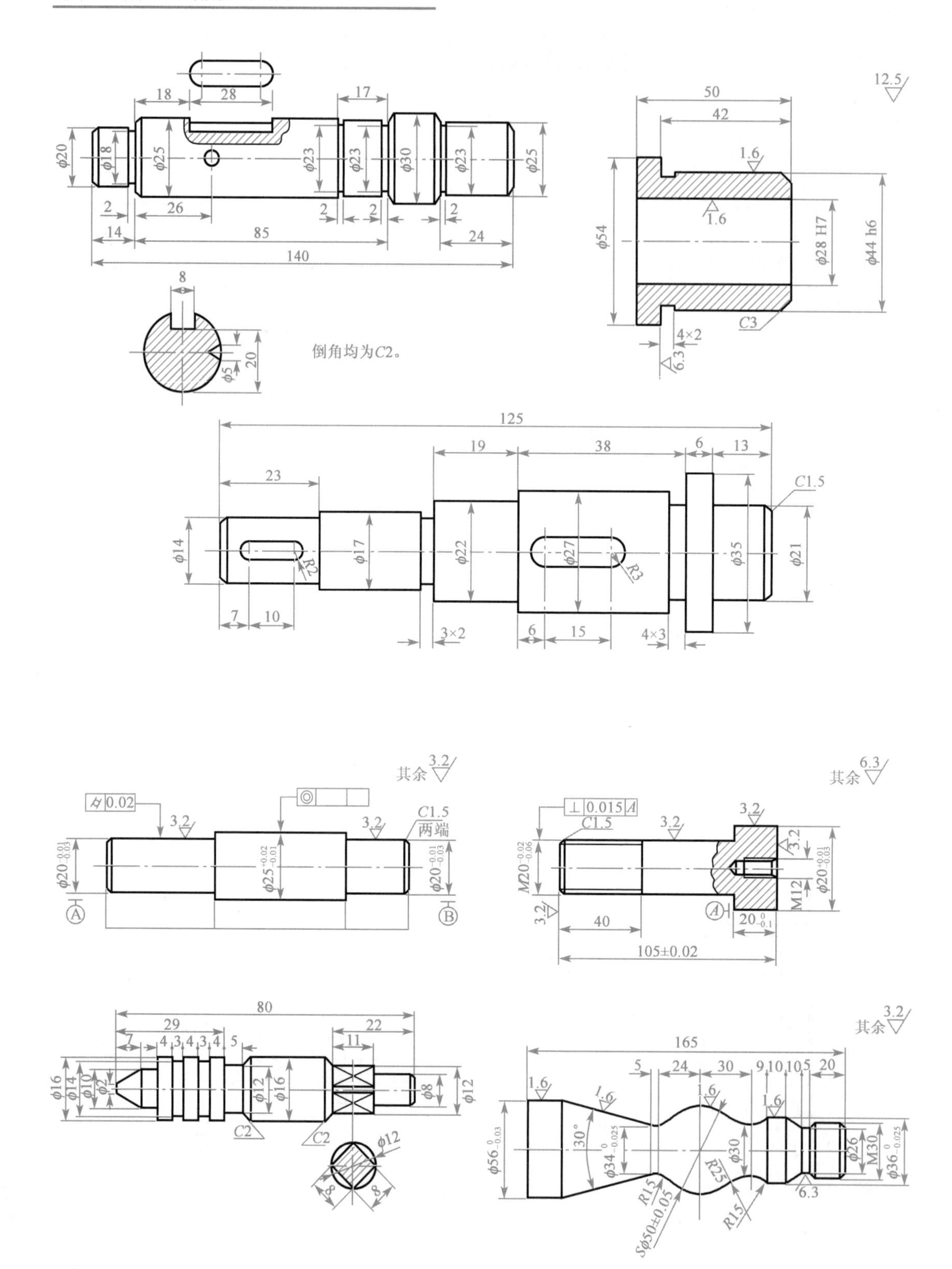
倒角均为C2。
其余
两端
C1.5
C2
C3
4×2
3×2
4×3
φ28 H7
φ44 h6
105±0.02
Sφ50±0.05

零件图的三视图绘制与标注练习

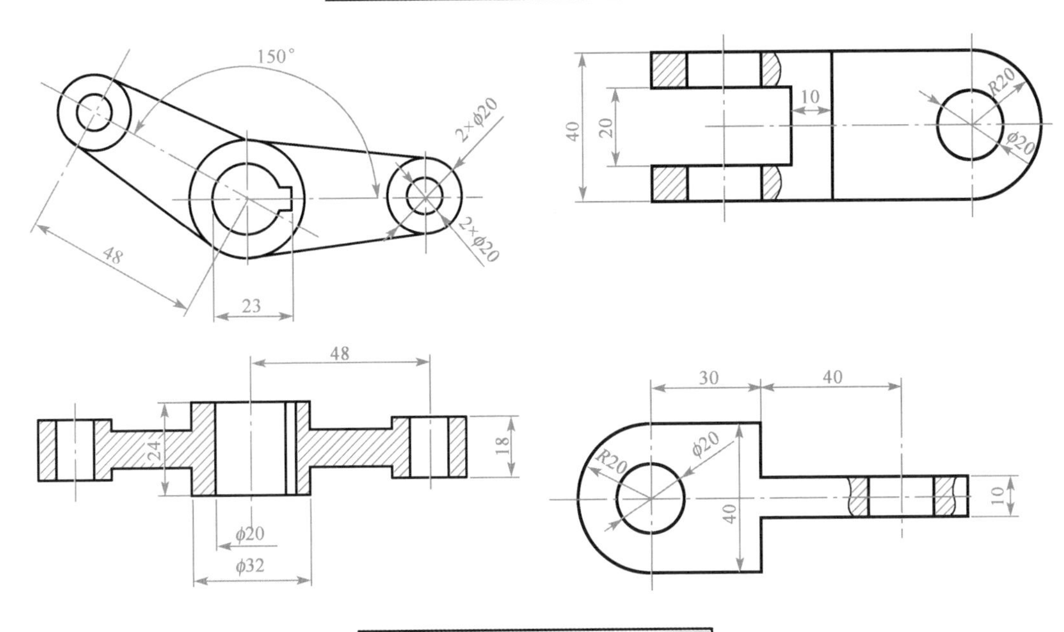

装配图的绘制与标注练习

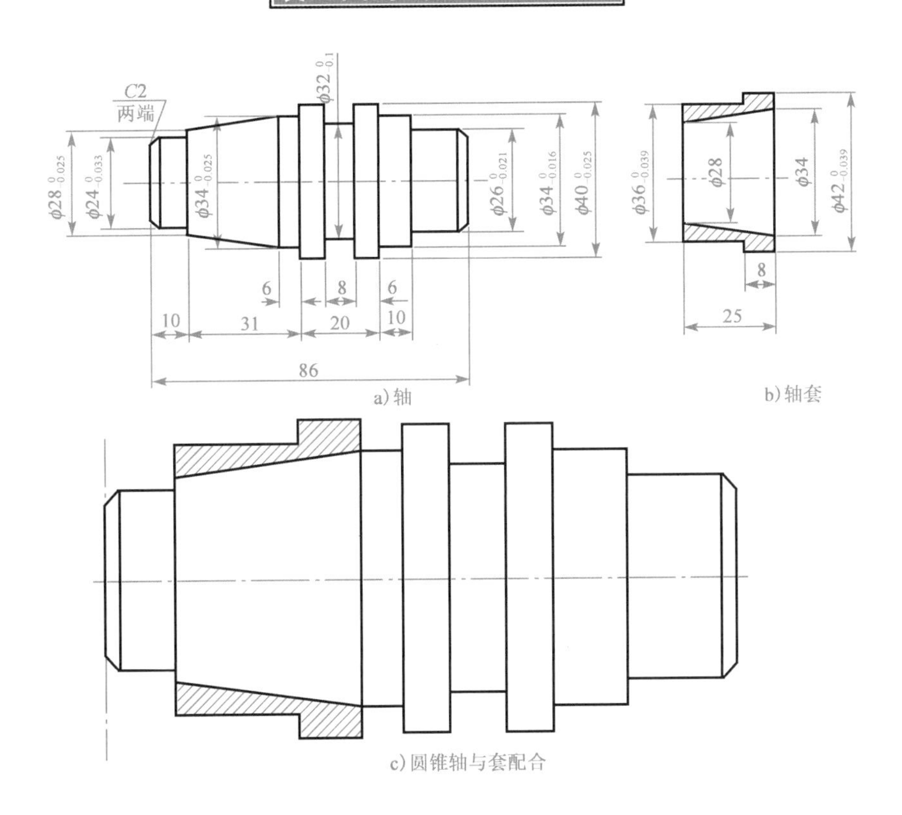

a）轴

b）轴套

c）圆锥轴与套配合

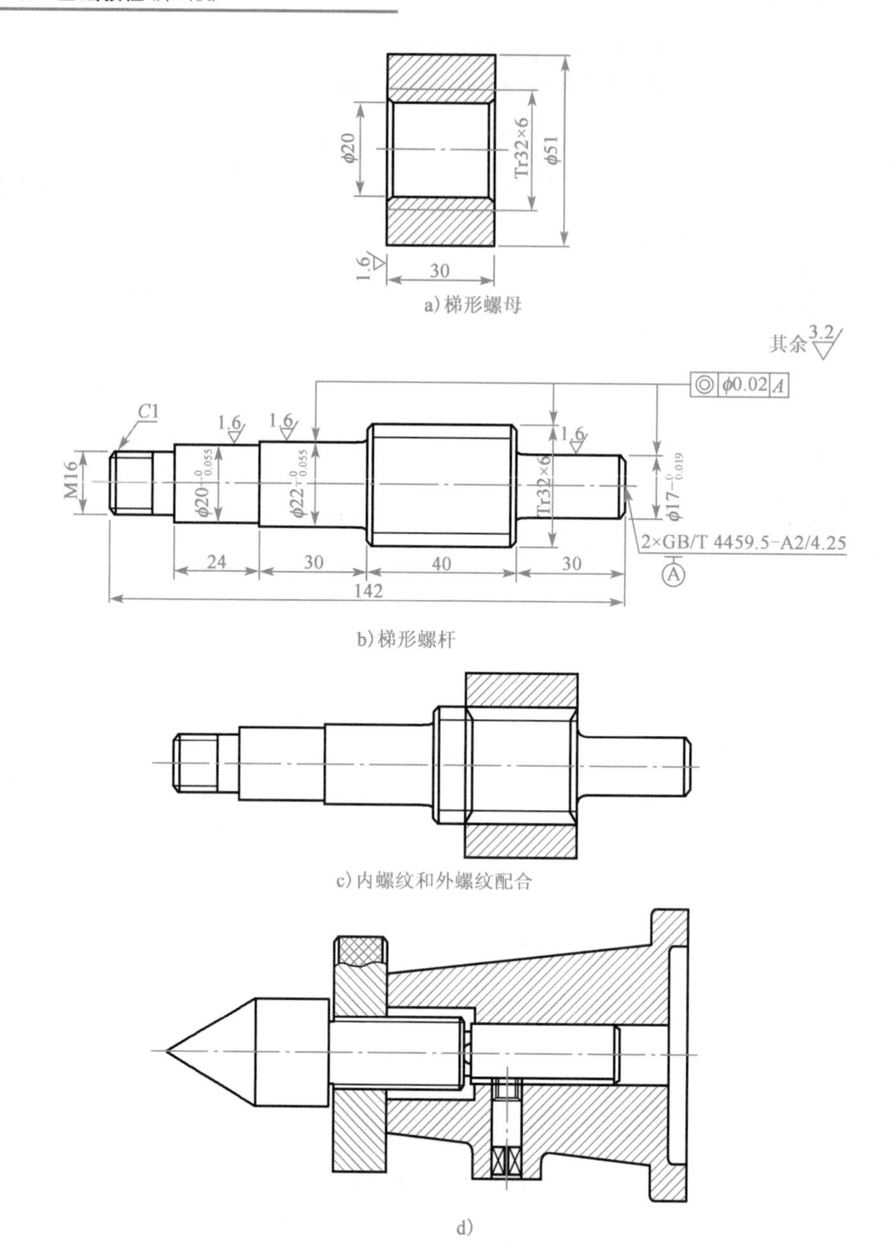

a）梯形螺母

b）梯形螺杆

c）内螺纹和外螺纹配合

d）

参考文献

[1] 张立明,闫志刚,蔡晓明. AutoCAD 2010 道桥制图. 北京:人民交通出版社,2010.
[2] 甘登岱. AutoCAD 基础与应用. 北京:清华大学出版社,2009.
[3] 张日晶. AutoCAD 2010 中文版三维造型实例教程. 北京:机械工业出版社,2009.
[4] 方晨. 2009 AutoCAD 机械制图实例教程. 上海:上海科学普及出版社,2010.
[5] 程光远. 手把手教你学 AutoCAD 2010. 北京:电子工业出版社,2010.
[6] 张小平,张国清,陈雅蓉. 建筑工程 CAD. 北京:人民交通出版社,2007.